### 2.4 上机练习
利用首选参数中的"绘制"类别设置绘画方式

### 2.5.2 上机练习
使用网格布局动画

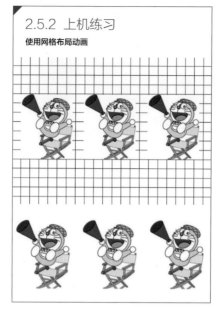

### 2.5.3 上机练习
使用辅助线定位动画中元件

### 2.6 上机练习 1
设置 Flash 的帧频

### 2.6 上机练习 2
从模板中新建一个垂直横幅文件

### 3.2.1 上机练习
使用椭圆工具绘制花瓣

### 3.2.2 上机练习
使用"矩形工具"、"椭圆工具"和"线条工具"绘制方块表情

### 3.3.1 上机练习
使用基本椭圆工具绘制折扇

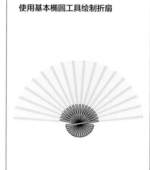

### 3.3.2 上机练习
使用基本矩形工具绘制按钮

### 3.4.2 上机练习
绘制调皮的小太阳

### 3.5.3 上机练习
使用画笔工具绘制简笔画电灯泡

### 3.6.2 上机练习
使用钢笔工具绘制可爱月亮

### 3.10 上机练习 1
使用线条工具绘制小树

### 3.10 上机练习 2
绘制卡通动物头部

### 4.1.2 上机练习
添加和替换颜色样本

### 4.2.2 上机练习
使用"渐变填充"绘制可爱的房子

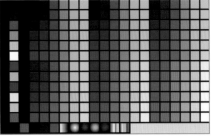

### 4.4.3 上机练习
修改图形的笔触和填充

### 4.5 上机练习 1
制作简单的按钮图形

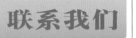

### 4.5 上机练习 2
绘制魔法药瓶

### 5.4.1 上机练习
制作旋转的风车

### 5.7.2 上机练习
制作倒计时动画

### 5.8 上机练习 1
绘制繁星点点

### 5.8 上机练习 2
小熊滑冰

### 6.1.3 上机练习

设置文本的基本样式

### 6.3.2 上机练习

利用 ActionScript 3.0 的脚本语言调用外部文档

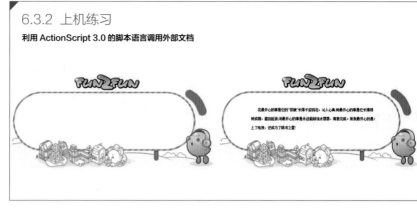

### 6.6 上机练习

文字分散变换动画

### 6.7 上机练习 1

文本的超链接

### 6.7 上机练习 2

镜面文字效果

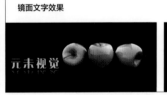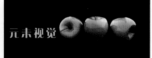

### 7.5 上机练习

利用"分散到图层"命令制作跳动的文字

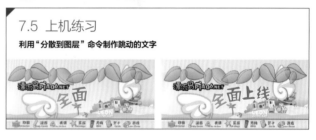

### 7.7.4 上机练习

制作披风飘动

### 7.8.4 上机练习

制作瓢虫动画

### 7.9 上机练习 1

制作心形遮罩动画

### 7.9 上机练习 2

制作淋雨的幻想先生

### 8.2.1 上机练习
按钮中应用影片剪辑

### 8.4.1 上机练习
使用创建实例制作宇宙飞人

### 8.5.3 上机练习
使用文件夹管理多个元件

### 8.6 上机练习 1
儿童游乐园

### 8.6 上机练习 2
使用脚本调用"太阳"元件

### 9.2.2 上机练习
制作变形动画

### 9.2.3 上机练习
制作形状提示补件的动画效果

1

2

### 9.4.3 上机练习
制作旅游宣传的动画效果

### 9.5.2 上机练习
制作蹦蹦球动画

### 9.6.4 上机练习
使用混合模式去除导入素材的黑底

### 9.7 上机练习 1
制作开场动画效果

### 9.7 上机练习 2
调整补间动画的运动轨迹

### 10.1.2 上机练习
制作遮罩动画

### 10.2.3 上机练习
制作引导线动画

### 10.3.10 上机练习
制作滤镜动画

### 10.5 上机练习 1
产品宣传广告动画

### 10.5 上机练习 2
使用动画编辑器制作动画

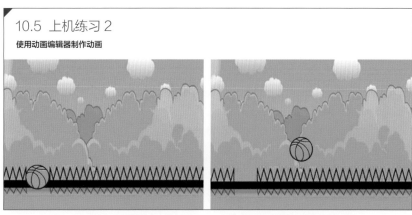

### 11.1.3 上机练习
通过元件实例创建骨骼动

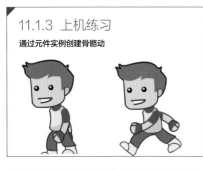

### 11.2.6 上机练习
制作骨骼动画

### 11.3.4 上机练习
旋转动画

### 11.4 上机练习 1
为形状添加骨骼

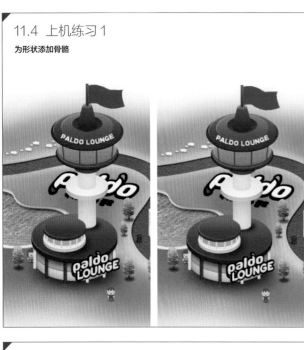

### 11.4 上机练习 2
制作 3D 旋转动画

### 12.2.3 上机练习
为按钮添加声音

### 12.2.4 上机练习
为影片剪辑添加背景声音

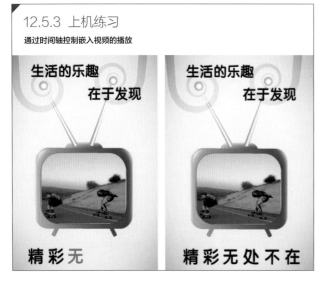

### 12.6 上机练习 1
为按钮添加声音

### 12.5.3 上机练习
通过时间轴控制嵌入视频的播放

### 13.3.1 上机练习
添加 CheckBox 组件

### 13.3.2 上机练习
添加 RadioButton 组件

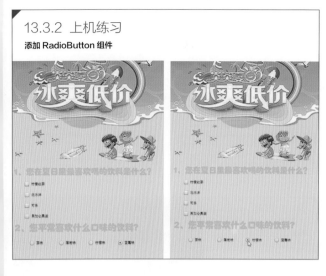

### 13.3.3 上机练习
添加 List 组件

### 13.3.5 上机练习
添加 ComboBox 组件

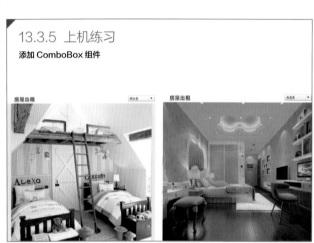

### 13.3.6 上机练习
添加 ScrollPane 组件

### 13.3.8 上机练习
添加 TextInput 组件

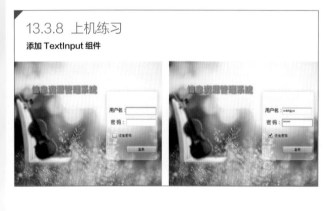

### 13.4 课后练习
添加 Button 组件

### 14.9.1 上机练习
使用 ActionScript 3.0 替换鼠标光标

### 14.9.3 上机练习
使用 ActionScript 3.0 转到某帧停止播放

### 14.9.5 上机练习
调用外部动画

使用 ActionScript 3.0 实现键盘控制对象

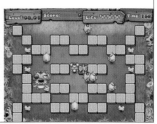

### 14.10 课后练习 1
使用 ActionScript 3.0 隐藏场景对象

### 15.4.1 上机练习
导出 JPEG 图像

### 15.4.1 上机练习
导出 GIF 图像

### 15.5 课后练习 1
导出 JPEG 序列

### 15.5 课后练习 2
制作清新贺卡

### 16.1
制作游戏按钮动画

### 16.2
制作按下按钮动画

### 16.3
制作卡通按钮动画

### 16.4
制作网站导航动画

### 16.5
制作网站快速导航动画

Adobe
Flash CC

从入门到精通

新视角文化行 编著

人民邮电出版社
北 京

图书在版编目（CIP）数据

Flash CC从入门到精通 / 新视角文化行编著. -- 北京 : 人民邮电出版社, 2016.11
ISBN 978-7-115-42827-1

Ⅰ. ①F… Ⅱ. ①新… Ⅲ. ①动画制作软件 Ⅳ. ①TP391.41

中国版本图书馆CIP数据核字(2016)第144771号

## 内 容 提 要

本书由浅入深，全面讲解了 Flash CC 的各个知识模块，穿插 53 个上机练习和 28 个课后练习，循序渐进地介绍了 Flash CC 的各种基础知识和基本操作；通过 5 个商业综合案例更深入地讲解了 Flash 制作动画的原理和流程，案例讲解与知识点相结合，具有很强的实用性。

全书共分为 16 章，包括 Flash CC 动画制作与基础知识，熟悉 Flash CC 的工作环境，Flash CC 中的图形绘制，图像颜色的处理，Flash 中对象的操作，文本的使用，"时间轴"面板，元件实例和库，Flash 基础动画制作，Flash 高级动画制作，骨骼工具和 3D 动画，应用声音和视频，Flash 中组件的应用，ActionScript 编程语言，Flash 动画测试环境，按钮动画和导航菜单动画等内容。

随书附赠 DVD 光盘，包括关键知识点讲解，以及书中所有上机练习和课后练习的具体操作过程的多媒体教学视频；还提供了书中所需要的操作案例的源文件和最终文件，全面配合书中所讲知识与技能，提高学习效率，提升学习效果。

本书既适合喜爱 Flash 的初、中级读者作为自学参考书，也适合网页制作人员、动画制作从业人员、Flash 动画爱好者和多媒体课件制作人员阅读使用，还可以作为高等院校动画制作等相关专业及社会各类培训班的辅助教材，是一本实用的 Flash 操作宝典。

◆ 编　著　新视角文化行
　责任编辑　杨　璐
　责任印制　陈　犇

◆ 人民邮电出版社出版发行　　北京市丰台区成寿寺路 11 号
　邮编　100164　电子邮件　315@ptpress.com.cn
　网址　http://www.ptpress.com.cn
　三河市海波印务有限公司印刷

◆ 开本：787×1092　1/16
　印张：21　　　　　　　　　　彩插：4
　字数：548 千字　　　　　　　2016 年 11 月第 1 版
　印数：1—2 500 册　　　　　　2016 年 11 月河北第 1 次印刷

定价：49.80 元（附光盘）

读者服务热线：(010)81055410　印装质量热线：(010)81055316
反盗版热线：(010)81055315
广告经营许可证：京东工商广字第 8052 号

# 前言

## PREFACE

本书从软件基础开始，深入挖掘Flash CC的核心工具、命令与功能，帮助读者在最短的时间内迅速掌握Flash CC，并将其运用到实际操作中。本书作者具有多年的丰富教学经验与实际工作经验，将自己实际授课和作品设计制作过程中积累下来的宝贵经验与技巧展现给读者，全面系统地讲解了Flash CC的基本知识和应用技巧。

### 本书特点

◎完善的学习模式

"基础知识+上机练习+操作补充+操作延伸+课后练习"5大环节保障了可学习性。详细讲解操作步骤，力求让读者即学即会。53个上机练习，28个课后练习，做到处处有案例，步步有操作。

◎进阶式讲解模式

全书共16章，每一章都是一个技术专题，从基础入手，逐步进阶到灵活应用。基础讲解与操作紧密结合，方法全面，技巧丰富，不但能学习到专业的制作方法与技巧，还能提高实际应用的能力。

### 配套资源

◎教学视频与辅助素材

160多分钟多媒体语音教学视频，详细记录了关键知识点讲解，以及所有上机练习和课后练习的具体操作过程。还提供了书中操作案例所需要的源文件和最终文件。

◎超值的配套素材与商业教程

附赠Flash的50个小图标、82个遮罩特效、102个背景特效、170个矢量素材、173个实物画法、311个透明素材和832个音效，以及9个商业案例教学视频及其源文件、素材。全面配合所讲知识与技能，提升学习效果。

### 本书章节及内容安排

本书采用知识点与自测相结合的形式，以由浅入深的方式讲解了Flash CC的各方面的知识点。

第1章 Flash动画制作基础知识。包括Flash的图像基础知识，发展历史和特点，基本工作原理及应用，安装和卸载，工作界面，基本术语，以及文件格式等内容。

第2章 熟悉Flash CC工作环境。包括软件的新增功能、文档的基本操作、基于XML的FLA源文件、设置制作Flash动画环境及辅助工具的使用等内容。

第3章 Flash CC中的图形绘制。包括线条工具、椭圆工具、矩形工具、基本椭圆工具、基本矩形工具、多角星形工具、铅笔工具、画笔工具和钢笔工具等的使用，图像基础知识，修改线条和形状轮廓，以及对贴紧的相关讲解。

第4章 图形颜色处理。包括"样本"面板，"颜色"面板，创建笔触和填充，以及修改图形的笔触和填充等内容。

第5章 Flash中对象的操作。包括选择、预览图形对象，图形对象的基本操作、变形操作，以及合并、排列、对齐、组合与分离图形对象等内容。

第6章 文本的使用。包括文本的属性、调整、类型，嵌入字体，设置文本链接，以及分离文本等内容。

第7章 "时间轴"面板。包括"时间轴"面板简介、使用图层、图层状态、组织图层、分散到图层、"时间轴"中的帧、编辑帧、绘图纸外观等内容。

第8章 元件、实例和库。包括元件、实例和库的概述，创建和管理元件，编辑元件，创建与编辑实例，"库"面板等内容。

第9章 Flash基础动画制作。包括逐帧动画、形状补间动画、补间动画、传统补间动画、使用动画预设及元件的高级应用等内容。

第10章 Flash高级动画制作。包括遮罩动画、引导线动画、滤镜和动画编辑器等内容。

第11章 骨骼动画和3D动画。包括骨骼工具，编辑骨骼动画，以及3D平移和旋转对象等内容。

第12章 应用声音和视频。包括声音的基础知识，导入、编辑声音，声音的优化与输出，以及导入视频等内容。

第13章 Flash中组件的应用。包括组件的概述、基本操作及常见组件的使用等内容。

第14章 ActionScript编程语言。包括ActionScript简介、编程环境及编辑ActionScript，ActionScript 3.0概述，ActionScript 3.0中的包、命名空间、变量、类及高级设置，以及使用ActionScript 3.0等内容。

第15章 Flash动画测试环境。包括Flash动画测试环境、优化影片、发布Flash动画及导出Flash动画等内容。

第16章 按钮动画和导航菜单动画。包括制作游戏按钮动画、按下按钮动画、卡通按钮动画、网站导航动画及网站快速导航动画5个商业案例。

**本书读者对象**

本书既适合喜爱Flash的初、中级读者作为自学参考书，也适合网页制作人员、动画制作从业人员、Flash动画爱好者和多媒体课件制作人员阅读使用，还可以作为高等院校动画制作等相关专业及社会各类培训班的辅助教材，是一本实用的Flash操作宝典。

由于编者水平有限，书中难免有错误和疏漏之处，希望广大读者朋友批评、指正。

编者

# 目 录

## CONTENTS

# 第01章

# Flash动画制作基础知识

**本章重点:**

→ 掌握Flash CC的安装与卸载

→ 掌握Flash CC的工作原理与应用

→ 掌握Flash CC 动画的制作流程

→ 掌握图像的基础知识

## ▶1.1 图像基础知识

若想更好地使用Flash来制作动画，则需要先了解图像像素与图像分辨率的基础知识。使用Flash制作出丰富多彩的动画效果，会使用到各种不同类型的图像素材。接下来了解一下图像的各种基础知识。

### 1.1.1 图像的像素与分辨率

像素是由图像和元素这两个单词的字母组成的，是用来计算数码影像的一种单位。同摄影的照片一样，图像也具有连续性的浓淡阶调。若把图像放大数倍，会发现这些连续色调其实是由许多色彩相近的小方点组成的，这些小方点就是构成图像的最小单位"像素"，如图1-1所示。

原图                                    放大后

图1-1　原图与放大后的图像

单位尺寸内所含像素点的个数称为分辨率。分辨率是图像处理中的一个重要概念，是衡量图像精细度的准则。

### 1.1.2 矢量图和位图

矢量图也称绘图图像，是通过数学公式计算得出的图形效果。矢量图与图像的分辨率没有关系，这就意味着矢量图可以任意地放大或缩小，而不会出现图像失真的现象，如图1-2所示。

矢量图                                    放大后矢量图局部

图1-2　矢量图放大前后

位图也称作点阵图像，一般常见的图像都是位图图像。它是由单个像素点组成的。位图图像的色彩丰富，过渡自然，但是不能够随意放大或缩小，并且一般体积较大，如图1-3所示。

位图原图                        放大后

图1-3　位图放大前后

## 1.2 Flash的发展历史和特点

　　Flash是美国Adobe公司所开发的一种二维动画软件。最初的功能是用来制作网页中的动画。随着软件本身的不断完善，逐渐被广泛地应用到网络、视频和移动设备中。接下来了解一下Flash的发展历史和特点。

### 1.2.1 Flash动画的发展历史

| 1996年11月 | Flash的前身叫FutureSplash，当时FutureSplash最大的两个用户是Microsoft和Disney。后来FutureSplash将Flash卖给Macromedia，改名为FLash 1.0 |
| --- | --- |
| 1997年 | 发布的第一个Flash Player，加入了按钮、音频文件、库和Tween类，这就是Flash 2.0 |
| 1998年5月 | Flash 3.0在互联网上推出后，获得了空前的成功。于是将Flash应用于互联网，并在其中逐渐加入了Director的一些先进功能 |
| 2000年8月 | 发布了Flash 5.0（支持的播放器为 Flash Player 5），Flash 5.0中的ActionScript已有了长足的进步，并且开始了对XML和Smart Clip（智能影片剪辑）的支持。ActionScript的语法已经开始定位为发展成一种完整的面向对象的语言，并且遵循ECMAScript的标准 |
| 2002年3月 | 推出的Flash MX（也就是Flash 6.0，后来为了配合MX产品线，正式命名为MX，支持的播放器为 Flash Player 6），引入RTMP，支持音视频流媒体，应用组件、共享库，加入Flash视频编码Sorenson Sparc编码，引入AMF，支持Flash Remoting和Web Service |
| 2003年8月 | Macromedia 推出了Flash MX 2004（支持用 Flash MX 2004创建的SWF的播放器的版本被命名为 Flash Player 7） |
| 2006年 | Adobe公司收购Macromedia公司，并进一步强化Flash的功能，推出了全新的Flash CS3，增加了很多全新的功能，并且对Photoshop和Illustrator文件的本地支持，Flash CS3功能变得更强大 |
| 2006年以后 | 随着Adobe公司不断地发展，相继推出了Flash CS4 、Flash CS5等优秀的Flash版本，在Flash中增加了Photoshop的滤镜和混合等功能，更好地提升动画制作技巧 |
| 2013年 | Adobe公司更新Flash CC，完全放弃原有的结构代码，基于Cocoa从头开发原生64位架构应用，重新引用高度直觉化且流线型的"移动编辑器" |

　　2015年6月，Adobe公司推出了全新的版本Flash CC，新版本增加了许多实用性功能，并对许多比较常用的软件提供支持，使Flash能满足更多用户的需求，大幅度提高了设计人员的工作效率。Flash CC的界面如图1-4所示。

图1-4　Flash CC的界面

### 1.2.2 Flash动画的特点

Flash动画具有文件体积小、交互性强、网络传播广泛、制作成本低廉、跨媒体及崭新的视觉效果等特点。

| 文件体积小 | 利用Flash制作的动画都是矢量的，所以把其图像任意放大都不会失真，网络资源对Flash动画的影响较小 |
|---|---|
| 交互性强 | Flash动画具有交互性优势，它可以让用户通过单击选择来决定动画运行过程和结果，能使用户更好地参与到动画制作中来 |
| 网络传播广泛 | Flash动画可在网络上观看和下载浏览，其文件比较小、传输速度快、播放采用流式技术，可边下边观看，因此Flash动画可以在网上广泛传播 |
| 制作成本低廉 | Flash动画的制作成本低，使用Flash制作动画可以缩短制作时间。通过其制作流程的减化，减少了人力和物力的消耗 |
| 跨媒体 | Flash动画不仅可以在网络上传播，也可以在电视甚至电影中播放，大大地扩宽了应用领域 |
| 崭新的视觉效果 | Flash动画具有崭新的视觉效果，相对于传统动画而言，其更加方便与巧妙。已成为一种新时代的艺术表现形式 |

## 1.3 Flash的基本工作原理及应用

为了可以更好地使用Flash来制作动画，就需要了解Flash动画的基本工作原理，还要对Flash所涉及的应用领域进行充分了解。这样才能在日常的学习和工作中更好地使用Flash软件。

### 1.3.1 Flash的基本工作原理

Flash的工作原理就是把一组图画按照每秒24帧的速度依次播放出来后看到的连续的效果，它先把每个画面分成帧，再将帧快速地播放出来就成了动画。运用Flash可以制作出各种风格的动画产品。

### 1.3.2 Flash的应用领域

Flash软件可以应用到开发网络应用程序、网络动画、网页广告、网站导航、电视、电影、教学、音乐、贺卡、手机和游戏等多个的领域。Flash软件应用与我们的生活密不可分，下列简单列举几种比较常见的应用领域。

- **开发网络应用程序：** 目前Flash已经大大增强了网络相关功能，可以直接通过XML读取数据，又加强与ColdFusion、ASP、JSP和Generator的整合，所以以后会越来越广泛地采用Flash开发网络应用程序。
- **网络动画：** 可以利用Flash制作动画短片，包括动画卡片、包含剧情的小短片等。Flash动画在网络动画领域的应用如图1-5所示。

图1-5　网络动画

- **网页广告：** 可以利用Flash制作网页广告，因为它既可以在网络上发布，也可以存为视频格式在传统的电视台播放。一次制作，多平台发布，可以为企业做更大的宣传。Flash动画在网页广告领域的应用如图1-6所示。

图1-6　网页广告

- **网站导航**：Flash的按钮功能非常强大，是制作菜单的首选。通过鼠标的各种动作，可以实现动画、声音等多媒体效果，在美化网页和网站的工作中效果显著。Flash动画在网站导航中的应用如图1-7所示。

图1-7　网站导航

- **电视领域**：随着Flash动画的不断发展，其在电视领域的应用已经相当普遍，不仅限于电视短片，一些电视系列片也可使用Flash动画，甚至有的电视台都开设了Flash动画的专题栏目，使Flash动画在电视领域的运用越来越广泛。Flash动画在电视领域的应用如图1-8所示。

图1-8　电视领域

- **教学领域**：随着多媒体教学的不断发展，可以使用Flash动画制作课件，且制作的课件内容越来越丰富多彩。Flash动画在教学领域的应用如图1-9所示。

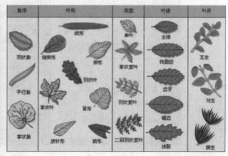

图1-9　教学领域

● **电影领域**：Flash动画在电影领域也有很广泛地应用，如图1-10所示。

图1-10　电影领域

● **音乐领域**：使用Flash MV所制作的唱片不仅保证了其质量，而且制造成本低廉。Flash动画在音乐领域的应用如图1-11所示。

图1-11　音乐领域

● **贺卡领域**：随着互联网的发展，在一些特别的日子里，可以通过互联网互相发送贺卡，相互传递祝福。使用Flash制作的贺卡比传统图片的效果更加丰富。Flash动画在贺卡领域的应用如图1-12所示。

图1-12　贺卡领域

● **游戏领域**：Flash具有强大的交互功能，可制作出丰富多彩的Flash游戏。Flash游戏可以制作出内容丰富的动画效果,并且减少游戏软件中电影片段的数据容量，节省很多空间。Flash动画在游戏领域的应用如图1-13所示。

图1-13　游戏领域

- **手机领域**：Flash动画在手机领域也有广泛地应用，如图1-14所示。

图1-14　手机领域

## 1.4 Flash动画的制作流程

在制作Flash动画时，要制作出好的Flash动画就需要对动画的制作流程进行一些了解。下面将详细地讲解Flash动画制作的流程，帮助读者充分地了解Flash的制作流程以提高工作效率。

### 1.4.1 Flash动画的创意

在Flash的前期策划阶段，首先应该明确一下该动画项目的目的和详细要求，并开始组织团队，进行企划、研究文学剧本，接着根据策划的构思创作出文学剧本，剧本即是动画的创意依据。

然后，撰写文字和画面分镜头的脚本，根据剧本对角色及背景进行构思，来设计人物的造型和背景风格。

最后，对前期的录音及动画画面风格进行试验，并进行一些前期的摄影试验。

### 1.4.2 Flash动画的制作

在完成动画创意之后，通过动画镜头的镜头语言来表达剧情，然后把设计好的人物放到不同的场景之中。通过不同机位的镜头切换，表达剧情故事。

动画制作就是把分镜头的内容制作成动画，分为录制声音，建立和设置影片文件，输入线稿，上色和动画编排等流程。制作流程图如图1-15所示。

图1-15　动画制作图示

- **录制声音**：在Flash动画的制作过程中，可以先录制好背景音乐和声音对白，这样就可以对每个镜头的时间长短进行比较准确的估算。
- **建立和设置影片文件**：即在Flash中建立和设置影片文件。
- **输入线稿**：将手绘线稿进行扫描，转换成矢量图文件，让其在Flash中导出，对其进行上色。
- **上色**：根据剧本和分镜要求的上色方案，对线稿进行上色。
- **动画编排**：在完成各镜头的动画制作后，将完成的镜头拼接起来。

### 1.4.3 Flash动画的优化与输出

Flash动画制作完成后，可以通过发布命令将动画文件发布成不同的文件类型，以应用到不同的行业中。发布是Flash动画创作的特有步骤。

在发布的过程中，可以根据发布文件类型不同的要求，对动画文件以及文件中的元素进行各种优化设置，以获得更好的发布效果。

## ▶1.5 安装和卸载Flash CC

与Flash的其他版本一样，Flash CC的安装过程也是一样简单的。下面讲解Flash CC的安装时对计算机的配置要求、安装方法，以及启动Flash CC应用程序的操作方式。

### 1.5.1 安装Flash CC的配置要求

在安装Flash CC时，首先需要了解Flash CC对计算机的配置要求。下面针对常用的Windows系统来讲解。

| 操作系统 | Microsoft Windows XP、Windows 7 |
| --- | --- |
| 处理器 | Intel Pentium 4或AMD Athlon 64 处理器 |
| 显卡 | 1024×768、最好使用1280×800,16位显卡 |
| 内存 | 1GB、2GB及其以上 |
| 硬盘空间 | 3.5GB可用硬盘空间用于安装，安装过程需要额外的可用空间 |

### 1.5.2 Flash CC的安装

了解了Flash CC对计算机的配置要求后，本节通过自测来详细地介绍Flash CC的安装方法。

┃ **上机练习：安装Flash CC** ┃

● **最终文件** | 无

● **操作视频** | 光盘\视频\第1章\1-5-2.swf

**操作步骤**

**01** 首先下载好Adobe公司的Adobe Creative Cloud软件，打开此软件注册Adobe ID，登录后如图1-16所示。找到Flash CC最新版本，鼠标单击"试用"按钮，进行软件下载，如图1-17所示。

**02** 软件下载完成后会自动解压，无需手动解压，如图1-18所示。当下载的软件解压完成之后，Adobe Creative Cloud 会继续帮助用户安装Flash CC 软件，如图1-19 所示。

图1-16　登录Adobe ID　　　图1-17　软件下载　　　图1-18　自动解压　　　图1-19　安装软件

**03** 软件智能安装结束后，Adobe Creative Cloud 软件内会显示所安装的软件是否是最新版本，是否需要更新，如图1-20所示。Flash CC 会自动在Windows 开始菜单中添加一个快捷方式，如图1-21所示。至此，Flash CC安装完成。

图1-20　检测版本　　　　　图1-21　添加快捷方式

## 1.5.3　Flash CC的启动

Flash CC安装完成后，应检测所安装的Flash CC是否安装正确，需要启动Flash CC。

**上机练习：启动Flash CC**

● **最终文件** 无

● **操作视频** 视频\第1章\1-5-3.swf

**操作步骤**

**01** 单击"开始"按钮，选择"所有程序>Adobe Flash Professional CC"选项，如图1-22所示。弹出Flash CC启动界面，如图1-23所示。

图1-22　Flash CC启动图　　　　图1-23　Flash CC启动界面

**02** 然后会弹出Flash CC的初始界面，如图1-24所示。

图1-24　Flash CC初始界面

## ▶1.6 Flash CC的工作界面

Adobe公司出品的Flash CC，其工作界面有了很大的改进，变得更加人性化，操作起来更加方便。熟悉了解其工作页面，在制作Flash动画时，可以大大地提高工作效率。

### 1.6.1 Flash CC的初始界面

当启动Flash CC后，弹出Flash CC的初始界面，首先对Flash CC的"欢迎屏幕"进行介绍，如图1-25所示。

图1-25　Flash CC的初始界面

- **模板**：可以在此区域根据需要选择动画文档作为模板来进行编辑，方便操作，初学者可以在这里选择学习。
- **打开最近的项目**：在此面板中包含最近打开的文档，可以方便用户的操作。
- **新建**：可以在此区域新建文档及快速地选择所需要的文档。
- **学习**：在此区域单击选项，可以在弹出浏览器中看到Flash的学习课程。
- **简介**：包括快速入门、新增功能、开发人员、设计人员的介绍。
- **Adobe Exchange**：包括下载扩展程序、动作文件、脚本和模板以及其他可扩展Adobe应用程序功能的项目。

### 1.6.2 Flash CC的工作界面

升级后的Flash CC的工作界面得到了很大的优化，操作速度有了大幅度提升。打开Flash CC软件，新建一个文档，如图1-26所示。

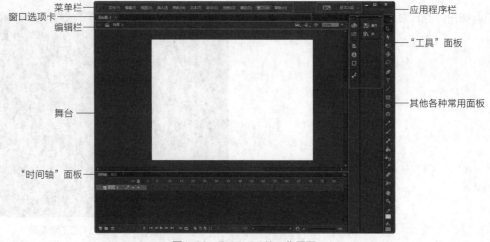

图1-26　Flash CC的工作界面

- **应用程序栏**：单击"基本功能"可在其下拉列表中看到多种面板预设，如图1-27所示。读者可以根据需要选择不同的项目，重置用于恢复工作取得默认状态，管理工作区用于对个人创建的工作区进行管理，在此面板可以创建和删除新建的工作区，如图1-28所示。

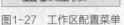

图1-27　工作区配置菜单　　　　　图1-28　"管理工作区"对话框

- **菜单栏**：是Flash所有命令的集合，在这里可以直接或间接地找到所需要的命令。
- **窗口选项卡**：主要用于显示文档的名称。
- **编辑栏**：主要用于显示当前文档中场景的数量、使用的元件名称和视图显示比例等信息，单击左边的场景按钮或右边的元件按钮，可以在右边的下拉列表中对其进行编辑。
- **"工具"面板**：包含选择、部分选取、套索工具和3D旋转工具等多种图像处理的工具。
- **舞台**：就是工作界面中央的大片空白区域，这也是Flash的主要工作组件之一。在创建影片时，大部分的编辑工作都是在舞台中完成的，由于位于舞台外部的对象在播放时是无法显示的，因此这些对象都必须在舞台中进行设置。
- **"时间轴"面板**：是面板非常重要的一部分，在制作动画、制作广告等工作时要频繁地使用到此面板。
- **其他各种常用面板**：包含其他比较常用的面板，如"颜色"面板、"样本"面板等。

## 1.6.3　Flash CC的主菜单

Flash CC的主菜单与Adobe公司推出的很多软件（如Photoshop）的主菜单一样，集合了软件大量的命令。若能充分地掌握软件主菜单，则可以更好地了解软件的功能，对以后工作和学习Flash都会有很大的帮助。主菜单如图1-29所示。

图1-29　Flash CC的主菜单

- **文件**：在文件菜单下，包含最常用的选项，如新建、导入、关闭、保存、另存为和退出等选项，如图1-30所示。
- **编辑**：用于在编辑时设置参数及自定义快捷键，包含首选参数、直接复制和全选等选项，如图1-31所示。
- **视图**：用于快速对屏幕上显示的内容用行相应操作，包含标尺、网格和辅助线等选项，如图1-32所示。

图1-30　"文件"菜单　　　图1-31　"编辑"菜单　　　图1-32　"视图"菜单

- **插入**：在Flash动画制作中会频繁使用的菜单命令，包含新建元件、补间形状、补间动画和场景等选项，如图1-33所示。
- **修改**：可以修改文档的属性和对象的形状，在此菜单中还可以对元件、位图等进行修改，如图1-34所示。

图1-33 "插入"菜单　　　图1-34 "修改"菜单

- **文本**：用于设置文本的属性，如图1-35所示。
- **命令**：在此菜单中包含有管理保存的命令、运行命令、导入或导出动画XML 等命令，如图1-36所示。
- **控制**：在制作Flash动画时，会不断地使用此菜单的命令，包含播放、后退、测试场景和测试影片等命令，以及用于选择播放模式的命令，如图1-37所示。

图1-35 "文本"菜单　　　图1-36 "命令"菜单　　　图1-37 "控制"菜单

- **窗口**：用于控制各面板的打开与关闭，Flash的面板有助于使用舞台的对象、整个文档、时间轴和动作，如图1-38所示。
- **调试**：用于调试影片，对影片过程进行调整，如图1-39所示。
- **帮助**：可以帮助了解Flash的产品计划、更新信息及Flash的帮助信息等选项，如图1-40所示。

图1-38 "窗口"菜单　　　图1-39 "调试"菜单　　　图1-40 "帮助"菜单

## 1.6.4 Flash CC的工具面板

在制作Flash动画中要经常使用到"工具"面板中的各种对图像的调整工具。对"工具"面板更好的操作可以使工作更加得心应手。本节就详细介绍Flash CC的"工具"面板，如图1-41所示。

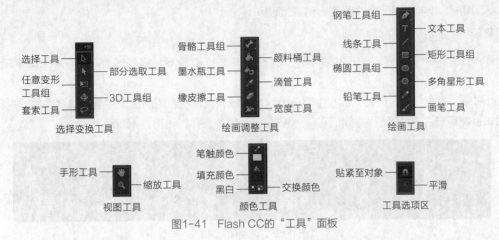

图1-41　Flash CC的"工具"面板

- **选择变换工具**：使用该组工具可以对舞台上的元素进行选择和变形等操作。它包括 "选择工具" "部分选区工具"和"任意变形工具组"（该工具组中包含"任意变形工具"和"渐变变形工具"，如图1-42所示）、"3D工具组"（"3D旋转工具"和"3D平移工具"如图1-43所示）和"套索工具"。

图1-42　任意变形工具组　　　图1-43　3D工具组

- **绘画工具**：使用该组工具可以使使用者更为方便地绘制图形，它包括"钢笔工具组"（工具组中包含"钢笔工具""添加锚点工具""删除锚点工具"和"转换锚点工具"，如图1-44所示）、"文本工具""线条工具""铅笔工具""多角星形工具""画笔工具""矩形工具组"（包含"矩形工具""基本矩形工具"，如图1-45所示）和"椭圆工具组"（包含"椭圆工具""基本椭圆工具"，如图1-46所示）。

图1-44　钢笔工具组　　　图1-45　矩形工具组　　　图1-46　椭圆工具组

- **绘画调整工具**：使用该组工具可以对绘制的图形、元素等进行调整，它包括"骨骼工具组"（工具组中包含"骨骼工具"和"绑定工具"，如图1-47所示）、"颜料桶工具""滴管工具"和"橡皮擦工具"。

图1-47　骨骼工具组

- **视图工具**：使用该工具可以调整舞台的大小和视图的区域，它包括"手形工具"和"缩放工具"。
- **颜色工具**：该工具组主要用于设置和切换"笔触颜色"和"填充颜色"。
- **工具选项区**：工作选项区是随着所选择的工具不同而变化的动态区域。单击"画笔工具"按钮，此区域显示如图1-48所示。主要用于对对象进行绘制及填充、调整使用的画笔。它包含"对象绘制""锁定填充""画笔模式""画笔大小"和"画笔形状"等，如图1-49所示。

"画笔模式"组　　　"画笔大小"组　　"画笔形状"组

图1-48　工具选项区　　　　　　图1-49　各工具

## 1.6.5 Flash CC的常用面板

在动画制作过程中，经常要对所使用的工具参数进行设置和编辑，这时就需要打开"工具"面板，然后开始设置和编辑。在Flash CC中包含"时间轴"面板、"属性"面板、"动画编辑器"面板、"样本"面板和"动画预设"面板等面板，读者可以根据需要选择不同的面板。

> **提示**
>
> 在Flash的主菜单中，在"窗口"的下拉列表中可以找到Flash的所有的面板，可以在此处设置打开或关闭所有面板。

- **"时间轴"面板：** "时间轴"面板主要分为两个区域，在面板左侧的区域主要是对"图层"进行调整和编辑；在面板右侧的区域主要用于插入关键帧或补间等操作，如图1-50所示。

图1-50 "时间轴"面板

> **提示**
>
> 在播放动画时，将显示实际的帧频，如果计算机不能流畅地显示动画，则该帧频可能与文档的帧频设置不一样。

- **"属性"面板：** 可以方便地访问舞台上或时间轴上的当前所选中的对象的最常用属性，可以在"属性"面板中更改所选对象或文档的属性，"属性"面板根据所选对象的不同而改变，如图1-51所示。

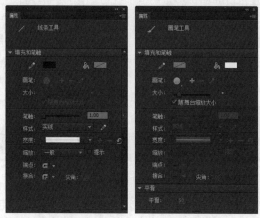

"直线工具"面板        "画笔工具"面板

图1-51 不同对象的"属性"面板

- **"动画编辑器"面板：** 用于查看或更改所有补间的属性及其属性关键帧，当在时间轴中创建补间后，选中补间或补间动画的元件时，可以用动画编辑器以不同的方式来控制补间，如图1-52所示。

图1-52 "动画编辑器"面板

- **"库"面板**：存储和组织在Flash Pro中创建的各种元件的地方，它还用于存储和组织导入的文件，包括位图图形、声音文件和视频剪辑。利用"库"面板，可以在文件夹中组织库项目、查看项目在文档中的使用频率，以及按照名称、类型、日期、使用次数或ActionScript®链接标识符对项目进行排序。同时，也可以使用搜索字段在"库"面板中进行搜索，并设置大多数多对象选区的属性。单个"库"面板如图1-53所示。多个"库"面板如图1-54所示。

图1-53 "库"面板          图1-54 多个"库"面板

- **"颜色"面板**："颜色"面板主要是对笔触和填充颜色的类型，以及Alpha值的进行设置，执行"窗口>颜色"命令就可以打开"颜色"面板，如图1-55所示。
- **"样本"面板**：用于对样本的选择和管理，如图1-56所示。

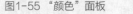
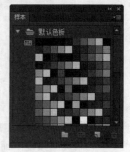

图1-55 "颜色"面板     图1-56 "样本"面板

- **"对齐"面板**：主要用于对多个元件进行位置及分布的调整，如"左对齐""右对齐"和"水平居中分布"等，如图1-57所示。
- **"信息"面板**：主要用于显示当前所选中的元件的原点、高度值、宽度值的X/Y值及当前所在区域的颜色状态等信息，如图1-58所示。
- **"变形"面板**：可对舞台上的元素执行变形命令，提供"重复选区和变换"命令，可以提高重复使用某一种变换的效率，如图1-59所示。

图1-57 "对齐"面板     图1-58 "信息"面板     图1-59 "变形"面板

- **"代码片断"面板**：在该面板中含有多种常用事件，通过该面板能够将ActionScript 3.0代码添加到FLA文件以启用常用功能。使用该面板可以添加能影响对象在舞台上行为的代码，在时间轴中控制播放头移动的代码，以及Flash CC中新加的用于触摸屏用户交互的代码，"代码片断"面板如图1-60所示。在其弹出的"动作"面板中，可以创建和编辑对象或帧的ActionScript代码，"动作"面板如图1-61所示。

图1-60 "代码片断"面板

图1-61 "动作"面板

**提示**

在 Flash CC 中在插入代码之前可以通过代码片断查看 ActionScript 代码及每个代码片断的说明。

**提示**

在选择帧、按钮或影片剪辑实例时可激活"动作"面板，并且动作面板的标题会随着所选内容的不同而发生变化。

- **"组件"面板**：Flash中提供了多种可重复使用的预置组件，如图1-62所示。在对某个文档添加组件后可在"属性"面板或组件检查器中对其参数进行设置，如图1-63所示。
- **"动画预设"面板**：在该面板中储存了一些Flash常用的动画效果。用户只需要选中想要制作的动画效果，单击"应用"按钮，即可完成动画的制作。用户也可以将一个动画添加到"动画预设"面板中，供以后使用。这样可以避免重复制作多段相同的动画效果，大大提升了工作效率。

图1-62 "组件"面板

图1-63 "属性"面板

图1-64 "动画预设"面板

## 1.6.6　Flash CC的工作区

　　使用各种元素（如面板、栏及窗口）来创建和处理文档和文件，这些元素的任何排列方式就是工作区。在应用程序栏中的工作区切换器中可以选择默认的或基本的工作区。默认的Flash CC的工作区为"基本功能"工作区，如图1-65所示。

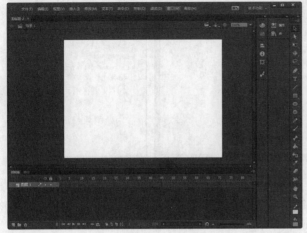
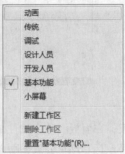

图1-65　默认Flash CC的工作区

　　根据工作的需要可以选择不同的工作区，可以在"应用程序栏"中的"工作区切换器"中选择所需要的工作区，如图1-66所示。

　　在不同的工作区中可以对面板进行简单的调整，从而使操作更为方便。

- 选择面板：打开工作区右侧的"对齐""信息"和"变形"面板组，可以选择不同的面板为当前面板，如图1-67所示。

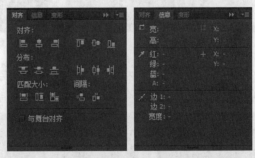

图1-66　工作区列表　　　　　　　　　　图1-67　切换选择面板

- 折叠/展开面板：单击面板右侧的三角按钮，可以折叠和展开面板，如图1-68所示。拖动面板边界可调整面板的宽度，如图1-69所示。

图1-68　折叠和展开面板　　　　图1-69　调整面板宽度

- **调整面板的大小**：当把鼠标的指针放在面板的左边或右下角时，在面板上会显示一个双向箭头，拖曳箭头可以对面板的大小进行调整，如图1-70所示。

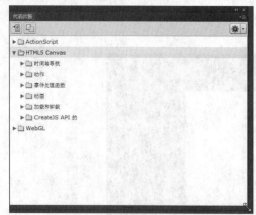

图1-70　调整面板的大小

- **移动面板**：在面板名称上按住鼠标左键拖动，对该面板进行移动，如图1-71所示。将该面板拖动到空白处松开鼠标，即可完成移动面板的操作，如图1-72所示。

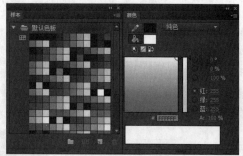

图1-71　拖动面板名称　　　　　　　　　图1-72　拖到空白处

- **组合面板**：在面板名称上按住鼠标左键，可以将其拖动到另一个面板组中，如图1-73所示。当在面板组中出现蓝色框时，放开鼠标左键即可完成组合面板的操作，如图1-74所示。

图1-73　拖动面板　　　　　　　　　图1-74　组合面板

**提示**

通过组合面板，将多个面板组合到一个面板组中，可以减少面板所占的空间，增加工作空间。

- **链接面板**：打开"信息"面板和"样本"面板，如图1-75所示。单击"信息"面板名称，按住鼠标左键将其拖动到"样本"面板的下方，当面板链接处显示为蓝色时，放开鼠标左键，得到链接面板效果，如图1-76所示。

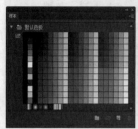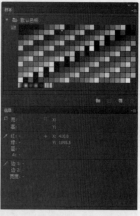

图1-75 "样本"和"信息"面板　　　　　　　　　　图1-76 链接面板效果

- **面板的打开与关闭**：在"窗口"面板选择要打开面板或者在工作区界面的右侧打开一个面板组，如图1-77所示。单击面板右上角的下拉列表按钮，打开下拉列表选项，如图1-78所示。在其列表中可以选择"关闭"选项，就可以关闭当前的面板，如图1-79所示。

图1-77 "颜色"与"样本"　　　图1-78 下拉列表　　　图1-79 "颜色"面板

在Flash CC的工作区中，对文档的创建及调整是十分有必要的，读者需要了解文档的一些初级操作，如新建文档、打开文档和保存文档等。

- **新建文档**：执行"文件>新建"命令，弹出"新建文档"对话框，如图1-80所示。单击"模板"按钮，转换到"从模板新建"对话框，如图1-81所示。在对话框中可以选择需要创建的新文档或蒙版。
- **选择文档**：在标题栏中，单击一个文档名称，则所选择的文档就是当前的操作窗口。

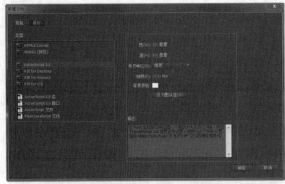

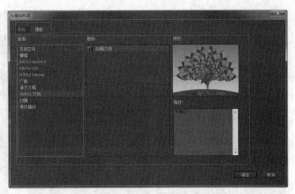

图1-80 "新建文档"对话框　　　　　　图1-81 "从模板新建"对话框

- **拖动文档的窗口**：单击"窗口选项卡"中的"文档名称"选项，按住鼠标左键拖动，当其窗口处出现蓝色框时，松开鼠标左键完成对窗口的拖动操作。
- **调整文档窗口的顺序**：拖动文档的名称可以调整文档的顺序，如图1-82所示。

图1-82 调整文档的顺序

- **文档窗口的合并**：窗口在嵌入或浮动状态时，可以对窗口进行合并，只把窗口标题拖动到目标窗口旁边即可，如图1-83所示。文档窗口分离的方法与其相同。

图1-83 文档窗口的合并

- **调整窗口文件的大小**：选择文档的名称，按住鼠标左键将其拖动到空白处，如图1-84所示。把鼠标指针移至准备拖出窗口的4个角处，出现双箭头，就可以对窗口的大小进行调整，如图1-85所示。

图1-84 拖出文档窗口　　　　　　图1-85 调整文档窗口的大小

- **文档窗口的关闭**：关闭单个文档窗口时，可以执行"文件>关闭"命令来完成操作，或者单击窗口选项卡的关闭按钮。

# ▶1.7 Flash的基本术语

在制作Flash动画的过程中，经常要用到很多Flash动画制作的专业术语，因此，就要掌握Flash动画的基本术语。

### 1.7.1 帧、关键帧和空白关键帧

由于每一个精彩的Flash动画都是由很多精心雕琢的帧构成的，因此要对Flash中的一些组成部分和基本单位进行了解。这样才能更好地了解Flash动画的制作过程。

- **帧**：是进行Flash动画制作最基本的单位，用于延伸关键帧上的内容，又称为"普通帧"和"过渡帧"。帧在时间轴上显示为灰色填充的小方格，如图1-86所示。通过增加或减少帧的数量来控制动画播放的速度。

- **关键帧**：即可以在编辑舞台上对其进行编辑的帧。关键帧在时间轴上显示为实心的圆点，如图1-87所示。在动画制作时，在不同的关键帧上进行绘制和编辑对象，再通过设置便可以形成动画。

图1-86　帧效果　　　　　　　　　　　图1-87　关键帧效果

- **空白关键帧**：是编辑舞台上没有包含内容的关键帧。空白关键帧在时间轴上显示为空心的圆点，如图1-88所示。在空白关键帧上添加新的内容就可以把其变为关键帧。

图1-88　空白关键帧效果

同一层中，在前一个关键帧的后面任一帧处插入关键帧，它便可以复制前一个关键帧上的对象，并可以对其进行编辑操作。如果插入帧，是延续前一个关键帧上的内容，则不可对其进行编辑操作；如果插入空白关键帧，则可清除该帧后面的延续内容。

> **提示**
>
> 应尽可能地在同一动画中减少关键帧的使用，以减少动画文件的体积。应尽量避免在同一帧处大量地使用关键帧，这样可以减少动画运行的负担，使动画播放画面比较流畅。

### 1.7.2 帧频

帧频是Flash动画的播放速度，以每秒播放的帧数为度量单位。帧频太满会使动画播放起来不流畅，帧频太快会使动画中的细节变得模糊。24帧的播放速率是Flash新版本中的默认设置。

Flash动画的复杂程度和播放动画的计算机的速度会影响动画播放的流畅程度，因此，可以通过在不同的计算机上测试动画，来确定动画的最佳帧速率。

> **提示**
>
> 因为 Flash Pro 只给动画一个帧频，所以在开始制作动画之前，需要先设置帧频。

### 1.7.3 场景

场景是创建Flash文档时，放置图形或其他内容的矩形区域，也是动画中的一个场面。一个Flash动画中可以只有一个场景，也可以有多个场景。按主题组织文档时，可以使用场景，因为文档中的帧都是按场景顺序连续编号的，因而更方便组织。使用场景类似于使用几个FLA文件一起创建一个较大的演示文稿。每个场景都有一个时间轴，当播放头到达一个场景的最后一帧时，播放头将自动前进到下一个场景继续播放。不同的场景如图1-89所示。

图1-89  不同的场景

## ▶1.8 Flash的文件格式

在完成Flash动画的制作后，就需要将Flash文件发布与导出。因为Flash可以与多种文件一起使用，所以就需要了解各种文件的格式及用途。其不同格式的图标如图1-90所示。

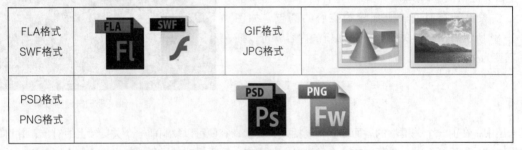

图1-90  不同格式的不同图标

### 1.8.1 FLA和SWF

- **FLA格式**：是在 Flash 程序中创建的，是Flash文件所有项目的源文件，其中包含Flash Pro 文档的基本媒体、时间轴和脚本信息。基本媒体对象是组成Flash Pro 文档内容的图形、文本、声音和视频对象；时间轴用于告诉 Flash Pro 应何时将特定媒体对象显示在舞台上。此类型的文件只能在Flash 中打开。用户可以在 Flash 中打开 FLA格式的文件，然后将它导出为 SWF或SWT格式的文件以在浏览器中使用。
- **SWF格式**：是Flash的专用格式，是一种支持矢量和点阵图形的动画文件格式，被广泛应用在网页设计、动画制作等领域。SWF文件格式是其他应用程序所支持的一种开放标准。

SWF格式是Flash文件的压缩版本，已进行了优化，可以在Web上查看。此文件可以在浏览器中播放并且可以在Dreamweaver中进行预览，但此文件不能在Flash中进行编辑。这是用户在使用Flash按钮和Flash文本对象时创建的文件类型。

### 1.8.2 GIF和JPG

- **GIF格式**：是基于网络上传输图像而创建的文件格式，它采用的压缩方式可以将图片压缩得很小，利于在互联网上传输。它支持背景透明和动画，可以用它制作简单的动画。GIF格式的文件的压缩效果较好，且可以保持文件的透明性，同时它支持256种颜色及8位的图像文件。

GIF文件是一种简单的压缩位图，GIF格式对于导出线条绘画的效果较好，并且将使用无损压缩格式压缩图像，不会丢失图像中的任何数据。

- **JPG格式**：是一种带有压缩性的文件格式，其文件比较小。此格式在压缩保存的过程中，会损失图像中的某些细节。此格式支持RGB模式，可用于图像的预览、网页制作和超文本文档中，在印刷时最好不要用此格式。JPG格式适合显示包含连续色调的图像。

> **提示**
>
> 对于具有复杂颜色或色调变化的图像，如具有渐变填充的照片或图像，需要使用"照片"压缩格式；对于具有简单形状和相对较少颜色的图像，需要使用无损压缩。

## 1.8.3 PSD和PNG

- **PSD格式**：是默认的Photoshop文件格式，是一种非压缩的原始文件保存格式。虽然有时候它的容量会很大，但是它可以保留所有的原始信息，便于图像的修改和各种效果的制作。

虽然Flash可以导入多种格式的静止图像，但是将静止图像从Photoshop导入Flash时通常使用PSD格式。在导入PSD文件时，Flash可以保留许多在Photoshop中应用的属性，并提供保持图像视觉保真度及进一步修改图像的选项。

Flash Pro可以直接导入PSD文件并保留许多Photoshop原有功能，同时可在Flash Pro中保持PSD文件的图像质量和可编辑性。导入PSD文件时还可以对其进行平面化，同时创建一个位图图像文件。

- **PNG格式**：是唯一一种支持透明度的跨越平台的位图格式。应用于网络图像，与GIF格式的图像不同的是它可以保存24位的真彩图像，而且还支持透明背景和消除锯齿边缘的功能，是一种无损的压缩格式。其缺点是不能支持所有的浏览器，并且文件比较大，可能会影响下载速度。

## ▶1.9 本章小结

本章对Flash的发展史、应用领域及Flash动画的原理进行了详细的介绍，并且还讲解了Flash动画制作的基础知识、基本术语和制作流程等内容，使用户对Flash有了最基本的了解，对Flash动画的制作有很大的帮助。

第 **02** 章

# Flash CC工作环境

**本章重点:**

→ 了解Flash CC的新增功能
→ 掌握Flash文档的基本操作
→ 设置制作Flash的动画环境

第 02 章　Flash CC工作环境

# ▶ 2.1 Flash CC的新增功能

　　相对于Flash CS6版本，Flash CC新增了很多实用的功能：骨骼工具、导入具有音频的H.264视频、随舞台缩放调整画笔大小、改进的音频工作流、在更改舞台大小时缩放内容和支持WebGL代码片断等。

　　Flash使用这些功能可以制作出更多丰富多彩的动画效果。接下来对部分新增功能进行详细介绍。

## 2.1.1　全新的骨骼工具

　　Flash CC允许用户使用骨骼工具为动画人物添加更加逼真的动作，提供在Flash中反向运动的功能，是一种使用骨骼对象进行动画处理的方式。这些骨骼连接成一个完整的骨架，当一个骨骼移动时，与其连接的骨骼也发生相应的移动，从而使其整个骨架更加自然的运动。

## 2.1.2　导入具有音频的H.264视频

　　可以选择"包括音频"选项，将H.264视频导入舞台，如图2-1所示。当拖动时间轴时，系统便会播放相关帧的音频，播放时间轴（按Enter键）时，必须以所导入视频的帧速率播放动画，以便音频能够与舞台上的视频帧同步。

图2-1　"导入视频"对话框

## 2.1.3　将位图导出为Sprite表

　　为了提高动画在移动设备上的播放效率，可以将位图导出为Sprite表。同时文档中若有位图，允许将Canvas打包到一个Sprite表中。新增的"将所有位图作为 Sprite表导出"复选框，默认为启用状态，可以通过在发布设置中给定高度值和宽度值来指定 Sprite 表的大小。设置如图2-2所示。

## 2.1.4　随舞台缩放调整画笔大小

　　在Flash CC中，可以根据舞台缩放级别的变化按比例缩放画笔大小，如图2-3所示。

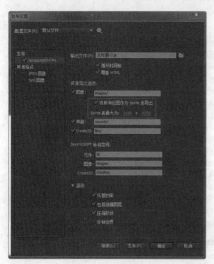

图2-2　发布设置

图2-3　"属性"面板

35

## 2.1.5 通用文档类型转换器

使用通用文档类型转换器可以将现有的 FLA 项目（任何类型）转换为任何其他文档类型。选择"命令>转换为其他文档格式"命令，然后选择目标文档类型，并指定转换后文件的存放路径即可完成转换，如图2-4所示。

图2-4 "文件类型转换器"面板

## 2.1.6 改进的音频工作流

增强的导入工作流，支持直接将音频导入舞台/时间轴中，方法是将文件拖放到某个图层或使用"文件>导入>导入到舞台"命令。

上下文菜单中的"分割音频"选项，使用"分割音频"上下文菜单方便地分割时间轴中嵌入的流音频。在需要时可以暂停音频，然后在时间轴中后面的某帧处从停止点恢复音频播放。

记住PI中的音频同步选项，属性检查器中对一个新的帧设置另外一个声音时，Flash会记住前一个声音的同步选项，"留"或"事件"选项。

## 2.1.7 改进的动画编辑器

新版"动画编辑器"可以在优化移动补间动画时提供更顺畅的使用体验。除了可以更轻松地从"时间轴"内存取之外，"动画编辑器"还做了大幅优化，有助于更轻松地集中编辑属性曲线。通过新版"动画编辑器"，设计者可以用简单的步骤来创建复杂且吸引人的补间动画，更便于模拟物件的真是运动轨迹。

## 2.1.8 面板新增锁定选项

面板的浮出菜单中新增了一个"锁定/解锁"选项，用于锁定面板的停放，如图2-5所示。

## 2.1.9 支持WebGL的代码片断

从Flash CC开始，对采用 WebGL 文档类型的某些常用动作支持使用代码片断，如图2-6所示。

图2-5 "锁定"面板

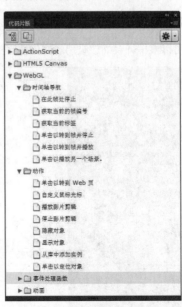

图2-6 "代码片断"面板

### 2.1.10 自定义平台支持SDK和样例插件得到了增强

Flash CC对自定义平台支持SDK和样例插件进行了以下改进：

- 可以查询库元件的类型；
- 可以区分按钮与影片剪辑；
- 新增一个用于获取 IClassicText 对象边界的API。

Flash CC中，集成了最新版Flash Player和AIR SDK，最新的CreateJS库，以及提供一个用于WebGL运行时API的TypeScript定义文件。

### 2.1.11 保存优化和自动恢复优化

为了避免用户由于软件断电或系统原因造成工作丢失，Flash CC新增了"自动保存优化"功能。优化了保存算法，可以更快更及时地保存FLA，解决了在网络上保存文件时文件会损坏的问题。

同样地，为了避免由于Flash软件崩溃造成的数据丢失，新增了"自动恢复优化"功能。具体设置是在"首选参数"面板底部，如图2-7所示。

### 2.1.12 组织导入库中的GIF

这一增强功能允许以一种更有条理的方式导入动画GIF文件，以便可以保持库的有序性，如图2-8所示。除此之外，还增强了库搜索面板的功能，除了可以通过元件名称来搜索元件外，还可以通过链接名称来搜索元件。

图2-7 自动恢复　　　　　　　　　　　图2-8 "库"面板

### 2.1.13 反向选择和将时间轴重设为默认级别

这一新的选项位于"编辑"菜单和"舞台"上下文菜单中，用于反向选择当前在舞台上选定的对象或形状，如图2-9所示。

只需单击一下鼠标，即可以将时间轴重设为默认级别，如图2-10所示。

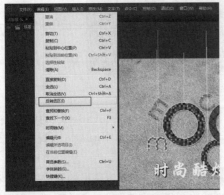

图2-9 编辑菜单　　　　　　　　　　　图2-10 "时间轴"面板

### 2.1.14 粘贴并覆盖帧

新增的"粘贴并覆盖帧"时间轴菜单选项，可用来粘贴复制的帧，即替换同样数目的帧而不是将帧向前推进，如图2-11所示。

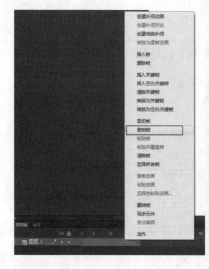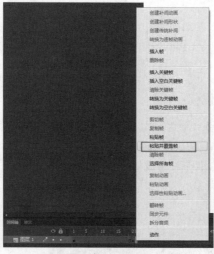

图2-11　粘贴并覆盖帧

## 2.2 Flash文档的基本操作

本节主要介绍Flash动画文档的新建、打开、保存和关闭等基本操作。用户要熟练掌握这些技巧与方法，以便在以后创建动画的过程中快速地应用。接下来对其进行详细介绍。

### 2.2.1 新建动画文档

打开Flash CC软件，执行"文件>新建"命令，弹出"新建文档"对话框，新建文档。新建动画文档的方式有两种：从"常规"中新建动画文档和从"模板"中新建动画文档。从"常规"中新建动画文档如图2-12所示。

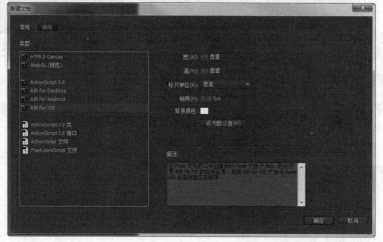

图2-12　"新建文档"对话框

- **HTML5 Canvas:** 创建用于 HTML5 Canvas 的动画资源。通过使用帧脚本中的JavaScript为资源添加交互性。类型文件为HTML5 Canvas的文件时是不能绑定类的，只能通过在帧上输入JavaScript代码来进行交互。
- **WebGL(预览):** WebGL 是一个无须额外插件就可以在任何兼容浏览器中显示图形的开放Web标准。WebGL 完全集成到所有允许使用GPU 加速进行图像处理的Web标准浏览器中，并作为Web页面画布的一部分发挥作用。WebGL 元素可以嵌入其他HTML元素中并与页面的其他部分实现合成。

- **ActionScript 3.0**：选择此选项时生成的文件类型是*.fla格式的，所创建的文档在编辑时所应用的脚本语言必须是ActionScript 3.0版本的。
- **AIR for Android**：用于AIR for Android 文档为 Android 设备创建应用程序，且生成一个*.fla格式的文件，将会设置 AIR for Android 的发布设置。
- **AIR for iOS**：用于AIR for iOS 文档为 Apple iOS 设备创建应用程序，且生成一个*.fla格式的文件，将会设置 AIR for iOS 的发布设置。
- **ActionScript 3.0 类**：选择此选项后可以以一个*.as格式的文件来定义ActionScript 3.0 类。
- **ActionScript 3.0接口**：创建一个新的以*.as格式的文件来定义ActionScript 3.0 接口。
- **ActionScript 文件**：创建一个新的以*.as格式的文件并在"脚本"窗口中进行编辑。ActionScript是一种脚本语言，用来控制影片或应用程序的动作、行为或其他元素。用户可以在"帧"或者"元件"中添加此脚本语言代码，还可以使用代码提示和其他脚本工具来帮助创建脚本，也可以在创建的ActionScript外部以供调用。
- **FlashJavaScript文件**：选择此选项即创建了一个新的外部JavaScript 文件 (*.jsfl)且可以在"脚本"窗口中进行编辑。
- **宽**：以像素为单位，用来设置场景的宽度。
- **高**：以像素为单位，用来设置场景的高度。
- **标尺单位**：用来设置标尺的单位。在其下拉列表中包括：英寸、英寸（十进制）和点等单位，如图2-13所示。
- **帧频**：每秒钟显示的帧的个数。默认值为24，即每秒钟显示24帧。
- **背景颜色**：用来设置影片的背景颜色。
- **描述**：单击"常规"中的任意选项，即可在此显示对相应选项的解释和说明，在选择" AIR for iOS"选项时，页面显示如图2-14所示。

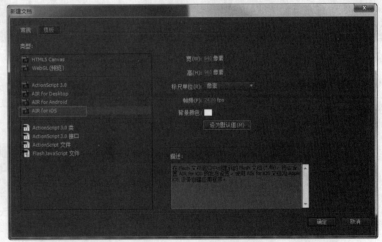

图2-13 "标尺单位"的下拉菜单列表

图2-14 选择"AIR for iOS"选项

## 2.2.2 新建模板动画文档

除了从"常规"中创建动画外，还可以从"模板"中创建动画，其类别分为：AIR for Android、动画、范例文件、广告、横幅、媒体播放和演示文稿，接下来将对其一一进行介绍，如图2-15所示。

- **范例文件**：模板中包含了多种动画的动作方式，如"AIR窗口示例""Alpha遮罩层范例""IK曲棍球手范例"和"SWF的预加载器"等功能，可以根据提供的动画的运动方式进行更改，以便能够更好地应用，如选择"嘴形同步"动画，如图2-16所示。

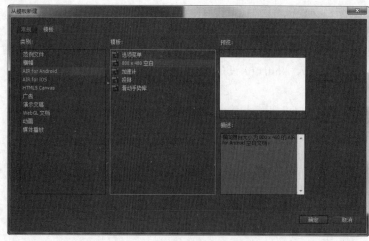

图2-15 "从模板新建"对话框

图2-16 "嘴型同步"动画

- **横幅**：此模板可以快速创建一个特定的横幅模板效果，选择此选项后显示"横幅"模板的类型，如图2-17所示。单击"确定"按钮，按快捷键Ctrl+Enter进行播放，如图2-18所示。单击黄色部分即可弹出相应的内容，如图2-19所示。

图2-17 "横幅"模板类型

图2-18 预览动画

图2-19 单击后的预览效果图

- **AIR for Android**：选择此选项后，选择"滑动手势库"，单击"确定"按钮，效果如图2-20所示。要编辑ActionScript语言，可执行"窗口>动作"命令，在"动作—帧"面板中选择相应选项，即可对其进行编辑，从而更改其动作或行为，如图2-21所示。

图2-20 选择"滑动手势库"后效果

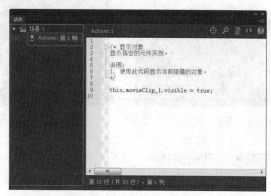

图2-21 "动作—帧"面板

- **AIR for iOS**：用于 AIR for iOS 设备的空白文档，具有480像素×320像素的横幅舞台尺寸。
- **HTML5 Canvas**：创建用于 HTML5 Canvas 的动画资源。通过使用帧脚本中的JavaScript，为用户的资源添加交互性，如图2-22所示。

图2-22　交互动画

- 广告：广告模板中没有要编辑的内容，它只是一种用来设定规范性的、特定文档大小的模板，用户可根据需求进行相应设置，它包括如图2-23所示的模板类别。

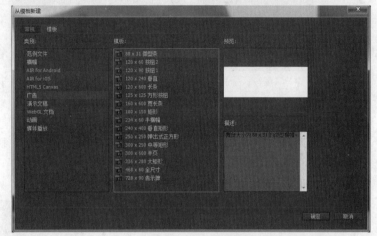

图2-23　"广告"模板

- 演示文稿：分为"高级演示文稿"和"简单演示文稿"两类。它们的外观一样，但是实现的类型不一样，其中"高级演示文稿"是通过 MovieClips 来实现的；而"简单演示文稿"是通过时间轴来完成的。通过使用这两种模板类型有助于初学者快速地进入动画设计领域。
- WebGL文档：WebGL 是一个无须额外插件就可以在任何兼容浏览器中显示图形的开放 Web 标准。WebGL元素可以嵌入到其他HTML元素中并与页面的其他部分实现合成，如图2-24所示。

图2-24　动画示例

- 动画：可以从动画模板中选择任意一种动画效果进行应用，打开模板中的"补件形状的动画遮罩层"选项，按快捷键Ctrl+Enter后，即可测试该动画，效果如图2-25所示。
- 媒体播放：用来设置多种媒体播放的预设面板，其模板分为如图2-26所示的几种。
- 预览：通过单击模板中的任意选项，即可在此观看到此选项的效果。
- 描述：通过单击模板中的任意选项，即可在此看到对该选项的解释和说明。

图2-25 动画效果

图2-26 "媒体播放"的预设面板

## 2.2.3 打开动画文档

对于初学者来说，一般打开动画文档都会在"菜单栏"中进行，执行"文件>打开"命令，弹出"打开"对话框，如图2-27所示。若要打开多个连续文档，可按Shift键进行选择；若要打开不相邻的文档，则按Ctrl键逐个进行选择，如图2-28所示为打开多个不相邻的文档的效果。

图2-27 "打开"对话框

图2-28 打开多个文档后的效果

## 2.2.4 保存动画文档

将动画制作完成后，一般都要对其进行保存，以方便以后进行更改或应用。及时保存文档可以防止数据丢失。接下来将介绍几种保存动画文档的方法。

● 执行"文件>保存"命令，如图2-29所示。弹出"另存为"对话框，在对话框中设置保存的路径、名称和保存类型，如图2-30所示。单击"保存"按钮，即可完成此操作。

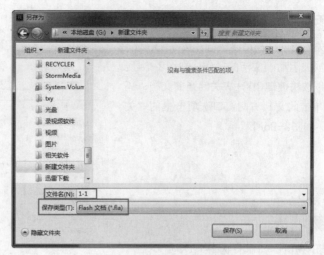

图2-29　"保存"命令　　　　图2-30　"另存为"对话框

- 执行"文件>另存为"命令，也会弹出"另存为"对话框，根据上述操作进行保存即可。
- 执行"文件>另存为模板"命令，弹出"另存为模板"对话框，如图2-31所示。可以对其名称、类别和描述进行相应设置，单击"保存"按钮，即可完成相应的操作。

当打开了两个以上的文档时，想同时保存，可执行"文件>全部保存"命令，弹出"另存为"对话框，根据上述操作进行相应设置，即可完成对全部文档的保存。

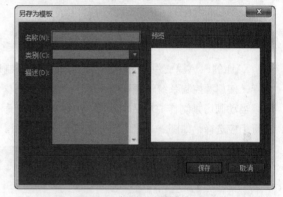

图2-31　"另存为模板"对话框

提示

若要实现快速保存文档的操作，可以按快捷键 Ctrl+S 或快捷键 Ctrl+Shift+S 进行保存。

## 2.2.5 测试动画文档

当在舞台上完成动画设计后，要对其进行测试，观看动画效果。执行"控制>测试影片"命令并选择相应的测试方法测试动画文档，图2-32所示是测试动画的几种方法。当选择"在Flash Professional中（F）"选项进行测试时，效果如图2-33所示。

若要对场景进行测试，可执行"控制>测试场景"命令，即对当前场景进行测试。

提示

除了执行相应命令外，还可以按快捷键 Ctrl+Enter 进行测试。

图2-32　测试动画的几种方法　　　图2-33　测试效果

### 2.2.6 关闭动画文档

　　若要关闭当前文档可以执行"文件>关闭"命令，完成关闭动画文档的操作，如图2-34所示；也可以按快捷键Ctrl+W关闭当前文档；还可以直接单击此文档右侧窗口选项卡上的"关闭"按钮，如图2-35所示。

> **提示**
>
> 若要将文档和 Flash CC 软件同时关闭，只需要单击右上角的"关闭"按钮，即可关闭文档并退出 Flash CC 软件。此外，在选择"关闭"按钮的同时也对文档进行了保存。

图2-34 "关闭"命令　　　　　　图2-35 窗口"关闭"按钮

## ▶2.3 基于XML的FLA源文件

　　XML的FLA源文件是采用基于XML的非二进制FLA格式，使得项目和相关资源就像是目录或文件夹中的项一样，使用源控制系统管理和修改项目，能够更轻松地实现文件协作。

　　当动画场景制作完毕后，执行"文件>保存"命令，弹出"另存为"对话框，可对其路径、名称和保存类型进行相应选择，如图2-36所示。保存后的效果如图2-37所示。

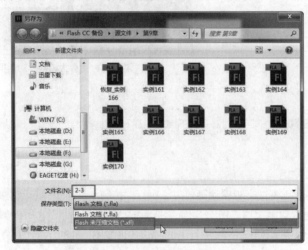

图2-36 "另存为"对话框　　　　　　图2-37 保存后的图标

## ▶2.4 设置制作Flash动画环境

　　对于一个Flash的动画设计员来说，设置制作Flash动画环境非常重要。本节将对文档属性、调整舞台显示比例进行详细介绍，并讲解如何"设置常用环境参数"等相关知识，只有懂得这些常识后，才能在设计动画时巧妙的进行应用，从而提高工作效率。

### 2.4.1 文档属性设置

　　新建文档之后，一般需要调整文档的大小、背景色和播放速率等参数，可以执行"修改>文档"命令，弹出"文档设置"对话框，如图2-38所示。

在Flash CC中还可以完成在修改舞台大小的同时使舞台上的对象一起变换操作，从而使动画中的元件跟随舞台尺寸修改自动调整，以适应不同设备的分辨率。

- **单位**：用来指定显示在工作区的标尺的度量单位。在其下拉菜单中包括：英寸、英寸（十进制）、点和厘米等单位，如图2-39所示。
- **以舞台大小缩放内容**：当尺寸发生变化时，将激活此选项，勾选此复选框即在修改舞台大小的同时使舞台上的对象也一起变换。

图2-38　"文档设置"对话框　　　图2-39　"单位"的下拉菜单列表

- **锁定层和隐藏层**：锁定图层，可以防止修改一个图层的时候，影响到其他的图层。在操作时，用户可以把现在不在编辑状态的图层全部锁上。隐藏图层是隐藏暂时不需要的图层。
- **锚记**：动画记忆点，发布成HTM文件的时候，可以在IE的地址栏输入锚点，这样可以直接跳转到对应的片断播放。
- **背景颜色**：用来设置舞台的背景颜色。
- **帧频**：每秒钟显示的帧的个数。默认值为24，即每秒显示24帧。
- **设为默认值**：使更改后的内容返回默认值。

**提示**

在使用"文档属性"时除了用命令打开"文档设置"对话框外，还可以在舞台中单击鼠标右键，在弹出的菜单中选择"文档属性"选项即可，按快捷键Ctrl+J，可以弹出"文档设置"对话框。

## 2.4.2　调整舞台显示比例

在绘制场景时，受画面大小的限制，不能精确对元件进行绘制，需要将舞台的比例进行放大或缩小等。执行"视图>放大"命令，即可对元件比例进行放大操作。同理，执行"视图>缩小"命令，即可对元件比例进行缩小操作。还可以单击"工具"面板中"缩放工具"按钮，按住Alt键，对场景中的元件进行比例缩小。

调整场景的百分比有两种方法，可以通过执行"视图>缩放比率"命令，选择相应设置，如图2-40所示。还可以在"编辑栏"的右侧单击打开缩放菜单，对其进行相应设置，如图2-41所示。

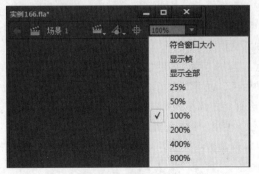

图2-40　"缩放比率"的菜单栏　　　图2-41　缩放菜单

**提示**

按 Ctrl 键和 + 键可将场景中的元件进行放大，按 Ctrl 键和 – 键可将场景中的元件进行缩小。

## 2.4.3 设置常用环境参数

将常用环境参数配置好后能够让用户操作起来更加得心应手，接下来将对其进行详细的讲解。执行"编辑>首选参数"命令，弹出"首选参数"对话框，如图2-42所示。在类别中选择所要更改的选项，并从各个选项中进行相应的选择。其中"首选参数"包括的类别参数如图2-43所示。

常规：在类别中选择"常规"选项时，其"配置区"如图2-44所示。

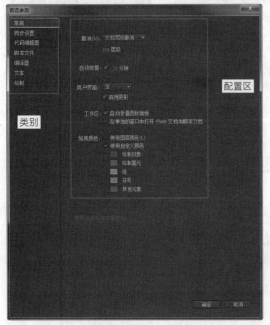

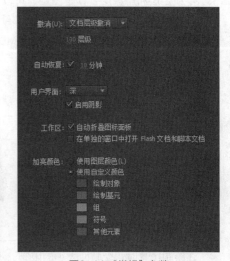

图2-42 "首选参数"对话框　　　图2-43 参数类别　　　图2-44 "常规"参数

- 撤销：用来设置撤销的层级数。包括"文档层级撤销"和"对象层级撤销"两种类型。
- 自动恢复：用于设置在指定的时间间隔中将每个打开文件的副本保存在原始文件所在的文件夹中。
- 用户界面：用来设置用户界面的深浅颜色。
- 工作区：当勾选"自动折叠图标面板"复选框时，则打开已折叠为图标的面板，执行其他不在此面板中的操作时该面板会重新折叠回图标状态，在安装Flash CC后"自动折叠图标面板"是默认状态；当勾选"在单独窗口中打开Flash文档和脚本文档"复选框时，则可以在打开的应用程序窗口中打开Flash文档和脚本文档。
- 加亮颜色：若要使用当前图层的轮廓颜色，可以从面板中选择一种颜色，也可以选择"使用图层颜色"。

同步设置：允许将首选参数同步到Creative Cloud，支持跨多台机器（最多两台）使用。其"配置区"如图2-45所示。

- 应用程序首选参数：包括在"首选参数"面板的标签中设置的选项。
- 工作区：包括同步的活动工作区和用户定义的工作区。下载到另外的机器上，面板会保留各自的位置，并根据屏幕分辨率做适当调整。
- 键盘快捷键：默认的快捷键。

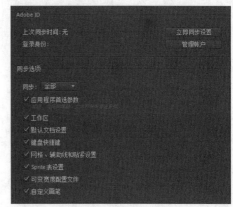

图2-45 "同步设置"参数

- 网格、辅助线和贴紧设置：使用Flash CC中的"视图"菜单设置的网格、辅助线和贴紧选项。
- Sprite表设置：用于Sprite Sheet生成器的输出选项，包括图像尺寸、算法和数据格式等。
- 可变宽度配置文件：每项显示器实例会使用相应行的数据提供程序项的值进行配置。
- 自定义画笔：通过设置笔刷的形状和角度等参数来自定义画笔。

代码编辑器：在类别中选择"代码编辑器"选项时，其"配置区"如图2-46所示。

- 字体：用来设置代码中的字体。
- 样式：用来设置代码的样式，包括"自动结尾括号""自动缩进"和"代码提示"3项。

"自动结尾括号"的默认状况为勾选状态，当在文档中输入代码时，输入结尾括号后，即自动显示出结尾括号。

"自动缩进"可以在左小括号或左大括号之后键入的文本将以"制表符大小"设置进行自动缩进。

"代码提示"用于在"脚本"窗口中启用代码提示。

- 缓存文件：用来设置缓存文件的数量。
- 制表符大小：用来指定新的一行中将缩进的字符数。
- 设置代码格式：选择语言用来设置代码的语言，包括"ActionScript"和"JavaScript"两种；在括号样式中选择"在与控制语句的同一行"选项时，其"配置区"如图2-47所示。

脚本文件：在类别中选择脚本文件选项时，其"配置区"如图2-48所示。

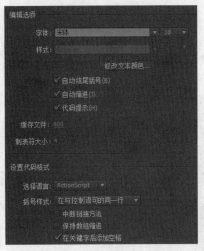

| 图2-46 "代码编辑器"参数 | 图2-47 "括号样式"参数 | 图2-48 "脚本文件"参数 |
|---|---|---|

- 打开：用来指定打开或导入ActionScript文件时使用的字符编码。
- 重新加载修改的文件：用来指示脚本文件被修改、移动或删除时将如何操作。可以选择"总是""从不"或"提示"3种选项。当选择"总是"选项时，则不显示警告，自动重新加载文件；当选择"从不"选项时，则不显示警告，文件仍将保持当前状态；当选择"提示"选项时，则可以根据需要选择是否重新加载文件。

编译器：当打开"ActionScript"时，可以设置ActionScript的Flex SDK路径、源路径、库路径和外部库路径，如图2-49所示。

文本：在类别中选择"文本"选项时，其"配置区"如图2-50所示。

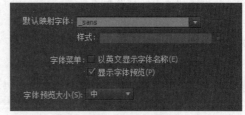

图2-49 "ActionScript高级设置"对话框　　　　图2-50 "文本"参数

- **默认映射字体**：用于在Flash中打开文档时替换缺少的字体。
- **字体菜单**：当勾选"以英文显示字体名称"选项后，执行"文本>字体"命令后，如图2-51所示。若不勾选此选项，则如图2-52所示。
- **字体预览大小**：可选择"小""中""大""特大"或"巨大"5种选项。

绘制：在类别中选择"绘制"选项时，其"配置区"如图2-53所示。

图2-51 勾选"以英文显示字　　图2-52 取消勾选"以英文显示字体名　　图2-53 "绘制"参数
体名称"选项　　　　　　称"选项

- **选择**：用来选择接触感应选择和套索工具。
- **钢笔工具**：用来设置钢笔工具的选项。
- **IK骨骼工具**：当勾选"自动设置变形点"选项时，移动IK形状骨骼时，Flash将自动设置变形点。
- **连接线条**：用来设置绘制的线条的终点离现有线段的距离，在多近时可以将其紧贴到另一条线上的最近点。

- **平滑曲线**：用来指定当绘画模式设置为"伸直"或"平滑"时，应用到以铅笔工具绘制的曲线的平滑量。当曲线设置的越平滑则越容易改变形状，而设置的越粗糙曲线就会越接近符合原始的线条的笔触。
- **确认线条**：是指用"铅笔"工具绘制的线段必须为直线，Flash会确认它为直线并使它完全变直。若选择了"关"选项，在舞台中绘制了一条或多条线时，可执行"修改>形状>伸直"命令来使线条变成直线。
- **确定形状**：用来控制所绘的"圆形""椭圆"和"正方形"等形状要达到何种精度，才会被确认为几何形状并精确重绘。它包括4种："关""严谨""正常"和"宽松"。当选择"严谨"选项时，要求绘制的形状要非常接近于精确；当选择"宽松"选项时，指定形状可以稍微粗略。
- **单击精确度**：用来指定指针必须距离某个项目多近时Flash才能确认该项目。

在设置常用环境参数时，往往离不开"首选参数"选项，在"首选参数"选项中可以对相应的类别进行相应的设置。那么，在使用"钢笔工具"时应该如何对"首选参数"类别中的"绘画"选项进行设置呢？接下来将以实例进行详细介绍。

## ▌上机练习：利用首选参数中的"绘制"类别设置绘画方式 ▌

- **最终文件** ┃ 源文件\第2章\2-4-2.fla
- **操作视频** ┃ 视频\第2章\2-4-2.swf

------------------------------------ 操作步骤 ------------------------------------

**01** 启动Flash CC，执行"文件>新建"命令，弹出"新建文档"对话框，在"类别"中选择ActionScript 3.0选项，并设置宽、高和标尺单位等参数，如图2-54所示。

**02** 单击"确定"按钮，新建一个空白文档，如图2-55所示。

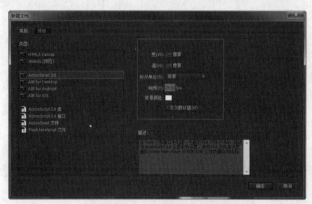
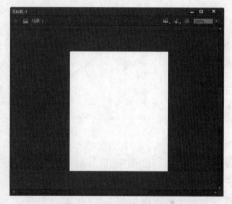

图2-54 "文档设置"对话框　　　　　　　　图2-55　新建空白文档

**03** 执行"文件>导入>导入到舞台"命令，将"素材\第2章\24301.jpg"导入到舞台，如图2-56所示。

**04** 单击"打开"按钮，素材在舞台上的效果如图2-57所示。

图2-56 "导入"对话框　　　　　　　　　图2-57　导入位图

05 执行"编辑>首选参数"命令，弹出"首选参数"对话框，在"类别"中选择"绘画"选项，在"常规"中进行相应设置，如图2-58所示。

06 执行"窗口>时间轴"命令，打开"时间轴"面板，单击"新建图层"按钮，如图2-59所示。

图2-58 "首选参数"对话框

图2-59 "时间轴"面板

07 单击"工具"面板中的"钢笔工具"按钮，在舞台中进行绘制，如图2-60所示。

08 将路径与起点重合，如图2-61所示，并在舞台中任意处单击鼠标，完成心形的绘制，如图2-61所示。

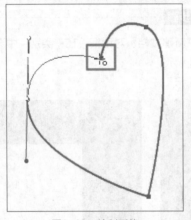

图2-60 绘制形状

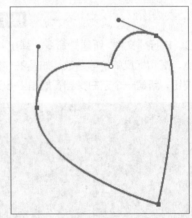

图2-61 图形效果

09 单击"工具"面板中的"颜料桶工具"，并执行"窗口>属性"命令，在"属性"面板，设置填充颜色为#FF0000，如图2-62所示。

10 在舞台上的图形中单击鼠标，即为该图形填充颜色，效果如图2-63所示。

图2-62 "属性"面板

图2-63 填充颜色

**11** 单击"工具"面板中的
"选择工具"命令，全选图
形，在"属性"面板中进行
相应设置，如图2-64所示。
设置完成后效果如图2-65所
示。

图2-64　"属性"面板　　　　　图2-65　图形效果

## 2.4.4　"属性"面板设置

制作Flash动画设置文档属性是前提，也是最基础的部分。设置文档播放器、脚本语言、帧频和大小等都与
文档的属性有关，执行"窗口>属性"命令，打开"属性"面板，如图2-66所示。

**文档**：是指当前文档的文件名，此文件名只能在保存文档时进行相应修改。

**发布**：包括"配置文件""目标""脚本"和"类"4种。

- **配置文件**：单击"发布设置"按钮，弹出"发布设置"对话框，即可直接编辑Flash Player的发布设
  置，如图2-67所示。具体的应用将在以后章节中进行详细介绍。
- **目标**：用于设置文档的播放器支持类型，包括Flash Player 12、Flash Player 13等，如图2-68所示。
- **脚本**：用于设置文档的脚本语言，只包括"ActionScript 3.0"。
- **类**：用于链接用户创建的后缀为as的文档类文件，也可以直接在此处输入类名。

图2-66　"属性"面板　　　　图2-67　"发布设置"对话框　　　　图2-68　"播放器"的种类

**属性**：用于设置文档的大小、帧频和舞台背景。前面的章节中有详细的讲解，请参考前面的章节对其进行详
细的了解。

**SWF历史记录**：用于显示在"测试影片""发布"和"调试影片"操作期间生成的所有SWF文件的大小。

**辅助功能**：用于将整个应用程序设为可访问、将子对象设为可访问和将Flash prefessional自动标记对象，以及为对象指定名称和说明。

- **使影片可供访问**：指示Flash Player将对象的辅助功能信息传送给屏幕阅读器。
- **使子对象可供访问**：指示Flash Player向屏幕阅读器传送子对象的信息。
- **自动标签**：指示Flash Professional使用与舞台上的对象关联的文本自动标记这些对象。

## 2.5 使用辅助工具

在Flash CC中"标尺""网格"和"辅助线"都是用来在创作动画时进行辅助设计的，通过这些工具可以帮助用户精确地绘制和安排对象，从而提高用户的工作效率。

### 2.5.1 使用标尺

执行"视图>标尺"命令可以显示或隐藏标尺。当显示标尺时，标尺将显示在文档的左沿和上沿，显示在"工作区"左沿的为"垂直标尺"，可以用于测量对象的高度；显示在"工作区"上沿的为"水平标尺"，可以用于测量对象的宽度；在舞台的左上角显示为"标尺"的"零起点"，如图2-69所示。

标尺是有度量单位的，默认为像素。若要对度量单位进行更改，可以执行"修改>文档"命令，弹出"文档设置"对话框，在对话框里可以更改标尺的度量单位。

使用标尺还可以在舞台上显示元件的尺寸，当选中舞台中元件时，会分别在"垂直标尺"和"水平标尺"中出现两条线，表示该元件的尺寸，如图2-70所示。

图2-69 显示标尺

图2-70 元件的尺寸

**上机练习：使用标尺定位动画中的元素**

- **最终文件** | 源文件\第2章\2-5-1.fla
- **操作视频** | 视频\第2章\2-5-1.swf

操作步骤

**01** 启动Flash CC，执行"文件>新建"命令，弹出"新建文档"对话框，在"类别"中选择ActionScript 3.0选项，并设置宽、高和标尺单位进行相应设置，如图2-71所示。

**02** 单击"确定"按钮，执行"视图>标尺"命令，则在场景中显示"垂直标尺"和"水平标尺"，如图2-72所示。

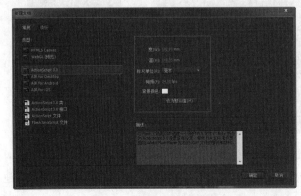
图2-71 "新建文档"对话框

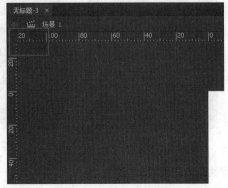
图2-72 显示标尺

**03** 在舞台中绘制一个100mm×100mm的矩形，单击"工具"面板中的"矩形工具"按钮及"笔触颜色"按钮，弹出"样本"面板，将鼠标置入所需要填充的颜色为"黑色"处，此时鼠标变成吸管，单击即可拾取颜色，如图2-73所示。

**04** 直接用鼠标在舞台中进行拖动，将会看到在标尺中会显示两条线，即表示其大小，当绘制到80mm×80mm时，此时光标发生变化，（不要松开鼠标左键）如图2-74所示。

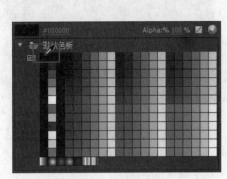

图2-73 "样本"面板

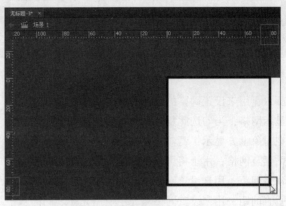

图2-74 绘制80mm×80mm正方形

**05** 继续在舞台中进行拖动鼠标，将其拖动到标尺100mm×100mm处，如图2-75所示。松开鼠标左键后，其如图2-76所示。

**06** 执行"文件>保存"命令，将动画保存为"光盘\源文件\第2章\2-5-1.fla"。

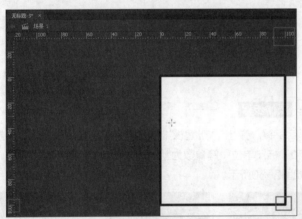

图2-75 绘制100mm×100mm正方形

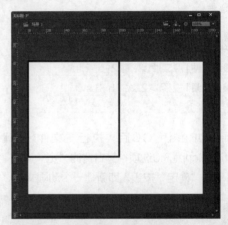

图2-76 动画效果

提示

除了使用命令可以打开标尺外，还可以按快捷键 Ctrl+ Alt + Shift +R 进行打开标尺操作。使用标尺命令只对当前打开的文档有效，不会影响其他的文档。

## 2.5.2 网格的使用

使用"网格"可以使制作一些规范图形变得更方便，不仅可以提高绘制图形的精确度，还可以提高工作效率。

执行"视图>网格>显示网格"命令，可以看到舞台中布满了类似围棋棋盘网格，如图2-77所示。执行"视图>网格>显示网格"命令，可以显示或隐藏网格，或按Ctrl和,键来快速隐藏或显示网格。

执行"视图>网格>编辑网格"命令，可以对网格进行编辑，如图2-78所示。

图2-77 显示网格　　　　　　　　　　　　图2-78 "网格"对话框

- **颜色**：用来设置网格的颜色。
- **显示网格**：当勾选此复选框时，将在文档中显示网格。
- **在对象上方显示**：若勾选此复选框，即可在创建的元件上显示出网络。默认情况下为取消状态。
- **贴紧至网格**：用于将场景中的元件紧贴到网格中。
- **水平间距**：用来设置网格填充中所用元件之间的水平距离，以像素为单位。
- **垂直间距**：用来设置网格填充中所用元件之间的水平距离，以像素为单位。
- **贴紧精确度**：用来决定对象必须距离网格多近，才会发生的动作。在此下拉菜单中包括4种类型："必须接近""一般""可以远离"和"总是贴紧"。
- **保存默认值**：用来将当前设置保存为默认值。

使用网格布局动画可以使绘制的图形变得更加精确，使布局的画面更加整洁，从而提高工作效率，接下来将以实例进行详细介绍。

**┃ 上机练习：使用网格布局动画 ┃**

- **最终文件** | 源文件\第2章\2-5-2.fla
- **操作视频** | 视频\第2章\2-5-2.swf

────────── 操作步骤 ──────────

**01** 启动Flash CC后，执行"文件>新建"命令，弹出"新建文档"对话框，在"类别"中选择ActionScript 3.0选项，其右侧的"宽""高"和"标尺单位"等参数为默认参数，如图2-79所示。
**02** 单击"确定"按钮，即新建一个动画文档，如图2-80所示。

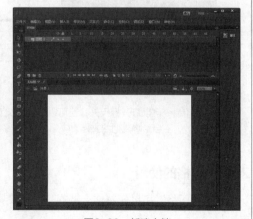

图2-79 "新建文档"对话框　　　　　　　图2-80 新建文档

**03** 执行"文件>导入>导入到舞台"命令，弹出"导入"对话框，按照相应的路径选择所需要的文件，如图2-81所示。
**04** 单击"打开"按钮，则在舞台中打开该文件，效果如图2-82所示。

图2-81　"导入"对话框

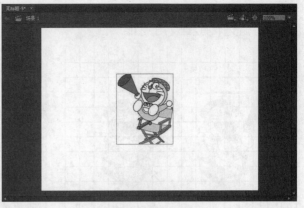

图2-82　舞台效果

**05** 执行"视图>网格>显示网格"命令，网格将在舞台上布满，如图2-83所示。

**06** 执行"视图>网格>编辑网格"命令，弹出"网格"对话框，将"颜色"设置为黑色，则网格的颜色将以黑色显示；勾选"在对象上方显示"则网格显示在图像上方；勾选"贴紧至网格"则在移动网格时，舞台中的图像会自动吸附网格，如图2-84所示。

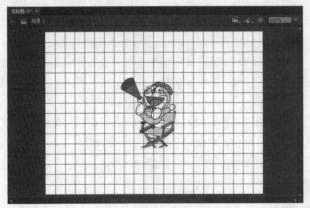

图2-83　显示网格

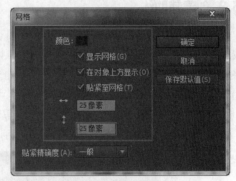

图2-84　"网格"对话框

**07** 单击"确定"按钮，其图像效果如图2-85所示。

**08** 选中舞台中的图像，此时图像会出现蓝色框，如图2-86所示。

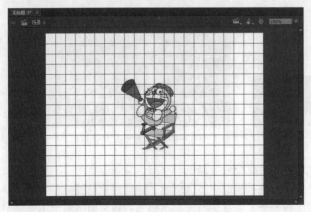

图2-85　图像效果

图2-86　选中图像

**09** 按住Alt键拖动图像并移动到适合的位置，在移动过程中，图像会吸附网格，从而使图像移动的位置更加准确，如图2-87所示。

**10** 使用相同的方法，完成利用网格布局的操作，其效果如图2-88所示。执行"文件>保存"命令，将动画保存为"源文件\第2章\2-5-2.fla"。

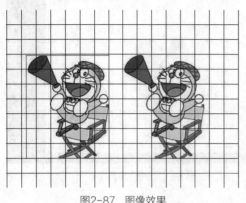

图2-87 图像效果

图2-88 图像效果

**提示**

打开或关闭贴紧至网格线，还可以通过执行"视图 > 贴紧 > 贴紧至网格"命令完成。

## 2.5.3 创建辅助线

"辅助线"顾名思义是起辅助作用的。它用于在制作动画时，使对象和图形都对齐到舞台中的某一条横线或纵线上。但要使用辅助线，必须启用标尺命令，如果显示了标尺，则可直接在垂直标尺或水平标尺上按住鼠标左键将其拖动到舞台上，完成"辅助线"绘制，如图2-89所示。

执行"视图>辅助线>显示辅助线"命令，可以显示或隐藏辅助线；执行"视图>辅助线>锁定辅助线"命令，可以锁定辅助线；执行"视图>辅助线>编辑辅助线"命令，可以用来修改辅助线的颜色等，如图2-90所示。执行"视图>辅助线>清除辅助线"命令，可以将场景中的辅助线全部清除。

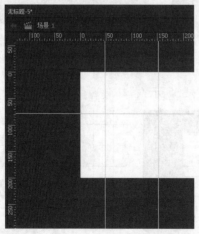

图2-89 绘制辅助线

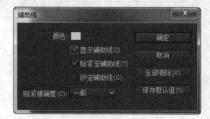

图2-90 "辅助线"对话框

**颜色**：用来设置辅助线的填充颜色，默认的辅助线颜色为绿色。

- **显示辅助线**：当选择该选项时，则显示辅助线；当取消该选项时，则隐藏辅助线。
- **贴紧至辅助线**：当选择该选项时，可以使对象贴紧至辅助线；当取消该选项时，则关闭贴紧至辅助线。
- **锁定辅助线**：用来选择或取消"锁定辅助线"。勾选该选项时，在绘制对象时，不会移动辅助线。

**贴紧精确度**：用来设置"对齐精确度"。可以从弹出的菜单中选择"必须接近""一般"和"可以远离"3种类别。

全部清除：用来删除当前场景中的所有辅助线。

保存默认值：用来将当前设置保存为默认值。

使用辅助线也可以精确的定位动画中的元素，使其垂直或水平对齐，也可以增加画面的整洁性，接下来将以实例进行详细的介绍。

## ▌上机练习：使用辅助线定位动画中元件 ▌

- **最终文件 |** 源文件\第2章\2-5-3.fla
- **操作视频 |** 视频\第2章\2-5-3.swf

------------------------------[ **操作步骤** ]------------------------------

**01** 启动Flash CC后，执行"文件>打开"命令，弹出"打开"对话框，在对话框中找出所需要的文件的路径、名称，如图2-91所示。

**02** 单击"打开"按钮，即可打开文档，如图2-92所示。

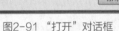

图2-91 "打开"对话框

图2-92 打开文档

**03** 执行"窗口>库"命令，打开"库"面板，如图2-93所示。

**04** 单击"库"面板下的"名称"为LOGO的图形元件，并将其移动到舞台中，其效果如图2-94所示。

**05** 使用"任意变形工具"，按住Shift键拖动LOGO元件四角进行等比缩放，如图2-95所示。

图2-93 "库"面板

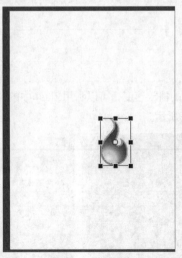

图2-94 拖出元件

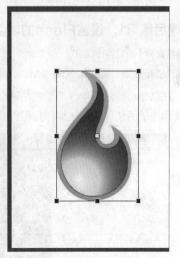

图2-95 缩放元件

**06** 执行"视图>标尺"命令显示标尺，如图2-96所示。

**07** 将鼠标放置在标尺上，单击鼠标并在舞台中拖放标尺至适合位置，再拖出辅助线，如图2-97所示。

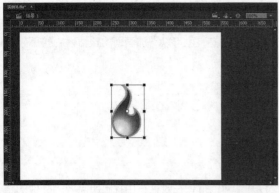

图2-96　显示标尺

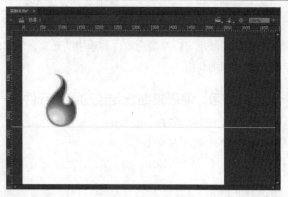

图2-97　拖出辅助线

> **提示**
>
> 在使用辅助线时，必须启用标尺命令。

**08** 使用相同的方法，从"库"面板中拖出一个LOGO图形元件，并在舞台上调整大小，使其与辅助线水平对齐，效果如图2-98所示。执行"文件>保存"命令，将动画保存为"源文件\第2章\2-5-3.fla"。

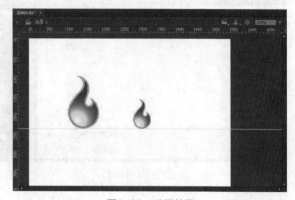

图2-98　动画效果

## 2.6 课后练习

### 课后练习1：设置Flash的帧频

● **最终文件**｜源文件\第2章\2-6-1.fla

● **操作视频**｜视频\第2章\2-6-1.swf

　　在创建动画过程中，需要控制动画的播放速度，可以利用Flash中的"帧频"选项设置帧频大小，从而改变动画播放的快慢程度，操作如图2-99所示。

图2-99　设置Flash帧频

**练习说明**

1. 打开Flash文件，执行"修改>文档"命令。
2. 弹出修改文档对话框，为了提高动画播放的速度，将帧频设置为每秒钟播放50帧。
3. 完成修改帧频的动画，测试动画效果。

## 课后练习2：从模板中新建一个垂直横幅文件

● **最终文件** | 源文件\第2章\2-6-2.fla

● **操作视频** | 视频\第2章\2-6-2.swf

　　从模板中创建动画是一个快速而又简单易懂的方法，制作一个"从模板中新建一个垂直横幅文件"动画，操作如图2-100所示。

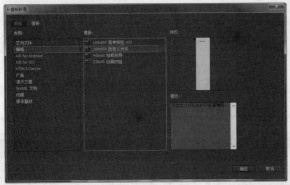

图2-100　制作垂直横幅文件

**练习说明**

1. 新建一个"模板>横幅>自定义光标"类型的垂直横幅。
2. 单击确定，创建一个垂直横幅文件。
3. 完成动画的制作，测试动画效果，单击任意位置，即可显示内容。

# 第03章

# Flash CC中的图形绘制

**本章重点：**

→ 掌握在Flash CC中绘制图形的方法

→ 熟练掌握绘图工具的使用

→ 掌握对图形的调整和修改

# 3.1 线条工具

在Flash CC中使用"线条工具"可以绘制不同的直线段，用户可以根据需要在其"属性"面板中对线段的笔触、样式等进行设置。

## 3.1.1 设置线条属性

单击"工具"面板中的"线条工具"按钮，在舞台中单击并拖动鼠标，即可绘制一条直线段，如图3-1所示。通过对"属性"面板中各属性的设置，可更改"线条工具"的属性或已绘制线条的样式，如图3-2所示。

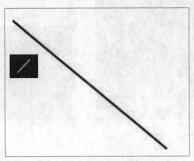

> **提示**
>
> 使用"线条工具"绘制直线段时，不能设置填充属性。

图3- 1　绘制直线段　　　　　图3-2 "属性"面板

- 笔触颜色：用来设置绘制直线段的颜色。
- 笔触：用来设置绘制直线段的粗细，默认"笔触高度"为1像素。通过在文本框中输入0.1～200之间的数值或拖动滑动条上的滑块，可以更改笔触高度，并且文本框中的数值与当前滑块位置永远保持一致，"属性"面板如图3-3所示。
- 样式：用来设置绘制直线段的样式，单击右侧的小三角按钮，弹出"样式"面板，单击可选择不同的样式，如图3-4所示。单击"编辑笔触样式"按钮，弹出"笔触样式"对话框，在该对话框中可对笔触样式进行编辑，如图3-5所示。

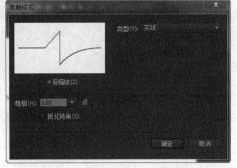

图3-3 "属性"面板　　　　　图3-4 "样式"面板　　　　　图3-5 "笔触样式"对话框

- 提示：勾选"提示"复选框，可在全像素下调整直线和曲线锚记点，防止出现模糊的垂直或水平线。

> **提示**
>
> 设置直线段的样式为"极细线"，无论画面放大多少倍，它在屏幕上始终显示1像素。当绘制复杂图形时，极细线会很有用处。

在使用"线条工具"绘制直线段时，按住 Shift 键可以将直线段控制在水平、垂直或 45°角其他倍数的方向上。

## 3.1.2 设置笔触样式

在"类型"下拉列表框中，选择不同的笔触类型，该对话框中会出现笔触类型的相应属性。在该对话框中可对笔触样式进行编辑，选择"实线"类型，如图3-6所示；选择"虚线"类型，如图3-7所示。

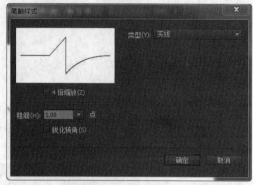
图3-6　实线类型

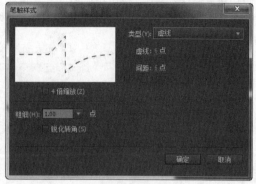
图3-7　虚线类型

- **类型**：单击右侧的小三角按钮，弹出笔触类型面板，在该面板中可以选择不同的笔触类型。
- **4倍缩放**：勾选该复选框，在笔触样式预览框中将以4倍大小显示自定义的样式。
- **粗细**：在该下拉列表框中设置自定义笔触的粗细。
- **锐化转角**：勾选该复选框可锐化转角。
- **虚线**：用来设置虚线段的长度，单击右侧的数值输入新的数值，可更改虚线段的长度。
- **间距**：用来设置虚线段之间的距离，单击右侧的数值输入新的数值，可更改虚线段的间距。

选择"点状线"类型，如图3-8所示；选择"锯齿线"类型，如图3-9所示。

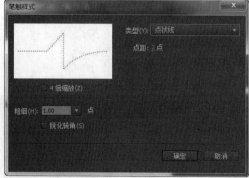
图3-8　点状线类型

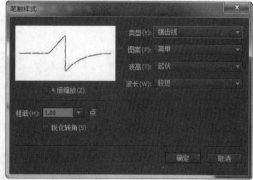
图3-9　锯齿线类型

- **点距**：用来设置圆点之间的跨度，单击右侧的数值输入新的数值，可更改圆点之间的距离。
- **图案**：用来设置直线段的频率和样式，系统默认为"简单"，在该下拉列表框中可以选择不同的图案类型。
- **波高**：用来设置直线段起伏效果的剧烈程度，系统默认为"起伏"，在该下拉列表框中可以选择不同的波高类型。
- **波长**：用来设置直线段中每个起伏影响的线段长度，系统默认为"较短"，在该下拉列表框中可以选择不同的波长类型。

选择"点刻线"类型，如图3-10所示；选择"斑马线"类型，如图3-11所示。

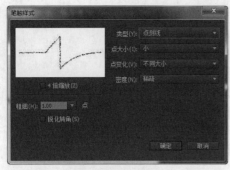

图3-10　点刻线类型　　　　　　　　　图3-11　斑马线类型

- 点大小：用来设置直线段中圆点的平均大小，系统默认为"小"，在该下拉列表框中可以选择不同的点大小类型。
- 点变化：用来设置直线段中圆点的大小差距，系统默认为"不同大小"，在该下拉列表框中可以选择不同的点变化类型。
- 密度：用来设置直线段中圆点的数量，系统默认为"稀疏"，在该下拉列表框中可以选择不同的密度类型。
- 粗细：用来设置每个线段的粗细，系统默认为"极细线"，在该下拉列表框中可以选择不同的粗细程度。
- 间隔：用来设置每个线段之间的距离，系统默认为"远"，在该下拉列表框中可以选择不同的间隔类型。
- 微动：用来设置每个线段偏离原来位置的程度，系统默认为"无"，在该下拉列表框中可以选择不同的微动类型。
- 旋转：用来设置每个线段的旋转程度，系统默认为"无"，在该下拉列表框中可以选择不同的旋转程度。
- 曲线：用来设置每个线段的弯曲弧度，系统默认为"直线"，在该下拉列表框中可以选择不同的曲线类型。
- 长度：用来设置每个线段的长度变换，系统默认为"相等"，在该下拉列表框中可以选择不同的长度变换类型。

### 3.1.3 线条的端点和结合

使用"线条工具"绘制直线段时，在"属性"面板中，可以设置不同的端点和接合。单击"端点"右侧的小三角按钮，在弹出的面板中可以选择不同的路径终点样式，如图3-12所示。不同终点样式的直线段效果，如图3-13所示。

图3-12　"路径终点样式"面板　　　图3-13　路径终点类型效果

- 无：绘制的直线段的端点没有任何变化。
- 圆角：绘制的直线段的端点为圆角。
- 方形：绘制的直线段的端点为方形。

单击"接合"右侧的小三角按钮，在弹出的面板中可以选择不同的路径相接方式，如图3-14所示。不同的路径相接方式效果，如图3-15所示。

图3-14　"路径相接方式"面板　　　图3-15　路径相接类型效果

- **尖角**：直线段的接合位置变为尖角，选择该类型时，"尖角"右侧的数值可以更改，用来控制尖角接合的清晰度。
- **圆角**：直线段的接合位置变为圆角。
- **斜角**：直线段的接合位置变为斜角。

在使用"线条工具"绘制直线段时，单击"工具"面板中"选项"部分的"对象绘制"按钮，"线条工具"将处于对象绘制模式，绘制的每一条直线段都是一个独立的对象，如图3-16所示。

如果未单击"对象绘制"按钮，所绘制的直线段就是形状，形状组合在一起会相互影响，单击相交部分将成为新的线条，如图3-17所示。按Delete键即可将其删除，如图3-18所示。

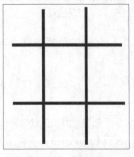 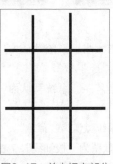 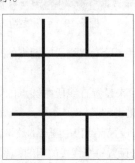

图3-16　绘制对象　　　　图3-17　单击相交部分　　　图3-18　将相交部分删除

> **提示**
>
> 在同一图层中，使用"对象绘制"模式绘制的对象，无论绘制的顺序先后，都永远处于形状的上方。

## 3.2 椭圆工具和矩形工具

在Flash CC中绘制图形时，"椭圆工具"和"矩形工具"经常被用到，使用方法与"线条工具"有很多相似之处，本节将讲解"椭圆工具"和"矩形工具"的具体使用方法。

### 3.2.1 椭圆工具

单击"工具"面板中的"椭圆工具"按钮，在舞台中单击并拖动鼠标，即可创建由"笔触"和"填充"两部分组成的椭圆，如图3-19所示。在"属性"面板中可以对椭圆的各参数进行相应的设置，如图3-20所示。

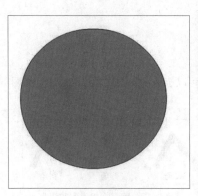 

图3-19　绘制椭圆　　　　　　　图3-20　"属性"面板

- **开始角度/结束角度**：用来设置椭圆的起始点角度和结束点角度，使用这两个控件可以轻松地将椭圆和圆形的形状修改为扇形、半圆形及其他有创意的形状。图3-21所示是开始角度为"100"，结束角度为"60"的特殊形状。
- **内径**：用来设置椭圆的内径，通过设置该参数可以很容易的绘制出圆环，如图3-22所示。
- **闭合路径**：确定椭圆形状的路径是否闭合，如果指定了一条开放路径，则不会对生成的形状应用任何填充，仅绘制笔触，如图3-23所示，默认情况下选择闭合路径。
- **重置**：单击该按钮，"椭圆选项"中的各参数将恢复到系统默认状态，可重新进行设置。

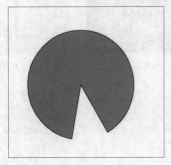
图3-21　绘制特殊形状

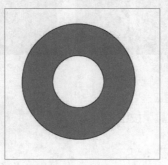
图3-22　绘制圆环

图3-23　绘制开放路径

---

**提示**

在使用"椭圆工具"绘制椭圆形时，绘制好的椭圆形不能再更改"椭圆选项"中的各参数，若要更改这些属性，只能重新绘制。

---

　　在"工具"面板中单击"椭圆工具"按钮，按住Alt键单击舞台空白处，可弹出"椭圆设置"对话框，在该对话框中可设置相应的参数，如图3-24所示。当"宽"和"高"的数值一样时，单击"确定"按钮，在舞台上将自动绘制出指定大小的圆形，如图3-25所示。

图3-24　"椭圆设置"对话框

图3-25　绘制指定大小的圆形

---

**技巧**

在使用"矩形工具"绘制矩形时，按住 Shift 键的同时拖动鼠标，可绘制出圆形。

---

## ▌上机练习：使用椭圆工具绘制花瓣 ▌

- **最终文件** | 源文件\第3章\3-2-1.fla
- **操作视频** | 视频第3章\3-2-1.swf

------------------------------【 操作步骤 】------------------------------

**01** 执行"文件>新建"命令，弹出"新建文档"对话框，在该对话框中设置"宽度"为300像素，"高度"为300像素，"帧频"为24fps，"背景颜色"为#FECFD9，如图3-26所示。单击"确定"按钮，新建一个空白文档。

**02** 单击"工具"面板中的"椭圆工具"按钮，在"颜色"面板中设置"填充颜色"为#FE205D到#FECFD9的"径向渐变"，如图3-27所示。设置完成后，在舞台中绘制椭圆图形，如图3-28所示。

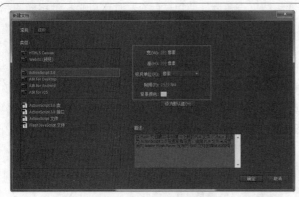

图3-26 "新建文档"对话框

图3-27 "属性"面板

图3-28 绘制椭圆

**03** 使用"选择工具"调整图形，如图3-29所示。单击"工具"面板中的"任意变形工具"按钮，拖动中心点到合适位置，如图3-30所示。

图3-29 调整图形

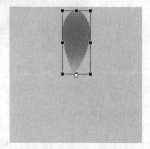

图3-30 移动中心点位置

**04** 执行"窗口>变形"命令，打开"变形"面板，设置"旋转"为72°，如图3-31所示。单击该面板中的"重置选区和变形"按钮，旋转并复制图形，效果如图3-32所示。

**05** 新建"图层2"，单击"工具"面板中的"椭圆工具"按钮，在"属性"面板中设置"填充颜色"为FFFF99，在舞台中按住Shift键绘制圆形，如图3-33所示。

重置选区
和变形

图3-31 "变形"面板

图3-32 图形效果

图3-33 图形效果

**06** 执行"文件>保存"命令，将其保存为"3-2-1.fla"。

## 3.2.2 矩形工具

单击"工具"面板中的"矩形工具"按钮，在舞台中单击并拖动鼠标，即可创建由"笔触"和"填充"两部分组成的矩形，如图3-34所示。在"属性"面板中可以对矩形的各参数进行相应的设置，如图3-35所示。

- **矩形选项**：用于指定矩形的角半径，如果输入负值，则创建的是反半径，如图3-36所示。取消选择限制角半径图标，可以在每个文本框中单独输入内径的数值，分别调整每个角半径，如图3-37所示。

图3-34　绘制矩形　　　　图3-35　"属性"面板　　　　图3-36　绘制反半径矩形　　图3-37　绘制不同圆角的矩形

在使用"矩形工具"绘制矩形时，拖动鼠标的同时按上下箭头键可一边绘制矩形一边调整圆角半径。

在"工具"面板中单击"矩形工具"按钮，按住Alt键单击舞台空白处，可弹出"矩形设置"对话框，在该对话框中可设置相应的参数，如图3-38所示。当"宽"和"高"的数值一样时，单击"确定"按钮，在舞台上将自动绘制出指定大小的正方形，如图3-39所示。

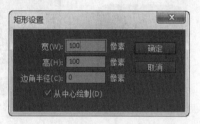

图3-38　"矩形设置"对话框　　　　图3-39　绘制指定大小的正方形

在使用"矩形工具"绘制矩形时，按住 Shift 键的同时拖动鼠标，可绘制出正方形。

## 上机练习：使用"矩形工具""椭圆工具"和"线条工具"绘制方块表情

- **最终文件** | 源文件\第3章\3-2-2.fla
- **操作视频** | 视频\第3章\3-2-2.swf

### 操作步骤

**01** 执行"文件>新建"命令，在弹出的"新建文档"对话框中进行设置，如图3-40所示。设置完成后单击"确定"按钮。

图3-40　"文档设置"对话框

**02** 执行"插入>新建元件"命令，新建"名称"为"方块表情1"的"图形"元件，如图3-41所示。单击工具箱中的"矩形工具"按钮，设置"笔触颜色"为无，"填充颜色"为#955E04，按住Alt键的同时在场景中单击鼠标左键，弹出"矩形设置"对话框，设置如图3-42所示。

图3-41 "创建新元件"对话框　　　　图3-42 "矩形设置"对话框

**03** 单击"确定"按钮，在场景中绘制一个圆角矩形，如图3-43所示。选中刚刚绘制的圆角矩形，按快捷键Ctrl+C复制图形，新建"图层2"，执行"编辑>粘贴到当前位置"命令，粘贴图形，单击工具箱中的"任意变形工具"按钮，按住Shift键，以图形的中心点为中心将图形进行等比例缩小，如图3-44所示。

**04** 选中复制得到的图形，打开"颜色"面板，设置"填充颜色"的值为#FFFF00到#FAC165的"径向渐变"，如图3-45所示。再使用"渐变变形工具"调整渐变角度，如图3-46所示。

图3-43　绘制圆角矩形　　图3-44　等比例缩小图形　　图3-45 "颜色"面板　　图3-46　渐变颜色填充

**技巧**

Flash中提供了"粘贴到当前位置"和"粘贴到中心位置"两种粘贴方式。"粘贴到当前位置"是将复制的对象粘贴到文件原来的位置，"粘贴到中心位置"则是将对象粘贴到场景的中心位置。

**05** 选中刚刚填充渐变颜色的图形，复制图形，新建"图层3"并粘贴到当前位置，打开"颜色"面板，设置"填充颜色"的值为："Alpha"值为100%的#FFFFFF到"Alpha"值为0%的#FFFFFF的"径向渐变"，如图3-47所示。使用"渐变变形工具"调整渐变角度，使用"任意变形工具"将图形等比例缩小，如图3-48所示。

图3-47 "颜色"面板　　图3-48　渐变颜色填充

**06** 新建"图层4"，单击工具箱中的"椭圆工具"按钮，设置"笔触颜色"为无，"填充颜色"为#C47C06，按住Shift键在场景中绘制一个圆形，如图3-49所示。利用相同的制作方法，新建"图层5"和"图层6"，再分别绘制"填充颜色"为#FFFFFF的圆形，如图3-50所示。

**07** 利用相同的制作方法，可以绘制出另外一只眼睛图形，如图3-51所示。单击工具箱中的"线条工具"按钮，设置"笔触颜色"为#C47C06，"笔触高度"为6。新建"图层10"，在场景中绘制一条直线，如图3-52所示。

图3-49  绘制圆形　　图3-50  绘制圆形　　图3-51  绘制另一只眼睛　　图3-52  绘制直线

**08** 单击工具箱中的"选择工具"按钮，将光标移至刚绘制的直线下方，当光标变为形状时向下拖动鼠标，将直线调整为曲线，如图3-53所示。利用相同的绘制方法，还可以绘制出相似的表情图标，如图3-54所示。

图3-53  调整直线　　　　　　图3-54  绘制相似表情图标

**09** 单击"编辑栏"上的"场景1"，返回到"场景1"，将刚刚绘制的各方块表情元件拖入到场景中，如图3-55所示。完成方块表情的绘制，执行"文件>保存"命令，将文件保存为"3-2-2.fla"，效果如图3-56所示。

图3-55  拖入元件　　　　　　图3-56  动画效果

## 3.3  基本椭圆工具和基本矩形工具

在Flash中除了"合并绘制"和"对象绘制"模式以外，"椭圆工具"和"矩形工具"还提供了"图元对象绘制"模式，即"基本椭圆工具"和"基本矩形工具"，这两个工具不能在"工具"面板中对"对象绘制"模式进行选择。

"基本椭圆工具""基本矩形工具"与"椭圆工具""矩形工具"的属性设置基本相同，唯一不同的是使用"基本椭圆工具"和"基本矩形工具"绘制完形状后，通过"属性"面板依然可以更改各属性，无须重新绘制。

### 3.3.1  基本椭圆工具

单击"工具"面板中的"基本椭圆工具"按钮，在舞台中单击并拖动鼠标，即可绘制一个椭圆，如图3-57所示。通过"属性"面板，可以对各参数进行修改，如图3-58所示。

也可以使用"部分选取工具"拖动图形上的控制点更改图形的形状，如图3-59所示。图形效果如图3-60所示。

图3-57　图形效果　　　　图3-58　"属性"面板　　　　图3-59　拖动控制点　　　　图3-60　图形效果

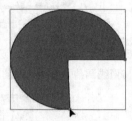

## 上机练习：使用基本椭圆工具绘制折扇

● **最终文件** | 源文件\第3章\3-3-1.fla

● **操作视频** | 视频\第3章\3-3-1.swf

**操作步骤**

**01** 执行"文件>新建"命令，弹出"新建文档"对话框，在该对话框中设置"宽度"为550像素，"高度"为400像素，"帧频"为24fps，"背景颜色"为白色，如图3-61所示。单击"确定"按钮，新建一个空白文档。

**02** 单击"工具"面板中的"基本椭圆工具"按钮，在"属性"面板中设置"填充颜色"为#F3F3F3，如图3-62所示。在舞台中按住Shift键绘制圆形，如图3-63所示。

图3-61　"新建文档"对话框　　　　图3-62　"属性"面板　　　　图3-63　绘制圆形

**技巧**

使用"基本椭圆工具"绘制椭圆时，按住快捷键 Shift+Alt 拖动鼠标，可以单击点为中心，向四周扩散绘制圆形。

**03** 单击"工具"面板中的"选择工具"按钮,在舞台中拖动圆形的控制点,如图3-64所示。拖动到合适位置释放鼠标,如图3-65所示。

**04** 拖动半圆右边的控制点到合适的位置,如图3-66所示。向左拖动中间的控制点,效果如图3-67所示。

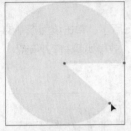
图3-64　拖动控制点

图3-65　图形效果

图3-66　拖动控制点

图3-67　图形效果

**05** 在"时间轴"面板上新建"图层2",如图3-68所示。单击"工具"面板上的"线条工具"按钮,在"属性"面板中设置"笔触颜色"为黑色,"笔触高度"为1像素,如图3-69所示。

图3-68　"时间轴"面板

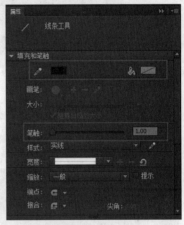
图3-69　"属性"面板

**06** 在舞台中绘制多个线条,如图3-70所示。使用"选择工具"调整线条,如图3-71所示。单击"工具"面板中的"颜料桶工具"按钮,在"属性"面板中设置"填充颜色"为#EBBF8E,单击线条内部,填充颜色,效果如图3-72所示。

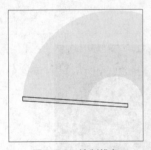
图3-70　绘制线条

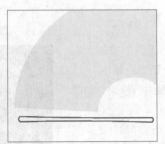
图3-71　调整线条

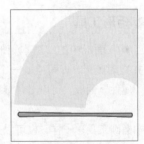
图3-72　填充颜色

**07** 使用"选择工具"在填充颜色部分单击3次,将笔触和填充全选,单击"工具"面板中的"任意变形工具"按钮,图形效果如图3-73所示。拖动中心点到合适位置,如图3-74所示。

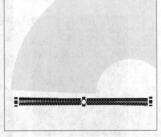
图3-73　图形效果

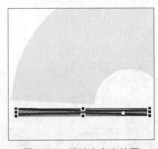
图3-74　移动中心点位置

在拖动中心点位置时，中心点自动依附图形的边缘，使移动中心点受到影响，此时，按快捷键 Ctrl++ 放大视图，拖动中心点将方便很多。

**08** 执行"窗口>变形"命令，打开"变形"面板，设置"旋转"为10°，如图3-75所示。单击该面板中的"重置选区和变形"按钮，旋转并复制图形，效果如图3-76所示。多次单击复制图形，效果如图3-77所示。

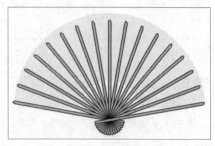

重置选区
和变形

图3-75 "变形"面板          图3-76 图形效果          图3-77 图形效果

**09** 在"时间轴"面板中，拖动"图层2"到"图层1"的下方，如图3-78所示。调整图形到合适的位置，如图3-79所示。新建"图层3"，使用相同的方法制作出折扇上面的阴影效果，如图3-80所示。

**10** 执行"文件>保存"命令，将其保存为"3-3-1.fla"。

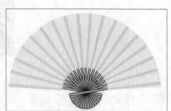

图3-78 "时间轴"面板          图3-79 图形效果          图3-80 图形效果

## 3.3.2 基本矩形工具

单击"工具"面板中的"基本矩形工具"按钮，在舞台中单击并拖动鼠标，即可绘制一个矩形，如图3-81所示。通过"属性"面板，可以对各参数进行修改，如图3-82所示。

与"基本椭圆工具"一样，也可以通过"部分选取工具"对图形的形状进行修改，拖动控制点，释放鼠标，图形效果如图3-83所示。

"基本椭圆工具"与"基本矩形工具"一样，当选中某个选项的滑块时，按住键盘上的上下方向键，可快速调整该属性的数值。

图3-81 图形效果          图3-82 "属性"面板          图3-83 图形效果

## 上机练习：使用基本矩形工具绘制按钮

● **最终文件**｜源文件\第3章\3-3-2.fla
● **操作视频**｜视频\第3章\3-3-2.swf

**操作步骤**

**01** 执行"文件>新建"命令，弹出"新建文档"对话框，在该对话框中设置"宽度"为300像素，"高度"为300像素，"帧频"为24fps，"背景颜色"为白色，如图3-84所示。单击"确定"按钮，新建一个空白文档。

**02** 单击"工具"面板中的"基本矩形工具"按钮，在舞台中绘制图形，如图3-85所示。

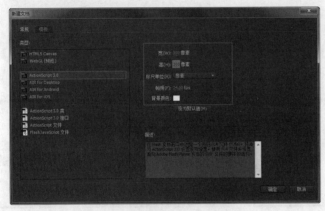

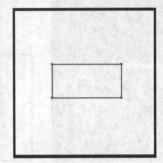

图3-84　"新建文档"对话框　　　　图3-85　绘制图形

**03** 在"属性"面板中设置"选区宽度"为150像素，"选区高度"为70像素，"笔触颜色"为#FF9933，"笔触高度"为3像素，每个"矩形边角半径"为15像素，如图3-86所示。图形效果如图3-87所示。

**04** 按快捷键Ctrl+C复制图形，再按快捷键Ctrl+V粘贴图形，效果如图3-88所示。

将宽度值和高度值锁定在一起

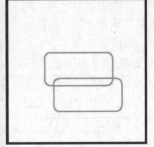

图3-86　"属性"面板　　　图3-87　图形效果　　　图3-88　图形效果

**提示**

在设置"选区宽度"和"选区高度"时，首先要单击"将宽度值和高度值锁定在一起"按钮，否则图形将保持原来的比例缩放。

**05** 在"属性"面板中，设置"选区宽度"为140像素，"选区高度"为60像素，"填充颜色"为#0066FF，"笔触颜色"为无，每个"矩形边角半径"为10像素，如图3-89所示。使用"选择工具"将图形移动到合适的位置，效果如图3-90所示。

**06** 单击"工具"面板中的"文本工具"按钮，在"属性"面板中进行相应设置，如图3-91所示。在舞台中输入文字，最终效果如图3-92所示。

图3-89 "属性"面板

图3-90 图形效果

图3-91 "属性"面板

图3-92 图形效果

**提示**

在此处先设置"填充颜色"为白色，再设置"笔触颜色"为无，是因为当前状态下"填充颜色"已经是无，如果再设置"笔触颜色"为无，图形将消失。

**07** 执行"文件>保存"命令，将其保存为"3-3-2.fla"。

## 3.4 多角星形工具

使用"多角星形工具"不仅可以绘制多边形，还可以绘制星形，单击"工具"面板中的"多角星形工具"按钮，其"属性"面板如图3-93所示。

相较于前面所讲到的绘图工具，该面板中添加了一个"工具设置"选项，单击"选项"按钮，弹出"工具设置"对话框，如图3-94所示。

图3-93 "属性"面板

图3-94 "工具设置"对话框

- **样式**：在该下拉列表框中，可以选择要绘制的图形类型，包括"多边形"和"星形"两种。
- **边数**：用来设置多边形的边数，可输入3~32之间的数值。
- **星形顶点大小**：用来设置星形顶点的尖锐程度，输入0~1之间的数值，数值越小，顶点越尖锐，如图3-95所示。该选项虽然是激活状态，但是对"多边形"不产生任何影响。

星形顶点大小为0.1　　　　星形顶点大小为0.5　　　　星形顶点大小为1

图3-95　不同星形顶点大小的图形效果

## 3.4.1　创建多边形

单击"工具"面板中的"多角星形工具"按钮，在舞台中单击并拖动鼠标，即可绘制一个多边形，如图3-96所示。通过"属性"面板，可以对各参数进行修改，如图3-97所示。

在"属性"面板中单击"选项"按钮，弹出"工具设置"对话框，设置如图3-98所示。单击"确定"按钮，在舞台中绘制多边形，效果如图3-99所示。

图3-96　绘制五边形　　　图3-97　"属性"面板　　　图3-98　"工具设置"对话框　　　图3-99　绘制多边形

## 3.4.2　创建星形

单击"工具"面板中的"多角星形工具"按钮，在其"属性"面板中单击"选项"按钮，弹出"工具设置"对话框，设置如图3-100所示。单击"确定"按钮，在舞台中绘制图形，效果如图3-101所示。

图3-100　"工具设置"对话框　　　图3-101　绘制图形

**提示**

对于已绘制的图形，"多角星形工具"与"矩形工具""椭圆工具"一样，特定部分属性将不能修改，只能重新绘制。

## 上机练习：绘制调皮的小太阳

● **最终文件** | 源文件\第3章\3-4-1.fla

● **操作视频** | 视频\第3章\3-4-1.swf

**操作步骤**

**01** 执行"文件>新建"命令，弹出"新建文档"对话框，在该对话框中设置"宽度"为300像素，"高度"为300像素，"帧频"为24fps，"背景颜色"为#00CCFF，如图3-102所示。单击"确定"按钮，新建一个空白文档。

**02** 单击"工具"面板中的"多角星形工具"按钮，在"属性"面板中设置"笔触颜色"为无，"填充颜色"为#FF0000，如图3-103所示。

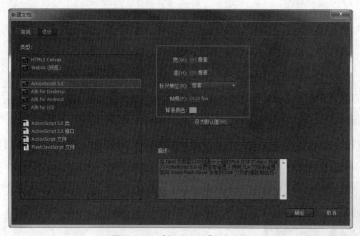

图3-102 "新建文档"对话框　　　　　　　　　　　　图3-103 "属性"面板

**03** 单击"属性"面板上的"选项"按钮，弹出"工具设置"对话框，设置如图3-104所示。单击"确定"按钮，在舞台中绘制图形，效果如图3-105所示。

**04** 并使用"选择工具"调整星形的形状，效果如图3-106所示。新建"图层2"，单击"工具"面板中的"椭圆工具"按钮，在"属性"面板中设置"填充颜色"为#FFFF33，在舞台中按住Shift键绘制圆形，如图3-107所示。

图3-104 "工具设置"对话框　　图3-105 绘制图形　　图3-106 图形效果图　　图3-107 绘制圆形

**05** 执行"文件>保存"命令，将其保存为"3-4-1.fla"。

> **提示**
>
> 使用绘图工具绘制图形时，在"属性"面板中设置的属性会延续下来，直到下次绘制图形更改设置时属性才发生变化。

## 3.5 铅笔工具和画笔工具

使用"铅笔工具"和"画笔工具"可以在舞台中绘制随意的图形，通过属性的设置，可以使绘制的图形将更加自然，线条也更加柔和。

## 3.5.1　铅笔工具

单击"工具"面板中的"铅笔工具"按钮，通过"属性"面板，可以对各参数进行修改，如图3-108所示。

**提示**

使用"铅笔工具"绘制出的线条属性是"笔触"，而不是"填充"。

**技巧**

使用"铅笔工具"绘制线条时，按住 Shift 键可绘制水平或垂直方向的线条。

图3-108　"属性"面板

## 3.5.2　画笔工具

"画笔工具"可以在舞台中绘制随意的形状，并且绘制的形状是填充属性，"画笔工具"一般用于绘制具有书法效果的线条。

单击"工具"面板中的"画笔工具"按钮，在"工具"面板的"选项"部分相应的出现"画笔工具"的各选项，如图3-109所示。单击"画笔模式"按钮，弹出"画笔模式"面板，在该面板中包括5种绘画模式，如图3-110所示。

图3-109　"工具"面板

图3-110　"画笔模式"面板

**锁定填充**：单击该按钮，进行素材填充或渐变填充时，填充效果将会扩展到整个舞台，如图3-111所示为单击该按钮前后绘制的不同的图形效果。

- **标准绘画**：选择此模式，可为同一层的线条和填充涂色。
- **颜料填充**：选择此模式，可为填充区域和空白区域涂色，且不影响线条。
- **后面绘画**：选择此模式，在舞台上同一图层的空白区域涂色，不影响原有的线条和填充。
- **颜料选择**：选择此模式，只能在选定区域内绘制图形。
- **内部绘画**：选择此模式，如果从原有图形的内部开始绘画，将不会影响图形的笔触及外部；如果从空白区域开始绘画，则不会影响原有的笔触及填充。
- **刷子大小**：单击该按钮，在弹出的面板中选择刷子的大小，如图3-112所示。
- **刷子形状**：单击该按钮，在弹出的面板中选择刷子的形状，如图3-113所示。

未单击"锁定按钮"绘画效果

单击"锁定按钮"后绘画效果

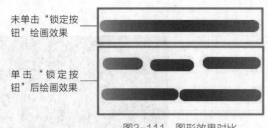

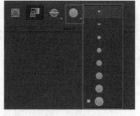

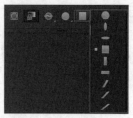

图3-111  图形效果对比          图3-112  选择刷子的大小          图3-113  选择刷子的形状

提示

使用"画笔工具"绘制图形，当更改舞台的视图比例时，刷子大小依然保持不变，因此，即使画笔大小一样，经过视图的缩放，所绘制出的图形粗细也不一样。

## 3.5.3 自定义画笔

默认情况下，画笔工具会提供一些自定义形状的画笔以满足用户的各种绘制需要，除了默认画笔形状外，还可以采用自定义的大小、角度及平直度创建自定义画笔。

（1）单击工具箱中的"画笔工具"，然后单击"属性"面板中画笔设置旁边的"+"按钮，如图3-114所示。

（2）在"笔尖选项"对话框中，选择形状、指定角度和平直度百分比。设置这些参数时可以预览画笔，如图3-115所示。

（3）单击"确定"按钮，即可选中新的自定义画笔为当前文档的默认画笔。

编辑自定义画笔，可以更改所创建的自定义画笔的属性。

（1）在"属性"面板中，单击画笔选项旁边带有铅笔图标的按钮，以选择要修改的自定义画笔。

图3-114  "属性"面板          图3-115  "笔尖选项"对话框

（2）在"笔尖选项"对话框中，修改形状、角度、平直度等属性，然后单击"确定"按钮，即可修改自定义画笔。

删除自定义画笔，可以删除之前创建的已不再使用的自定义画笔。

（1）选择工具箱中的"画笔工具"，在"属性"面板中的"画笔样式"下选择要删除的自定义画笔。

（2）单击处于已启用状态的"-"按钮，即可删除已选中的自定义画笔。

提示

只能编辑和删除自定义创建的画笔样式，而不能修改和删除任何默认画笔的属性

## ▌上机练习：使用画笔工具绘制简笔画电灯泡 ▌

● **最终文件** ┃ 源文件\第3章\3-5-1.fla

● **操作视频** ┃ 视频\第3章\3-5-1.swf

### 操作步骤

**01** 执行"文件>新建"命令，弹出"新建文档"对话框，在该对话框中设置"宽度"为300像素，"高度"为400像素，"帧频"为24fps，"背景颜色"为白色，如图3-116所示。单击"确定"按钮，新建一个空白文档。

**02** 单击"工具"面板中的"画笔工具"按钮，在"属性"面板中设置"填充颜色"为#990B0A，如图
3-117所示。

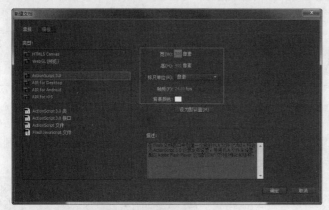

图3-116　"新建文档"对话框

图3-117　"属性"面板

**03** 单击并拖动鼠标在舞台中绘制图形，如图3-118所示。使用相同方法，绘制类似图形，效果如图3-119所
示。

**04** 在"属性"面板中设置"填充颜色"为#F6E7C6，如图3-120所示。

图3-118　绘制图形

图3-119　绘制类似图形

图3-120　"属性"面板

**05** 在"工具"面板中的"选项"部分，选择"内部绘画"模式，如图3-121所示。在舞台中单击并拖动鼠
标，直到将白色部分全部遮盖再释放鼠标，效果如图3-122所示。

**06** 使用相同方法绘制出剩余部分图形，效果如图3-123所示。执行"文件>保存"命令，将其保存为
"3-5-1.fla"。

图3-121　"工具"面板

图3-122　图形效果

图3-123　图形效果

> **提示**
>
> 此处在执行拖动鼠标进行涂抹遮盖白色部分的操作时，"画笔工具"一定要在"灯泡轮廓"内部起笔。

> **提示**
>
> 使用"画笔工具"绘制图形的过程中，用户可根据喜好，选择不同的"画笔样式"和"画笔大小"，使绘制的图形更随意。

## 3.6 钢笔工具

使用"钢笔工具"可以绘制任意不规则的形状，"钢笔工具"通过创建锚点来绘制线条，可以绘制更加精准的图形。"钢笔工具"与"线条工具"的"属性"面板一致，在这里就不再详细叙述。

在使用"钢笔工具"绘制形状之前，可根据需要对"钢笔工具"进行不同的设置。执行"编辑>首选参数"命令，弹出"首选参数"对话框，在该对话框的左侧单击"绘画"选项，如图3-124所示。在对话框右侧显示的内容中，可以对各选项进行设置。

- **显示钢笔预览**：勾选该复选框，可以在绘画时查看鼠标移动到各处时线条的效果。

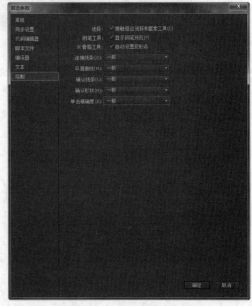

> **提示**
>
> 在使用"钢笔工具"绘制线条的过程中，按 Caps Lock 键，可以快速在十字准线指针和默认的钢笔工具图标之间进行切换。

图3-124 "首选参数"对话框

### 3.6.1 创建钢笔路径

使用"钢笔工具"绘制的最简单路径就是直线，单击"工具"面板中的"钢笔工具"按钮，在舞台中单击并释放鼠标，即可创建一个锚点，此时鼠标变成黑色箭头形状，如图3-125所示。

移动鼠标到舞台的其他位置单击并释放鼠标，即可创建一条直线，如图3-126所示。通过在舞台中不同的位置单击，可绘制不规则线条形状，如图3-127所示。

图3-125 创建锚点　　图3-126 绘制直线　　图3-127 绘制不规则线条形状

> **提示**
>
> 使用"钢笔工具"绘制直线的过程中，按住 Shift 键，可以将线段的角度控制为45°的倍数。

使用"钢笔工具"除了可以绘制直线外，还可以绘制曲线。当在舞台中创建了第一个锚点后，移动鼠标到其他位置单击并拖动鼠标，即可创建一条曲线，如图3-128所示。通过调整锚点上方向线的长度和倾斜角度，可以更改曲线的形状。

当绘制了一段路径之后，若要以开放状态结束绘制，可以双击绘制的最后一个点，或单击"工具"面板中的任意工具，或按住Ctrl键单击舞台空白处，或按Esc键，开放路径效果如图3-129所示。

若要以闭合状态结束绘制，单击绘制的第一锚点即可，闭合路径效果如图3-130所示。

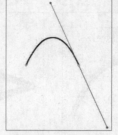

图3-128　绘制曲线　　　图3-129　开放路径　　　图3-130　闭合路径

**提示**

连接"曲线"的锚点为平滑点，连接"直线"的锚点为角点。

### 3.6.2　编辑钢笔路径

使用"钢笔工具"绘制完路径后，还可以通过"工具"面板中的一些其他工具对路径进行调整，使路径达到更好地效果。

如果要调整路径的形状可以使用"部分选取工具"。选择"工具"面板中的"部分选取工具"，单击要进行编辑的路径，路径上将显示出所有锚点，如图3-131所示。单击并拖动锚点，即可改变锚点的位置，如图3-132所示。

图3-131　显示锚点　　　　　　　　图3-132　拖动锚点

选择锚点后，锚点的方向线显示出来，拖动方向线可以改变锚点两边曲线的形状，如图3-133所示。按住Alt键拖动，则只改变一个方向上的曲线形状，如图3-134所示。

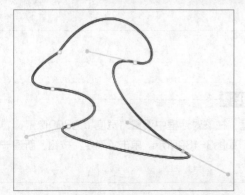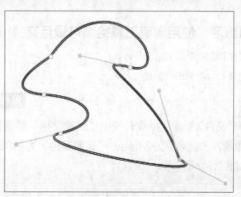

图3-133　调整锚点两边曲线　　　　　　图3-134　调整锚点一边曲线

使用"添加锚点工具"在路径上单击，可添加一个锚点，如图3-135所示。使用"删除锚点工具"在路径中已有的锚点上单击，即可删除该锚点，如图3-136所示。删除锚点还可以使用"部分选取工具"将锚点选中，按Delete键。

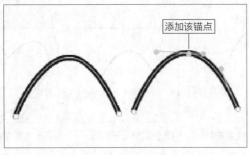

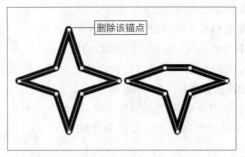

图3-135　添加锚点　　　　　　　　　　　图3-136　删除锚点

**提示**

在"曲线"上添加的锚点为平滑点，"直线"上添加的锚点为角点。

如果要实现直线与曲线的转换，可以使用"转换锚点工具"。选择"工具"面板中的"转换锚点工具"，单击路径上的角点并拖动鼠标，即可将直线转换为曲线，如图3-137所示；若单击路径中的平滑点，则可以将曲线转换为直线，如图3-138所示。

图3-137　将直线转换为曲线　　　　　　　图3-138　将曲线转换为直线

**技巧**

使用"转换锚点工具"将直线转换为曲线的过程中，按住 Shift 键，可以将方向线的角度控制为 45° 的倍数。

**技巧**

使用"钢笔工具"绘制路径的过程中，按住 Ctrl 键，可将"钢笔工具"临时转换为"部分选取工具"；按住 Alt 键，可将"钢笔工具"临时转换为"转换锚点工具"，松开快捷键，可还原为"钢笔工具"。

## 上机练习：使用钢笔工具绘制可爱月亮

● **最终文件** | 源文件\第3章\3-6-1.fla
● **操作视频** | 视频\第3章\3-6-1.swf

**操作步骤**

**01** 执行"文件>新建"命令，弹出"新建文档"对话框，在该对话框中设置"宽度"为300像素，"高度"为300像素，"帧频"为24fps，"背景颜色"为白色，如图3-139所示。单击"确定"按钮，新建一个空白文档，如图3-140所示。

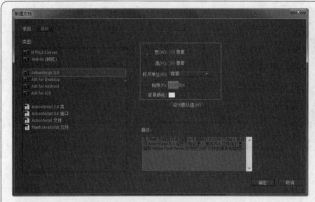

图3-139 "新建文档"对话框

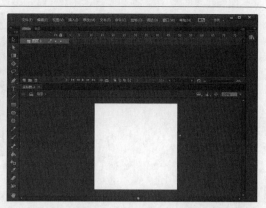

图3-140　空白文档

**02** 单击工具箱中的"矩形工具"按钮,在"颜色"面板上设置"笔触颜色"为无,"填充颜色"为#002362 到#000A21的"线性渐变","颜色"面板如图3-141所示。

**03** 在场景中绘制如图3-142所示的矩形效果,并使用"颜料桶"工具调整渐变方向。新建"图层2",单击工具箱中的"钢笔工具"按钮,在场景中绘制路径并填充颜色,如图3-143所示。

图3-141 "颜色"面板

图3-142　绘制矩形

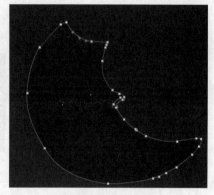

图3-143　绘制图形

**04** 新建"图层3",将"图层2"上的图形原位复制到"图层3"中,设置其"填充颜色"为#FFF01D,并使用"任意变形工具"调整大小,如图3-144所示。新建"图层4",使用"钢笔工具",在场景中绘制路径,填充#DECD1F颜色,并将路径删除,效果如图3-145所示。

图3-144　复制图形

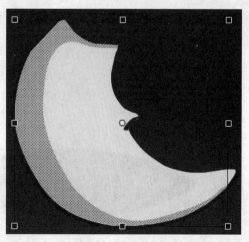

图3-145　图形效果

**05** 新建"图层5",使用"钢笔工具"在场景中绘制路径,填充#FFF1DE颜色,并将路径删除,如图3-146所示。使用"套索工具"选择一部分颜色,并修改其"填充颜色"为#F2D59C,效果如图3-147所示。

图3-146  复制图形　　　　　图3-147  图形效果

**提示**

在绘图时常常要实现立体效果,通过设置不同的颜色深度可以形成较为真实的层次感觉,也可以使用不同的颜色来实现。

**06** 新建"图层6",设置"填充颜色"为黑色,使用"画笔工具"绘制如图3-148所示的图形。利用同样的方法绘制如图3-149所示的图形。

**07** 新建"图层9",使用"画笔工具"绘制如图3-150所示的图形。执行"文件>保存"命令,将其保存为"3-6-1.fla"。

图3-148  绘制边线　　　　图3-149  绘制图形　　　　图3-150  绘制其他图形

## ▶ 3.7 图像基础知识

　　使用宽度工具可以通过变化粗细的程度来修饰笔触,然后将可变宽度另存为宽度配置文件,以便应用到其他笔触,可从工具面板或使用键盘快捷键 (U) 选择宽度工具。

　　宽度工具选定后,当鼠标悬停在一个笔触上时,会显示带有手柄(宽度手柄)的点数(宽度点数),可以调整笔触粗细、移动宽度点数、复制宽度点数及删除宽度点数,如图3-151所示。修改笔触的宽度时,宽度信息会显示在信息面板中,如图3-152所示。

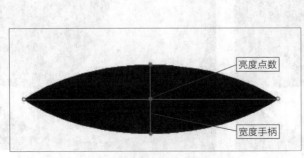 

图3-151  宽度工具　　　　　　　图3-152 "信息"面板

## 3.7.1 为笔触添加可变宽度

对于多个笔触，宽度工具仅调整活动笔触，要想调整某个笔触，可使用宽度工具将鼠标悬停在该笔触上。

选择需要添加可变宽度的笔触，从"工具"面板中选择宽度工具 ，选择宽度工具后，将鼠标停在笔触上，这会显示潜在的宽度点数和宽度手柄，当鼠标变为 时，表示宽度工具处于活动状态，可将笔触应用于可变宽度，如图3-153所示。

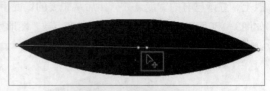

图3-153　增加可变宽度

> **提示**
>
> 在宽度点数的每一条边上，宽度大小限定在 100 个像素。

使用宽度工具选定点数后，向外拖动宽度手柄以增加宽度，如图3-154所示。可以看到对笔触添加了可变宽度，选择宽度工具并将鼠标停在笔触上，这会显示新的宽度点数和宽度手柄，如图3-155所示。宽度点数和宽度手柄的加亮显示，表示对笔触添加了可变宽度。

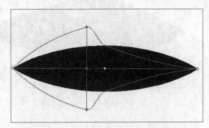
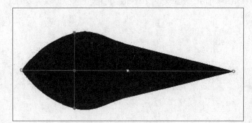

图3-154　拖动"宽度手柄"　　　　　　　　　图3-155　笔触效果

## 3.7.2 移动或复制应用于笔触的可变宽度

移动或复制为笔触创建的宽度点数，这实际上是移动或复制应用到笔触的可变宽度。

要移动宽度点数，首先在工具面板中选择宽度工具 ，将鼠标悬停在笔触上，可以显示已有的宽度点数，然后选择想要移动的宽度点数，如图3-156所示。沿着笔触拖动宽度点数，当宽度点数被移动到新的位置上时，也相应修改了笔触，如图3-157所示。

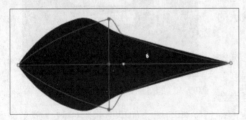
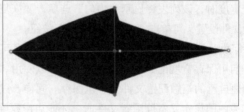

图3-156　拖动宽度点数　　　　　　　　　　图3-157　图像效果

要复制宽度点数，将鼠标悬停在笔触上，以显示已有的宽度点数，然后选择想要复制的宽度点数，按住Alt键并沿笔触拖动宽度点数，如图3-158所示，即可复制选中的宽度点数。图形效果如图3-159所示。

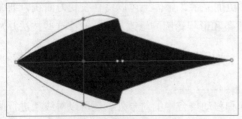
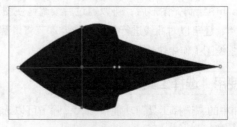

图3-158　拖动宽度点数　　　　　　　　　　图3-159　图像效果

### 3.7.3 修改和删除笔触的可变宽度

修改任一宽度点数处笔触的可变宽度，将在宽度点数各条边上按同等比例扩展或收缩笔触，将鼠标悬停在笔触上，显示已有的宽度点数，然后从想要的宽度手柄的任一端选择宽度点数，按住Alt键并向外拖动宽度手柄，如图3-160所示，即可修改选中的宽度点数。图形效果如图3-161所示。

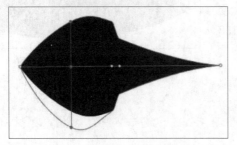

图3-160　拖动宽度点数

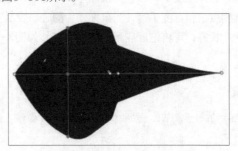

图3-161　图像效果

要删除宽度点数，将鼠标悬停在笔触上，显示已有的宽度点数，按Baskspace键或Delete键删除宽度点数，如图3-162所示。

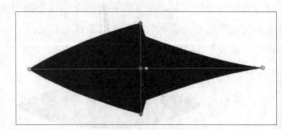

图3-162　图像效果

### 3.7.4 保存宽度配置文件

定义笔触宽度后，可以通过属性检查器保存可变宽度配置文件，选择要添加的可变宽度笔触，单击"属性"面板中"宽度"下拉列表右侧的"+"按钮，在"可变宽度配置文件"对话框中，输入配置文件名称，单击"确定"按钮即可，如图3-163所示。

通过从"属性"面板中的"宽度配置文件"下拉列表中进行选择，就可将宽度配置文件应用到所选路径，当选中的笔触没有可变宽度时，该列表将显示"均匀"选项，要恢复默认的宽度配置文件设置，可单击"重置配置文件"按钮。

当除了默认宽度配置文件外，还在舞台上选中了可变宽度时，才能启用保存宽度配置文件功能，用户可以使用"宽度"工具来创建自己的笔触配置文件并予以保存。同样，只有当选

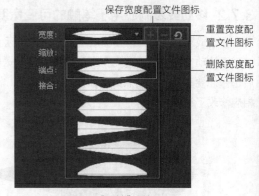

图3-163　"属性"面板

中下拉列表中的自定义宽度配置文件时，才能启用删除宽度配置文件图标，如果想删除任何自定义配置文件，可使用此选项。

## ▶3.8　修改线条和形状轮廓

在Flash中绘制完图形后，可以通过后续调整使图形更加完善，整体上可以将直线变为曲线，细微处可以调节每个锚点，还可以对曲线进行优化操作。本节将讲解线条和形状轮廓的修改，熟练掌握这些技法并灵活运用可以在以后的绘图工作中快速制作出理想的图形。

### 3.8.1 使用"选择工具"改变形状

Flash中的"选择工具"功能很强大，除了可以选择和移动舞台中的对象外，还可以对线条进行调整，并改变形状的外部轮廓。

如果要改变线条或形状轮廓的形状，可以使用"选择工具"拖动线条上的任意点。当鼠标移至线条处时，鼠标右下方会出现一条弧线，单击并拖动鼠标，可将直线转换为曲线，并调整曲线的形状和位置。

当鼠标移至线条的端点时，鼠标右下方会出现一个拐角，单击并拖动鼠标可调整端点的位置，端点连接的线条将自动延长或缩短，以适应端点移动的新位置。

> **技巧**
>
> 当"移动工具"移至线条上时，单击并拖动鼠标，可添加一个转角点。

### 3.8.2 伸直和平滑线条

使用绘图工具绘制图形时，绘制出的线条往往不是很直或很平滑，对线条进行相应的"伸直"和"平滑"操作，可以使绘制的线条更直更平滑。

伸直操作可以稍微弄直已经绘制的线条和曲线，但是它不影响已经伸直的线段。选择需要修改的线段，单击"工具"面板中"选项"部分的"伸直"按钮，可以使选择的线段更加平直，如图3-164所示。

平滑操作可以减少曲线整体方向上的突起或其他变化，同时还会减少曲线中的线段数，从而得到一条更易于改变形状的柔和曲线。不过平滑只是相对的，它并不影响直线段。

选择需要修改的线段，单击"工具"面板中"选项"部分的"平滑"按钮，可以使选择的线段更加平滑，如图3-165所示。

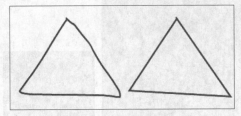 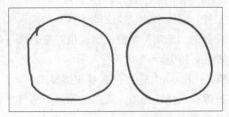

图3-164 伸直前后对比　　　　　　　图3-165 平滑前后对比

根据每条线段的原始曲直程度，重复应用平滑和伸直操作会使每条线段更平滑、更直。

> **提示**
>
> 选择需要修改的线段，执行"修改 > 形状 > 平滑"命令或"修改 > 形状 > 伸直"命令，可以达到同样的效果。

除了对线段进行直接"平滑"和"伸直"操作外，还可以对"平滑"和"伸直"进行精确控制。选择需要修改的线段，执行"修改>形状>高级平滑"命令，弹出"高级平滑"对话框，如图3-166所示；选择需要修改的线段，执行"修改>形状>高级伸直"命令，弹出"高级伸直"对话框，如图3-167所示。

图3-166 "高级平滑"对话框　　　　　图3-167 "高级伸直"对话框

- **下方的平滑角度/上方的平滑角度**：用来设置线段平滑的角度，单击后面的数值可输入新的数值。
- **平滑强度/伸直强度**：用来设置线段平滑和伸直的强度，数值越大，效果越明显。

### 3.8.3 优化曲线

Flash中还提供了一种平滑曲线的功能，即"优化"命令。优化功能通过改进曲线和填充轮廓，减少用于定义这些元素的曲线数量来平滑曲线，可以减小Flash文档和导出文件的大小，HIA可以对相同元素进行多次优化。

选择需要修改的曲线，执行"修改>形状>优化"命令，弹出"优化曲线"对话框，如图3-168所示。在该对话框中输入数值，可以对曲线进行优化。

- **优化强度**：用来设置对曲线优化的强度，输入0~100之间的数值，优化结果取决于所选的曲线。
- **显示总计消息**：勾选该复选框对曲线进行优化后，会弹出提示框，显示优化前后选定内容中的段数，如图3-169所示。

图3-168 "优化曲线"对话框

图3-169 提示框

### 3.8.4 使用"橡皮擦工具"擦除图形

使用"橡皮擦工具"可以直接将不需要的笔触和填充删除，通过对"橡皮擦工具"属性的设置，拖动鼠标可快速删除个别笔触段或填充区域。

单击"工具"面板中的"橡皮擦工具"按钮，在"工具"面板的"选项"部分，出现相对应的橡皮擦选项，如图3-170所示。

橡皮擦模式：Flash中提供了5种橡皮擦模式。

- **标准擦除**：选择该选项，可以擦除同一图层上的所有笔触和填充。
- **擦除填色**：选择该选项，只能擦除填充，不影响笔触。

"工具"面板　　　橡皮擦模式　　　橡皮擦形状
图3-170 "橡皮擦"工具

- **擦除线条**：选择该选项，只能擦除笔触，不影响填充。
- **擦除所选填充**：选择该选项，只能擦除当前选定的填充，不论笔触是否被选中都不影响笔触（以这种模式使用橡皮擦工具之前，需要选择要擦除的填充）。
- **内部擦除**：选择该选项，只擦除橡皮擦笔触开始处的填充。如果从空白点开始擦除，则不会擦除任何内容（以这种模式使用橡皮擦并不影响笔触）。

"水龙头"按钮：单击该按钮，在需要删除的填充或笔触上单击，可以将整个填充或笔触全部删除。

橡皮擦形状：Flash提供了圆形和方形两种橡皮擦形状，每种形状各有5个大小不一的尺寸，用户可以根据需要选择不同的形状和大小来进行擦除操作。

> **技巧**
>
> 双击"工具"面板中的"橡皮擦工具"按钮，可将舞台中的内容全部删除。

## 3.9 贴紧

贴紧功能用于将各个图形元素彼此自动对齐，Flash CC中提供了6种贴紧的方法："贴紧对齐""贴紧至网格""贴紧至辅助线""贴紧至像素""贴紧至对象"和"编辑贴紧方式"。在不同的情况下使用不同的贴紧方法，接下来将进行详细的讲解。

## 3.9.1　贴紧对齐

　　贴紧对齐功能用于设置对象的水平或垂直边缘之间及对象边缘和舞台边界之间的贴紧对齐容差，也可以在对象的水平和垂直中心之间打开贴紧对齐功能，"贴紧对齐"以像素为度量单位。

　　执行"视图>贴紧>贴紧对齐"命令后，该命令为打开状态，在舞台中拖动对象，即可实现水平或垂直对齐，如图3-171所示。在舞台中拖动对象还可以实现对象的水平和垂直中心之间的贴紧效果，如图3-172所示。

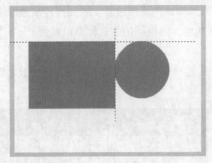
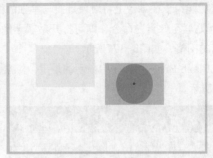

图3-171　水平和垂直对齐　　　　　　　图3-172　水平和垂直中心对齐

## 3.9.2　贴紧至网格

　　贴紧至网格用于设置对象与网格之间的贴紧，在创建或移动对象时都会被限定到网格上进行移动或创建。

　　执行"视图>网格>显示网格"命令后，将网格显示在舞台上，并执行"视图>贴紧>贴紧至网格"命令，在舞台上创建一个矩形，其矩形的运动方向将沿网格进行，如图3-173所示。完成设置后，移动矩形元件，其运动方式以网格为移动点进行，如图3-174所示。

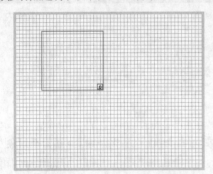
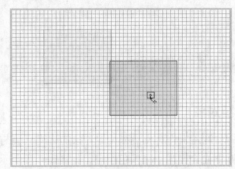

图3-173　创建矩形贴紧至网格　　　　　　图3-174　移动矩形贴紧至网格

## 3.9.3　贴紧至辅助线

　　贴紧至辅助线功能用于对象与辅助线贴紧对齐。若要打开或关闭贴紧至辅助线功能，则执行"视图>贴紧>贴紧至辅助线"命令，如图3-175所示。若辅助线处于网格线之间，则贴紧至辅助线优先于贴紧至网格，如图3-176所示。

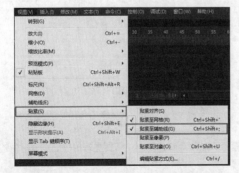
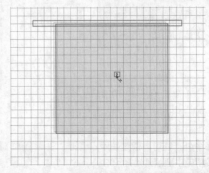

图3-175　"贴紧至辅助线"的菜单命令　　　图3-176　贴紧至辅助线优先于贴紧至网格

### 3.9.4 贴紧至像素

贴紧至像素功能用于在舞台上将对象直接与单独的像素或像素的线条贴紧。若要打开贴紧像素功能，可以执行"视图>贴紧>贴紧至像素"命令，即可打开贴紧至像素功能，当视图的缩放比率设置为400%或更高的时候就会出现一个像素的网格，如图3-177所示。

像素网格在Flash Pro应用程序中显示的是单个像素，当用户在创建或移动对象时，它会被限定到像素网格内部，如图3-178所示。

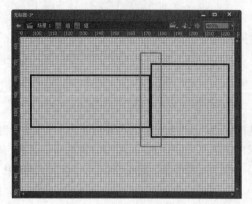 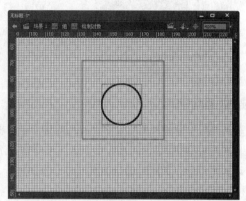

图3-177 对象与像素的线条贴紧　　图3-178 移动对象时被限定到像素网格内

### 3.9.5 贴紧至对象

贴紧对象的功能用来将对象沿着其他对象的边缘直接与其对齐。执行"视图>贴紧>贴紧至对象"命令，则在拖动元件时指针下面会出现一个黑色小环，如图3-179所示。当对象处于另一个对象的贴紧距离内时，该小环会变大，如图3-180所示。

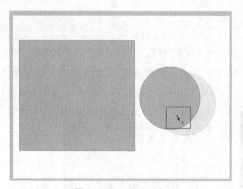 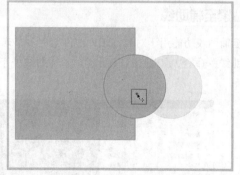

图3-179 移动对象　　　　　　　　图3-180 贴紧对象

### 3.9.6　编辑贴紧方式

在编辑贴紧方式时，若要对"贴紧对齐""贴紧至网格""贴紧至辅助线""贴紧至像素"和"贴紧至对象"进行高级编辑，可执行"视图>贴紧>编辑贴紧方式"命令，弹出"编辑贴紧方式"对话框，如图3-181所示。单击对话框中的"高级"选项，如图3-182所示。

- **舞台边界**：用于设置对象和舞台边界之间的贴紧对齐容差，可直接在文本框中输入数值。
- **对象间距**：用于设置对象的水平或垂直边缘之间的贴紧对齐容差，可直接在"水平间距"或"垂直间距"文本框中输入数值。
- **居中对齐**：用于设置对象与对象之间的"水平居中对齐"或"垂直居中对齐"的方式。

图3-181　"编辑贴紧方式"对话框　　　图3-182　"编辑贴紧方式"对话框

**提示**

除了执行命令外，还可以通过使用快捷键 Ctrl+/ 打开编辑贴紧方式的功能。

## 3.10　课后练习

### 课后练习1：使用线条工具绘制小树

- **最终文件**｜源文件\第3章\3-10-1.fla
- **操作视频**｜视频\第3章\3-10-1.swf

使用"线条工具"绘制小树，并用选择工具调整线条，制作动画效果如图3-183所示。

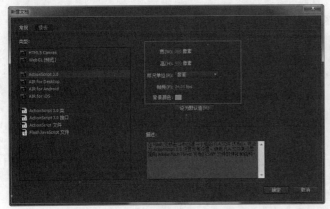

图3-183　绘制小树

**练习说明**

1. 新建一个空白文档，在"属性"面板设置属性。
2. 单击"线条工具"绘制图形，并调整线条的形状。
3. 使用"颜料桶工具"填充颜色，使用相同的方法绘制其他图形，删除笔触。
4. 完成动画的制作，测试动画效果。

## 课后练习2：绘制卡通动物头部

● **最终文件** 源文件\第3章\3-10-2.swf

● **操作视频** 视频\第3章\3-10-2.fla

使用"选择工具"改变形状和修改形状轮廓，绘制卡通动物头部动画，操作如图3-184所示。

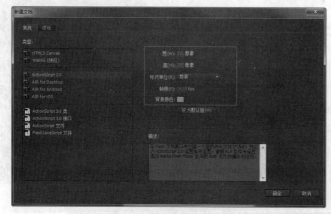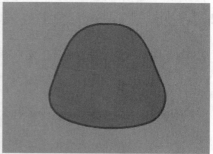

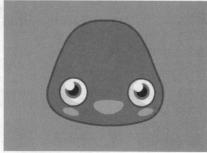

图3-184　绘制卡通动物头部动画

**练习说明**

1. 新建一个空白文档，在"属性"面板设置属性。

2. 单击"椭圆工具"绘制图形，并调整图形的形状。

3. 使用"颜料桶工具"填充颜色，使用相同的方法绘制其他图形。

4. 新建图层，使用线条工具绘制线条，并调整线段。

5. 完成动画的制作。

第 **04** 章

# 图形颜色处理

**本章重点:**

➜ 创建"笔触颜色"和"填充颜色"

➜ 熟练使用各种绘图工具的颜色更改

➜ 合理的对图形颜色进行填充

# 4.1 "样本"面板

"样本"面板中存放了大量颜色样本，用户不仅可以使用系统预设的颜色进行各种应用，还可以根据需求对相应的颜色样本进行复制、删除、添加和保存等操作。接下来就对"样本"面板进行详细介绍。

## 4.1.1 使用样本

执行"窗口>样本"命令或按快捷键Ctrl+F9，打开"样本"面板，如图4-1所示。在此面板中存储了大量系统预设的颜色样本，既有纯色也有渐变。选择相应的颜色样本，再单击面板右上角的■按钮，即可在弹出的下拉菜单中对颜色样本进行编辑、删除、复制等操作。

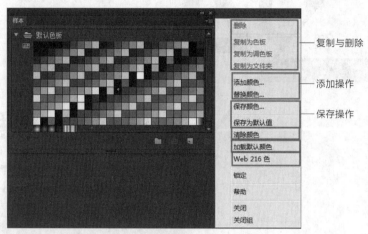

图4-1 "样本"面板

**复制与删除**：用于对指定颜色样本进行复制或删除。

**添加操作**：用于添加颜色样本或替换指定颜色。

- **添加颜色**：选择此选项，可以在打开的"导入色样"对话框中选择需要添加的颜色，将所选颜色添加到面板中。
- **替换颜色**：选择此选项，在"导入色样"对话框中选择的颜色会替换面板中默认颜色之外的所有颜色样本。

**保存操作**：用于保存相应的颜色样本。

- **保存颜色**：选择此选项，在弹出的"导出色样"对话框中为调色板指定名称和保存路径，即可将调色板导出。
- **保存为默认值**：用于将当前的面板指定为默认的调色板。

**清除颜色**：选择该选项，面板中黑色、白色和黑白线性渐变以外的所有颜色都会被系统删除，如图4-2所示。

**加载默认颜色**：用于将"样本"面板恢复到默认状态。

**Web216色**：执行此命令，当前面板会切换到Web安全调色板，即"样本"面板的初始设置。

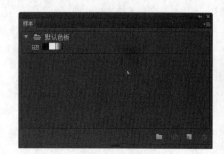

图4-2 清除颜色

## 4.1.2 添加和替换颜色

上一小节中已经详细介绍过"样本"面板中各项功能的使用方法，接下来通过一个练习向读者讲解如何在"样本"面板中添加和替换颜色样本。

**上机练习：添加和替换颜色样本**

- **最终文件** | 源文件\第4章\4-1-2.clr
- **操作视频** | 视频\第4章\4-1-2.swf

操作步骤

**01** 执行"文件>导入>导入到舞台"命令，导入素材"素材\第4章\41201.jpg"，如图4-3所示。

**02** 使用"滴管工具" 在人物头发上单击取样，打开"样本"面板可以看到刚刚取样的颜色已经被添加到面板中了，如图4-4所示。

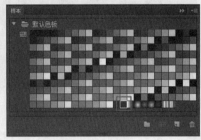

　图4-3　导入素材　　　　　　　　　　图4-4　取样并添加到面板

**03** 相同方法使用"滴管工具"分别在眼睛、围巾和星星上进行取样，如图4-5所示。

**04** 单击"样本"面板右上方的 按钮，选择"保存颜色"选项，将取样颜色保存为"4-1-1.clr"，如图4-6所示。

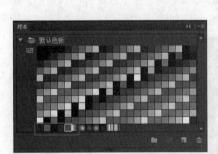
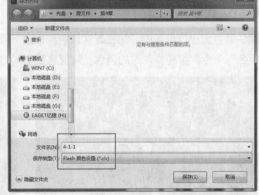

　图4-5　吸取其他颜色　　　　　　　　图4-6　保存颜色

**05** 相同方法随意在画面中吸取其他的颜色，如图4-7所示。

**06** 执行"替换颜色"命令，载入刚刚保存的文件"4-1-1.clr"，可以看到颜色被替换为刚刚保存的颜色，如图4-8所示。

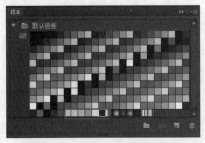
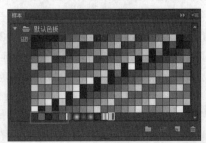

　图4-7　吸取其他颜色　　　　　　　　图4-8　替换颜色

**07** 执行"加载默认颜色"命令，将调色板恢复到默认调色板，并随意在画面中吸取颜色，如图4-9所示。

**08** 执行"添加颜色"命令，载入刚刚保存的文件"4-1-2.clr"，可以看到颜色只是被添加到了面板中，并没有替换刚刚吸取的颜色，如图4-10所示。

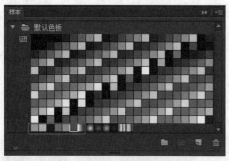
图4-9　吸取其他颜色

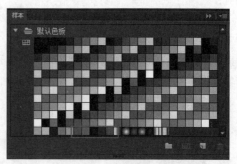
图4-10　添加颜色

> **提示**
>
> 无论执行"添加颜色"命令还是"替换颜色"命令，都不会对默认调色板造成影响，而只是对默认颜色之外的颜色进行替换或添加。

> **提示**
>
> 如果使用"滴管工具"在舞台中吸取的颜色包含在默认调色板中，则该颜色不会被单独添加；相应的，如果吸取的颜色之前已经被取样并添加过，也不会被重复添加。

## 4.1.3　加载默认颜色

如果对默认调色板进行过修改，如在默认颜色样本之外添加了其他颜色样本，如图4-11所示，那么此时执行"加载默认颜色"命令即可将修改过的调色板恢复到默认的调色板，如图4-12所示。

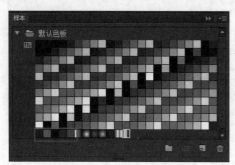
图4-11　添加颜色

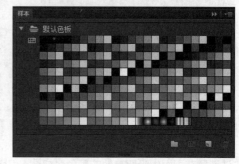
图4-12　加载默认颜色

## 4.1.4　Web216色

由于不同硬件和的操作系统的色彩系统不同，有时会导致用A终端做出来的网页色彩，用B终端就看不到同样的效果。好在几乎所有的显示器都能够正确显示其中216种色彩，这些色彩就是Web安全色。

执行"Web216色"命令，可以将当前调色板切换为Web安全色色调色板。如果没有对初始默认颜色进行更改，那么执行"加载默认颜色"命令和执行"Web216色"命令会得到相同的结果。

## 4.1.5　清除颜色

前面已经讲解过，执行"清除颜色"命令会清除黑色、白色和黑白渐变之外的所有颜色，此处不再赘述。

# 4.2 "颜色"面板

使用"颜色"面板可以方便地将"笔触颜色"和"填充颜色"设置为不同的纯色、渐变色甚至是位图，为用户提供了极大的便利。

执行"窗口>颜色"命令，或者按快捷键Alt+Shift+F9，打开"颜色"面板，如图4-13所示。用户可以根据制作需求对"笔触颜色"和"填充颜色"进行相应设置。在"颜色类型"下拉列表中共提供了5个选项供选择，如图4-14所示。当选择"无"选项则表示不对笔触或填充应用任何颜色，如图4-15所示。

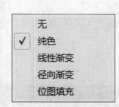

图4-13 "颜色"面板　　　图4-14 颜色类型　　　图4-15 "无"选项

## 4.2.1 纯色填充

纯色填充可以为图形提供单一颜色的笔触颜色或填充颜色。

在"颜色"面板中选择"纯色"颜色类型，面板中会显示纯色填充的相关选项，如图4-16所示。

**笔触颜色**：单击"笔触颜色"控件，可以在弹出的"样本"面板中设置图形的笔触颜色。

**填充颜色**：单击"填充颜色"控件，可以在弹出的"样本"面板中设置图形的填充颜色。

**黑白**：单击"黑白"按钮可以将"笔触颜色"和"填充颜色"重置为默认颜色，即黑色笔触和白色填充。

**无色**：单击"无色"按钮，则表示对选中的填充或笔触不应用任何颜色。

**交换颜色**：单击此按钮可以交换"笔触颜色"和"填充颜色"。

图4-16 纯色填充

**颜色设置区域**：用于设置"笔触颜色"或"填充颜色"。

- HSB：以H（色相）、S（饱和度）、B（亮度）颜色模式显示设置的颜色。用户可以直接在数值框中输入具体数值，或将光标移近数值，待光标形状变为 时即可上下左右拖动鼠标设置颜色。
- RGB：选取相应的颜色后，R（红）、G（绿）、B（蓝）数值框中会显示出相应的数值。用户可以直接在数值框中输入数值，或拖动相应的滑块来设置颜色。
- 十六进制：以十六进制值显示设置的颜色，也可以直接输入数值设置颜色。
- Alpha值：用于设置图形颜色的不透明度，当"Alpha"值为 0%，表示创建的填充为透明；"Alpha"值为 100%，则表示创建的填充完全不透明。如图4-17所示为不同"Alpha"值的图像效果。

**颜色显示区域**：此区域会随着更改实时显示具体的颜色。

"Alpha"值为100%　　　　　　　"Alpha"值为50%

图4-17　不同"Alpha"值显示效果

## 4.2.2 渐变色填充

渐变色就是一种颜色平滑地过渡到另一种颜色的效果，在Flash CC中可以创建线性渐变和径向渐变两种渐变颜色。

线性渐变是沿着一条轴线以水平或垂直方向改变颜色的，在"颜色"面板中选择"线性渐变"选项，即可设置相应的渐变色，如图4-18所示。

图4-18　"线性渐变"选项及应用效果

**流：**用于设置超出线性渐变或径向渐变应用范围的区域的填充方式。

- **扩展颜色**▣：将指定的颜色应用于渐变末端之外。
- **反射颜色**▣：利用反射镜像效果填充形状，设置的渐变色从渐变的开始到结束，再以相反的顺序从渐变的结束到开始，再从渐变的开始到结束，直至所选形状填充完毕。
- **重复颜色**▣：从渐变的开始到结束重复渐变，直至所选形状填充完毕。

**线性RGB：**若要创建 SVG（可伸缩的矢量图形）兼容的线性或放射状渐变，可以选中"线性RGB"复选框。在初次应用渐变后将其缩放到不同大小，可以使渐变色过渡更平滑，如图4-19所示。

未勾选"线性RGB"　　　　　　勾选"线性RGB"

图4-19　"线性RGB"效果

**渐变编辑区：**用于添加和删除渐变滑块，并对每个滑块的颜色进行编辑。

- **添加渐变滑块：**将鼠标移动到渐变编辑区，在想要添加渐变滑块的区域单击即可添加滑块。

● **删除渐变滑块**：选中需要删除的滑块，使用鼠标将其拖离渐变编辑区即可。

径向渐变从一个中心点向外放射来改变颜色。在"颜色"面板中选择"径向渐变"选项，可以显示径向渐变的相关选项，如图4-20所示。

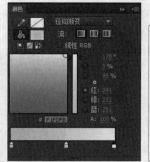

图4-20 "径向渐变"选项及应用效果

## 上机练习：使用"渐变填充"绘制可爱的房子

● **最终文件** | 源文件\第4章\4-2-1.fla
● **操作视频** | 视频\第4章\4-2-1.swf

------------------ 操作步骤 ------------------

**01** 执行"文件>新建"命令，新建一个"尺寸"为500像素×350像素，"帧频"为24fps的Flash文档，如图4-21所示。

**02** 使用"椭圆工具"工具◎，设置"填充颜色"为#BFFF00到#70950B的"径向渐变"，如图4-22所示。

图4-21 新建文件

图4-22 设置"填充颜色"

**03** 在场景中绘制一个椭圆，如图4-23所示。

**04** 使用"任意变形工具"▦对矩形进行旋转并调整到合适位置与大小，如图4-24所示。

图4-23 绘制椭圆

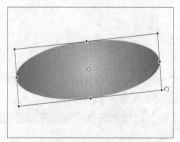

图4-24 旋转图形

05 使用"渐变变形工具" ▣ 对渐变进行调整，如图4-25所示。

06 在"时间轴"面板中新建"图层2"，如图4-26所示。

07 使用"线条工具"在场景中绘制图形（"笔触颜色"和粗细任意），如图4-27所示。

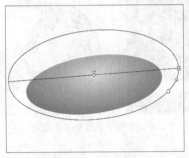

图4-25 调整渐变

图4-26 新建图层

图4-27 绘制线条

08 使用"选择工具"对线条进行调整，如图4-28所示。

09 使用"颜料桶工具" 🪣 ，设置"填充颜色"为#FFF58F到FFDB7E的"径向渐变"，如图4-29所示。并在图形中单击填充渐变色，如图4-30所示。

图4-28 调整线条

图4-29 设置"填充颜色"

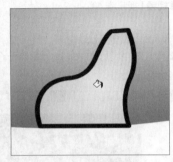

图4-30 填充图形

10 相同方法使用"渐变变形工具"对渐变进行调整，如图4-31所示。使用"选择工具"逐一选择图形的笔触，并按Delete键将其删除，如图4-32所示。

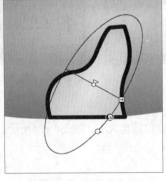

图4-31 修改渐变

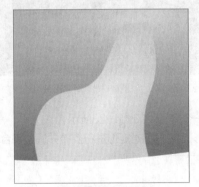

图4-32 删除笔触

11 新建"图层3"，使用"线条工具"，在"属性"面板设置"笔触颜色"为#775919，如图4-33所示，并在场景中绘制线条，如图4-34所示。

12 使用"选择工具"对线条进行调整，并设置相应的"填充颜色"，使用"颜料桶工具"为图形填充颜色，如图4-35所示。

图4-33　设置"线条工具"

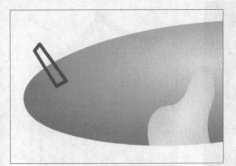

图4-34　绘制线条

图4-35　调整并填充图形

**13** 相同方法完成"图层4"内容的制作，如图4-36所示。

**14** 相同方法制作另一棵树，如图4-37所示。

**15** 新建"图层7"，使用"线条工具"，在"属性"面板中进行相应设置，如图4-38所示。

图4-36　绘制树冠

图4-37　绘制另一棵树

图4-38　设置"线条工具"

**16** 在场景中绘制线条，并使用"选择工具"和"渐变变形工具"对其进行相应调整，如图4-39所示。

**17** 选中该图形，按Alt键拖动鼠标将其复制，如图4-40所示。

**18** 执行"修改>变形>水平翻转"命令，并使用"选择工具"对其进行调整，如图4-41所示。

图4-39　绘制线条

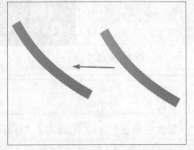

图4-40　复制图形

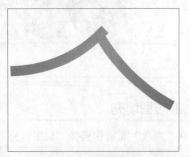

图4-41　调整图形

**19** 在"图层7"下方新建"图层8"，使用"矩形工具"，在"颜色"面板中设置"填充颜色"为#D6F7E6到#C2DBFC的"线性渐变"，如图4-42所示。

**20** 在场景中绘制一个矩形，如图4-43所示。

**21** 使用"添加锚点"工具添加锚点，并使用"选择工具"对图形进行调整，如图4-44所示。

图4-42 设置"笔触"和"填充"　　　图4-43 绘制矩形　　　图4-44 调整图形

**22** 使用"渐变变形工具"调整渐变，如图4-45所示。

**23** 相同方法完成其他内容的制作，如图4-46所示。

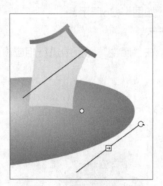

图4-45 调整渐变　　　　　　图4-46 绘制其他图形

**24** 在最下方新建图层，执行"文件>导入>导入到舞台"命令，导入素材图像"素材\第4章\42201.jpg"，调整到合适位置与大小，制作完成，如图4-47所示。

**25** 执行"文件>保存"命令，将文件保存为"4-2-1.fla"。

图4-47 制作完成

## 4.2.3 位图填充

在"颜色"面板中选择"位图填充"，面板中会显示相关的选项。如果在之前没有导入过位图，则会弹出"导入到库"对话框，用户可以选择自己需要的位图图像，如图4-48所示。单击"打开"按钮，选择的位图即被导入面板中，如图4-49所示。

图4-48 导入位图

图4-49 导入成功

导入完毕后，使用不同的工具绘制图形，即可将位图填充应用于图形，如图4-50所示。

图4-50 应用位图填充

## ▶ 4.3 创建笔触和填充

在Flash CC中，渐变是一种多色填充，即一种颜色逐渐转变成另一种颜色，使用Flash Pro，能够将多达15种的颜色转变应用于渐变，创建渐变是在一个或多个对象间创建平滑颜色过渡的好方法。将渐变存储为色板，便于将渐变应用于多个对象。

### 4.3.1 使用工具箱中的"笔触颜色"和"填充颜色"

要设置笔触和填充可以在工具箱中点击笔触颜色![]更改笔触，如图4-51所示。点击填充颜色![]按钮更改填充颜色，如图4-52所示。

### 4.3.2 使用"属性"面板中的"笔触颜色"和"填充颜色"

首先在工具箱中选择一种绘图工具，再单击"窗口>属性"面板，可选择"笔触颜色"和"填充颜色"，如图4-53所示。

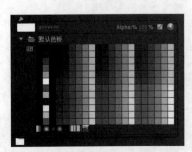

图4-51 更改"笔触颜色"

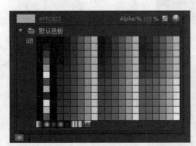

图4-52 更改"填充颜色"

图4-53 "属性"面板

## 4.4 修改图形的笔触和填充

在Flash CC中，除了绘制图形之前可以设置笔触和填充，还可以通过各种途径对已经绘制完成的图形颜色进行更改，如滴管工具、墨水瓶工具、颜料桶工具和渐变变形工具等，接下来就对这些工具进行详细介绍。

### 4.4.1 使用"滴管工具"采样颜色

使用"滴管工具"可以分别对一个图形的笔触和填充进行取样，并应用到其他的图形中。

使用"滴管工具"在图形的笔触部分单击，如图4-54所示。然后单击另一图形笔触区域，该工具自动变成墨水瓶工具，如图4-55所示。

 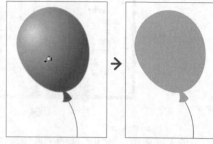

图4-54 采样填充　　　　　图4-55 应用采样

使用"滴管工具"在笔触区域采样，如图4-56所示。然后单击另一图形笔触区域，该工具自动变成墨水瓶工具，如图4-57所示。

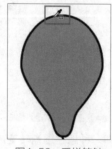 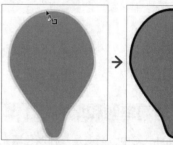

图4-56 采样笔触　　　　　图4-57 应用采样

**提示**

使用"滴管工具"可以在场景中任何图形上进行采样，但是它只能吸取单一的颜色，无法对渐变和位图进行完整采样。另外，按 Shift 键可以同时对图形的笔触和填充进行采样，并同时应用到其他图形中。

### 4.4.2 使用"墨水瓶工具"修改笔触

使用"墨水瓶工具"可以将图形轮廓的笔触颜色、宽度和样式进行更改。需要注意的是，它只能对直线或图形轮廓应用纯色，而不能应用渐变和位图。

使用"墨水瓶工具" ，在"属性"面板中设置"笔触颜色"为#FAEE69，"笔触粗细"为2，如图4-58所示，然后单击需要修改笔触的图形，如图4-59所示。

 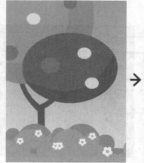 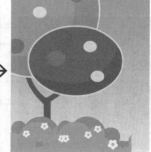

图4-58 设置"墨水瓶工具"　　　　　图4-59 修改图形"笔触颜色"

## 4.4.3　使用"颜料桶工具"修改填充

　　"颜料桶工具"不但可以对没有应用填充的图形进行填充，还可以修改图形的填充颜色，单击"颜料桶工具"按钮，"工具"面板底部会出现相应的颜料桶工具选项，如图4-60所示。填充效果如图4-61所示。

图4-60　"颜料桶工具"选项　　　　　　　图4-61　修改图形"填充颜色"

- **颜料桶工具**：用于将制定的"填充颜色"应用于选中的图形中。
- **填充颜色**：用于设置具体的"填充颜色"。除了使用该控件设置"填充颜色"之外，在"颜色"面板和"属性"面板中设置的"填充颜色"同样对"颜料桶工具"有效。
- **空隙大小**：该选项用于填充有空隙的图形，它的选项如图4-62所示。

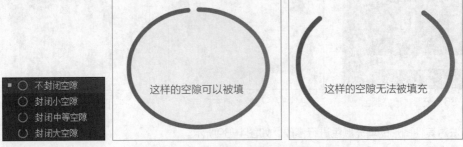

图4-62　"空隙大小"选项及其填充效果

- **锁定填充**：该选项只能应用于渐变填充，选择此选项后，图形将不能再应用其他渐变，而渐变之外的颜色也不会受到任何影响。

> **提示**
>
> 　　使用"滴管工具"无法将采样到的渐变色应用到另一图形中。但是，使用"滴管工具"在图形的渐变色中采样后，"工具"面板中的"填充颜色"控件会随之改变为采样到的渐变色。此时，使用"颜料桶工具"可以将采样到的渐变色应用到新的图形中。

### ▌上机练习：修改图形的笔触和填充 ▐

- **最终文件** | 源文件\第4章\4-4-1.fla
- **操作视频** | 视频\第4章\4-4-1.swf

〔操作步骤〕

**01** 打开素材图像"素材\第4章\44101.fla"，如图4-63所示。

**02** 使用"选择工具"双击小孩头发部位两次，进入头部元件编辑模式（处于编辑模式的元件会与其他图形隔离，以防止相互干扰），如图4-64所示。

**03** 再使用"选择工具"双击小孩头发部位1次，进入头发元件编辑模式，如图4-65所示。

图4-63　导入素材

图4-64　进入头部元件编辑模式

图4-65　进入头部元件编辑模式

**04** 使用"颜料桶工具"，在"颜色"面板中设置#FFFF33到#FFAD2E的"径向渐变"，如图4-66所示。

**05** 设置完成后，使用"颜料桶工具"在人物头顶处单击，修改头发的填充颜色，如图4-67所示。

**06** 使用"渐变变形工具"调整渐变色，如图4-68所示。

图4-66　设置"填充颜色"

图4-67　修改"填充颜色"

图4-68　调整渐变色

**07** 相同方法对其他图形的填充颜色进行修改，如图4-69所示。

**08** 使用"墨水瓶工具"，在"属性"面板中进行相应设置，如图4-70所示。

**09** 设置完成后使用"墨水瓶工具"在需要修改颜色的图形上单击，如图4-71所示。

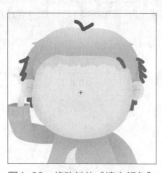
图4-69　修改其他"填充颜色"

图4-70　设置"墨水瓶工具"

图4-71　修改"笔触颜色"

**10** 相同方法修改其他图形的"笔触颜色"，如图4-72所示。

**11** 在场景中的空白区域双击，返回到整体头部元件编辑状态，如图4-73所示。再双击人物额头的发丝，使之处于独立编辑状态，如图4-74所示。

图4-72 修改其他"笔触颜色"　　图4-73 返回头部元件编辑状态　　图4-74 编辑发丝

**12** 相同方法修改相应图形的"笔触颜色"，如图4-75所示。

**13** 在空白区域双击两次，返回"场景1"，在最下方新建图层，执行"文件>导入>导入到舞台"命令，导入素材图像"素材\第4章\44102.jpg"，并调整到合适位置与大小，修改完成，如图4-76所示。

**14** 执行"文件>保存"命令，将文件保存为"4-4-1.fla"。

图4-75 修改"笔触颜色"　　　　　图4-76 修改完成

### 4.4.4 使用"渐变变形工具"修改渐变填充

在Flash中，用户可以设置各种各样的渐变应用于图形的"笔触"和"填充"，Flash允许在一个渐变色中应用多达15种颜色，使用不同的渐变色可以制作出非常精致的图形效果。

使用"渐变变形工具"可以对渐变色的中心位置、大小和方向等进行调整，以达到不同的渐变效果，接下来将对这部分内容进行详细介绍。

使用"渐变变形工具"在需要修改的线性渐变上单击，如图4-78所示。

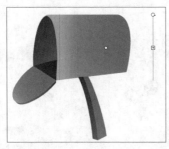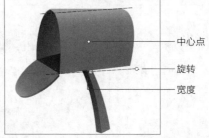

图4-78　调整前后效果

- **宽度手柄**：用鼠标拖曳宽度手柄可以调整渐变的宽度，如图4-79所示。
- **旋转手柄**：使用鼠标旋转该手柄可以调整对渐变进行旋转，如图4-80所示。

　　　　图4-79　调整宽度　　　　　　　　　　　　　图4-80　旋转渐变

**提示**

按 Shift 键可以将线性渐变填充的方向限制为 45° 的倍数。

- **中心点**：用于改变渐变的中心点位置，如图4-81所示。

在使用"渐变变形工具"对径向渐变进行调整时会比线性渐变多"焦点手柄"和"大小手柄"，如图4-82所示。

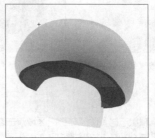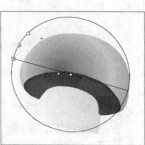

　　　　图4-81　调整中心点　　　　　　　　　　　　图4-82　调整前后效果

- **大小**：拖动大小手柄可以放大或缩小渐变范围，如图4-83所示。
- **焦点**：拖动此手柄可以改变渐变的焦点，如图4-84所示。

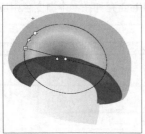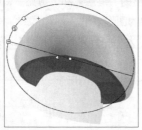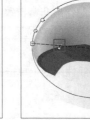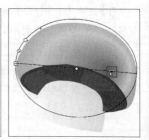

　　　　图4-83　调整大小　　　　　　　　　　　　　图4-84　调整焦点

# ▶4.5 课后练习

## ▌课后练习1：制作简单的按钮图形 ▌

- **最终文件** ┃ 源文件\第4章\4-5-1.fla
- **操作视频** ┃ 视频\第4章\4-5-1.swf

通过"颜色"面板调整渐变颜色，制作简单的按钮图形，操作如图4-85所示。

图4-85　制作按钮图形

**练习说明**

1. 新建文档，设置填充颜色，使用"矩形"工具绘制图形，使用"渐变变形工具"调整颜色。
2. 新建"图层2"，输入相应的文本。
3. 完成动画的制作，测试动画效果。

## ▌课后练习2：绘制魔法药瓶 ▌

- **最终文件** ┃ 源文件\第4章\4-5-2.fla
- **操作视频** ┃ 视频\第4章\4-5-2.swf

根据不同的制作需求选择不同的笔触和填充颜色，来制作出更丰富的动画效果，操作如图4-86所示。

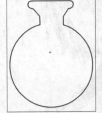   

图4-86　绘制魔法药水瓶

**练习说明**

1. 新建一个元件，设置填充颜色和笔触颜色，使用"椭圆工具"绘制图形，并调整图形的形状。
2. 使用相同的方法绘制圆形，完成瓶子的制作。
3. 使用"颜料桶工具"为其填充渐变颜色，并调整渐变。
4. 使用相同的方法，绘制其他几种颜色的药瓶。
5. 完成动画的制作。

# 第05章

# Flash中对象的操作

**本章重点：**

→ 熟练掌握对对象的基本操作

→ 对变形工具的熟悉和应用

→ 创建不同类型的元件

# 5.1 选择对象

在Flash中制作动画的时候，肯定需要对图形进行编辑操作，在对图形对象进行编辑操作之前，首先要做的就是选择图形对象，在Flash中有多种方法可以选中图形对象，在本节中将对选择图形对象的不同方法进行详细讲解。

## 5.1.1 使用"选择工具"单击选择图形对象

如果选择的对象是笔触、填充、组，都可以单击"工具"面板中的"选择工具"按钮，直接单击对象就可以选择对象，如图5-1所示。

选择填充　　　　　　　　　选择笔触

图5-1　单击选择不同的对象

## 5.1.2 使用"部分选择工具"选择图形对象

单击"工具"面板中的"部分选取工具"按钮，可以选择矢量图形上的节点。也可以按住Shift键的同时，选择矢量图形上的多个节点，如图5-2所示。选择矢量图形上的节点，按Delete键，即可删除选中的节点，如图5-3所示。

在选中节点的时候拖动鼠标，即可改变图形的形状，如图5-4所示。

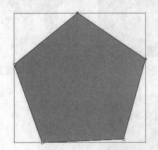 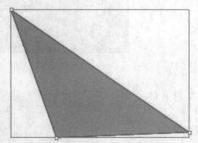 

图5-2　选择节点　　　　　图5-3　删除节点　　　　　图5-4　拖动节点

## 5.1.3 使用"套索工具"选择图形对象

单击"工具"面板中的"套索工具"按钮，在场景中拖动鼠标创建自由形状选取框，选取框中的部分就是选中的对象，如图5-5所示。通过"套索工具"选择对象的好处在于可以选择不规则的区域，从而制作出动画中需要的图形，如图5-6所示。

图5-5　选择对象　　　　　图5-6　移动选中的图形

### 5.1.4 选择元件对象

单击"工具"面板中的"选择工具"按钮，在场景中单击
元件，就可以选中该元件，如图5-7所示。

选择元件对象与选择图形对象的不同之处在于选择元件对
象后，该元件四周会出现一个蓝色的框，并且会显示出元件的
中心点和舞台的中心点。

舞台的中心点

元件的中心点

图5-7 选择元件

## ▶5.2 预览图形对象

在Flash制作动画中，可通过执行"视图>预览模式"命令选择预览图像的模式，不同的命令可以使图片呈现
的不同品质，并且会影响图形模式的加载速度。

### 5.2.1 轮廓预览对象

执行"视图>预览模式>轮廓"命令，就只显示场景中对象的轮廓，如图5-8所示。从而使所有线条都显示为
细线。这样就更容易改变图形元素的形状及快速显示复杂场景。

如果需要调整单独图层上的对象，可以在"时间轴"面板中单击某个图层后的彩色方块，如图5-9所示。即
可将该图层的图形对象以轮廓模式显示，如图5-10所示。

对于图形对象可以拖动节点调整图形的形状。而对于元件对象，只能移动元件对象的位置。

图5-8 轮廓模式显示效果

图5-9 "时间轴"面板

图5-10 单独轮廓显示效果

将鼠标移至彩色方块上右击，在打开的快捷
菜单中选择"属性"选项，弹出"图层属性"对话
框，如图5-11所示。在该对话框中可以设置显示轮
廓线的颜色，如图5-12所示。

图5-11 "图层属性"对话框

图5-12 轮廓显示效果

### 5.2.2 高速显示对象

执行"视图>预览模式>高速显示"命令，将关闭消除锯齿功能，并显示绘画的所有颜色和线条样式，如图
5-13所示。

图5-13　高速显示前后对比

> **提示**
>
> 当图形对象高速显示后，在图形的边缘会出现锯齿。

### 5.2.3　消除动画中的锯齿

执行"视图>预览模式>消除锯齿"命令，如图5-14所示，会使屏幕上显示的形状和线条的边缘更加平滑。与执行"高速显示"命令后效果相反。

> **提示**
>
> 如果选择"消除锯齿"选项，绘画速度比"高速显示"命令的速度要慢，消除锯齿功能在提供数千（16 位）或上百万（24 位）种颜色的显卡上处理效果好。在 16 色或 256 色模式下，黑色线条经过平滑处理，颜色的显示在"高速显示"模式下可能会更好。

### 5.2.4　消除动画中文字的锯齿

执行"视图>预览模式>消除文字锯齿"命令，如图5-15所示，可以平滑所有文本的边缘。对于文本的相关处理操作，在以后的章节中会有详细讲解。

> **提示**
>
> 该命令在处理较大的字体时，效果会比较明显。如果文本比较多，显示速度会较慢。

### 5.2.5　显示整个动画中的对象

执行"视图>预览模式>整个"命令，如图5-16所示，可将舞台上的所有内容都显示出来，但是显示速度可能会减慢。

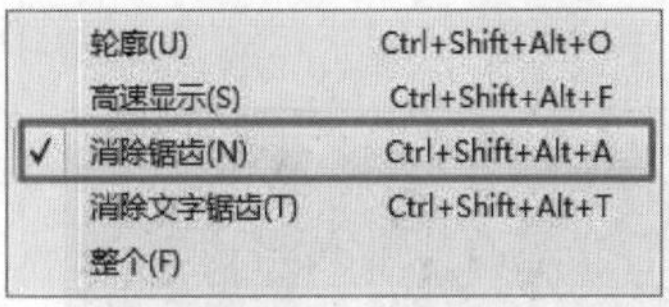

图5-14　菜单命令 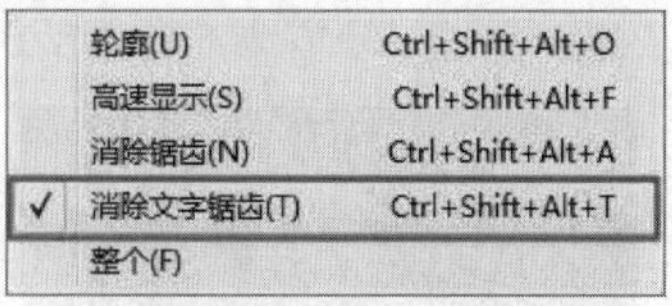　　图5-15　菜单命令 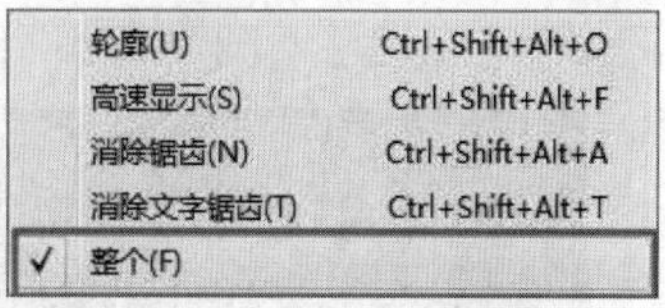　　图5-16　菜单命令

## 5.3　图形对象的基本操作

图形对象的移动、复制和删除都属于图形对象的基本操作，这些操作在Flash动画制作中是经常用到的，这些都是最基本的操作，只有掌握了这些基本的操作才能提高在Flash动画制作过程中的效率。

### 5.3.1 通过拖动移动图形对象

在场景中选中图形对象，如图5-17所示。拖动鼠标即可移动图形对象，如图5-18所示。

图5-17 选择图形对象　　图5-18 拖动鼠标移动图形对象

**提示**

在拖动图形对象的同时按住 Shift 键，可以使图形对象沿着水平、垂直或45°角进行移动。

### 5.3.2 通过拖动移动元件对象

在场景中选中元件，如图5-19所示。拖动鼠标即可移动图形对象，如图5-20所示。

图5-19 选择元件　　图5-20 拖动鼠标移动元件

### 5.3.3 通过键盘上的方向键移动对象

无论是图形对象还是元件对象，只要在场景中选中相应的对象后，按键盘上的方向键，即可实现对象的移动。按住Shift键的同时，按键盘上的方向键，也可以实现图形对象的移动。

两个方法不同之处在于前面的方法可以使图形对象以一个像素进行移动，而后面的方法可以使图形对象以10个像素进行移动。

### 5.3.4 通过"属性"面板移动对象

执行"窗口>属性"命令，即可打开"属性"面板，如图5-21所示。

无论是图形对象还是元件对象，在场景中选中相应的对象后，当鼠标指针移动到"选区X位置"或"选区Y位置"的时候，鼠标指针会发生变化，如图5-22所示。此时，向左或向右拖动鼠标即可改变对象的位置。

也可以在"选区X位置"或"选区Y位置"处单击，在文本框中输入数值，如图5-23所示，从而改变对象的位置。

图5-21 "属性"面板　　图5-22 "属性"面板　　图5-23 "属性"面板

"选区X位置"和"选区Y位置"的值是相对于场景中坐标为（0，0）为基准的。

## 5.3.5 通过"信息"面板移动对象

在场景中选中对象后，执行"窗口>信息"命令，即可打开"信息"面板，如图5-24所示。在该面板中同样可以更改"选区的X位置"和"选区的Y位置"的数值，对象会自动根据数值移动位置。

如果没有选择场景中的对象，"信息"面板中"选区的X位置"和"选区的Y位置"选项是不可用的，如图5-25所示。

图5-24 "信息"面板　　　图5-25 "信息"面板

## 5.3.6 复制对象

在Flash动画制作过程中，经常会复制对象，不仅可以在图层之间复制对象，还可以在场景或其他Flash文件之间复制对象。

选中对象后，按住 Alt 键的同时拖动鼠标，即可复制选中的对象，需要注意的是这种方法只适用于在同一个图层中进行的操作。

图形对象的复制方法与元件对象的复制方法相同，执行"编辑>复制"命令后，在"编辑"菜单下可以根据情况选择不同的粘贴方式，如图5-26所示。

执行"粘贴到中心位置"命令，可将图形对象粘贴到当前文件工作区的中心；执行"粘贴到当前位置"命令，可将图形对象粘贴到相对于舞台的同一位置；执行"选择性粘贴"命令，即可弹出"选择性粘贴"对话框，如图5-27所示。在该对话框中可以选择粘贴后图形对象的类型。

图5-26 菜单命令　　　图5-27 "选择性粘贴"对话框

**来源**：显示了要粘贴的内容的原始位置，如果要粘贴一段来自Word的文字，则会在"来源"这里显示Word文档的存储位置。

**粘贴**：选中图形对象后，该选项后面的选择框中会出现两个选项。

- **Flash绘画**：选择该选项进行粘贴时，即复制原始图形对象。
- **设备无关性位图**：此选项经常会在矢量图转换成位图的工作中使用。这是由于选择该选项进行粘贴时，即可得到一张位图图像。

## 5.3.7 再制对象

使用"任意变形工具"，可以在场景中选择要变形的对象，移动变形点的位置，如图5-28所示。

执行"窗口>变形"命令，即可打开"变形"面板，可以在该面板中对相关选项进行设置，如图5-29所示。单击"变形"面板中的"重制选区和变形"按钮，就可以复制变形对象，效果如图5-30所示。

图5-28 移动变形点的位置

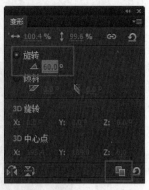
图5-29 "变形"面板

图5-30 复制并旋转后的效果

### 5.3.8 删除对象

选中图形对象后，按Delete键或BackSpace键都可以删除选中的图形对象，也可以执行"编辑>清除"命令或执行"编辑>剪切"命令删除图形对象。

> **提示**
>
> 选中图形对象后，单击右键，在弹出的快捷菜单中选择"剪切"命令，也可以删除图形对象。

对于元件，同样也可以在场景中选中相应的元件，按Delete键进行删除。同时，也可以在"库"面板中选择相应的元件，按Delete键进行删除。需要注意的是前者删除后，还可以从"库"面板中拖入相应的元件到场景中，而后者不能。

### 5.3.9 将对象转换为位图

无论是绘制的矢量图形还是元件，都可以将其转换为位图。当转换为位图后，再对其进行放大，四周会出现锯齿。

选中场景中的对象，如图5-31所示。执行"修改>转换为位图"命令，如图5-32所示。即可将选中的对象转换为位图，放大后，局部效果如图5-33所示。

图5-31 选择对象

图5-32 菜单命令

图5-33 局部效果

## 5.4 图形对象的变形操作

在Flash中对对象的变形操作有很多种方法，通过使用各种变形命令可以对图形完成不同的变形操作，从而得到一些特殊的效果。在本小节就对图形对象的变形操作进行详细讲解。

### 5.4.1 "变形"面板

执行"窗口>变形"命令，打开"变形"面板，如图5-34所示。在"变形"面板中可以实现对对象的旋转、扭曲、缩放等操作。

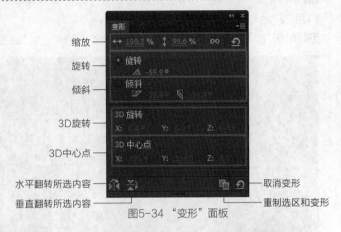

图5-34 "变形"面板

- **缩放**：在文本框中输入数值，可指定水平和垂直的缩放值。单击"约束"按钮，可保持图形对象的比例不变，图5-35所示为不同方向缩放后的效果对比。
- **旋转**：点击该选项，在"旋转"文本框中可以设置对象旋转的角度，从而实现所选图形对象的旋转，图5-36所示为旋转前后的对比效果。

水平方向缩放　　　垂直方向缩放　　　等比例缩放

图5-35　不同方向上缩放效果对比　　　　图5-36　旋转前后的效果对比

- **倾斜**：点选该选项，可在"水平倾斜"和"垂直倾斜"文本框中输入数值，从而实现图形对象在水平方向或垂直方向上的倾斜角度，图5-37所示为不同方向上倾斜的效果对比。

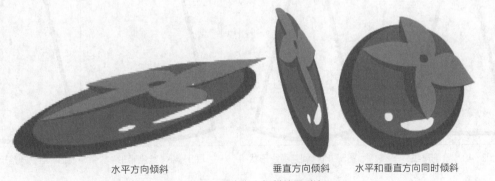

水平方向倾斜　　　　　垂直方向倾斜　　水平和垂直方向同时倾斜

图5-37　不同方向上倾斜效果对比

- **3D旋转**：在不同的方向文本框中输入数值，可控制影片剪辑在舞台上的旋转。
- **3D中心点**：可修改影片剪辑实例的中心点位置。
- **水平翻转所选内容**：单击该按钮，可将所选内容进行水平翻转。
- **垂直翻转所选内容**：单击该按钮，可将所选内容进行垂直翻转。
- **重制选区和变形**：单击该按钮，可创建所选图形对象的变形副本。
- **取消变形**：单击该按钮，可以使"变形"面板中各个参数恢复到默认的设置。

**┃ 上机练习：制作旋转的风车 ┃**

● **最终文件** ┃ 源文件\第5章\5-4-1.fla

● **操作视频** ┃ 视频\第5章\5-4-1.swf

**操作步骤**

**01** 执行"文件>新建"命令，新建一个"尺寸"为270像素×355像素，"帧频"为24fps，"背景颜色"为白色的Flash文档，如图5-38所示。

**02** 执行"插入>新建元件"命令，新建一个"名称"为"底座"的"图形"元件，如图5-39所示。

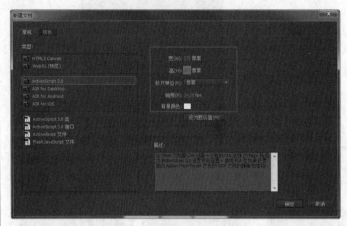

图5-38 "新建文档"对话框

图5-39 "创建新元件"对话框

**03** 使用"线条"工具，绘制直线，在"属性"面板中设置"笔触颜色"为6A3F2D，如图5-40所示。使用"选择工具"调整线条的形状，如图5-41所示。

**04** 新建"图层 2"，使用"矩形工具"，绘制矩形并在"属性"面板中设置"填充颜色"和"笔触颜色"为#FFF7D4，如图5-42所示。

**05** 并使用"选择工具"和"部分选择工具"调整其形状，如图5-43所示。

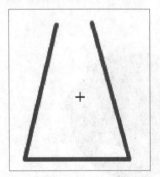

图5-40 绘制直线

图5-41 调整直线形状

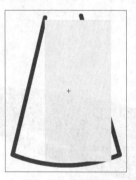

图5-42 绘制矩形

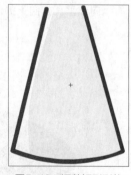

图5-43 调整矩形形状

**06** 新建"图层 3"，使用"椭圆工具"，单击"工具"面板上的"绘制对象"按钮，绘制两个椭圆，如图5-44所示。

**07** 选中绘制的两个对象，执行"修改>合并对象>打孔"命令，效果如图5-45所示。

图5-44 绘制椭圆

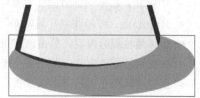

图5-45 合并对象

**08** 将"图层3"移动到"图层1"下方,如图5-46所示。执行"插入>新建元件"命令,新建一个"名称"为"中心"的"图形"元件,如图5-47所示。

**09** 使用"椭圆工具",按住Shift键的同时绘制圆形,"属性"面板中设置"笔触颜色"为6A3F2D,"笔触高度"为0.80,"填充颜色"为FFF7D4,设置完成后图形效果如图5-48所示。

图5-46　"时间轴"面板

图5-47　"创建新元件"对话框

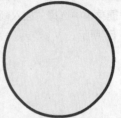

图5-48　绘制圆形

**10** 新建"图层2",使用相同方法绘制圆,如图5-49所示。

**11** 选中所有的对象,执行"窗口>对齐"命令,打开"对齐"面板,在该面板中分别单击"水平中齐"和"垂直中齐"按钮,如图5-50所示。

**12** 使用相同方法绘制圆形和星形,效果如图5-51所示。

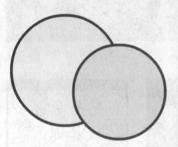

图5-49　绘制圆形

图5-50　对齐对象

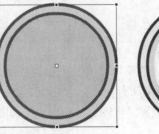

图5-51　绘制图形

**13** 执行"插入>新建元件"命令,新建一个"名称"为"旋转"的"图形"元件,如图5-52所示。

**14** 使用"线条工具"绘制直线,在"属性"面板中设置"笔触颜色"为6A3F2D,如图5-53所示。

图5-52　"创建新元件"对话框

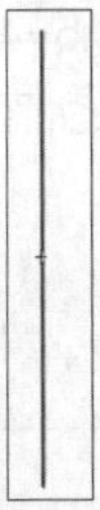

图5-53　绘制直线

**15** 选中刚刚绘制的直线,按快捷键Ctrl+T打开"变形"面板,对相关参数进行设置,并单击"重制选区和变形"按钮,如图5-54所示。使用相同方法完成相似内容的制作,效果如图5-55所示。

图5-54　再制直线

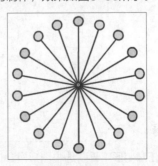

图5-55　图形效果

**16** 回到"场景"中，将"库"面板中"底座"元件，拖入场景中，并调整大小和位置，如图5-56所示。

**17** 选中第24帧，单击右键，在弹出的快捷菜单中选择"插入帧"命令，如图5-57所示。

图5-56 拖入元件

图5-57 图形效果

**18** 新建"图层2"和"图层3"，分别在相应的图层中拖入相应的元件，如图5-58所示。"时间轴"面板如图5-59所示。

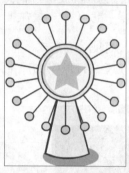

图5-58 拖入元件

图5-59 "时间轴"面板

**19** 选择"图层3"上的第1帧，单击右键，在快捷菜单中选择"创建补间动画"命令，选择第24帧，在"变形"面板中设置"旋转"为-360°，如图5-60所示。

**20** 执行"文件>保存"命令，将其保存为"源文件\第5章\5-4-1.fla"，按快捷键Ctrl+Enter测试动画效果，如图5-61所示。

图5-60 "变形"面板

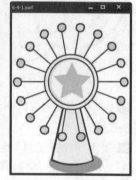

图5-61 动画效果

## 5.4.2 认识变形点

在对图形对象进行变形的时候，可以以变形点为参考，使图形对象沿着变形点旋转、缩放，如图5-62所示。

变形点 ———

图5-62 变形点

## 5.4.3 自由变换对象

使用工具箱中的"任意变换工具"选中图形对象时，图形对象四周会出现变换框，从而可以对图形对象进行旋转、缩放、倾斜等操作。

- **旋转**：将光标移至变换框四周的控制手柄外时，光标会变成旋转箭头形状，如图5-63所示。单击并拖曳鼠标，即可对所选对象进行旋转操作，如图5-64所示。
- **中心点**：对象的旋转操作都是以中心点为基准的，按住Alt键的同时调整对象的大小时，同样也是以中心点作为基准的。
- **倾斜**：将光标移动到对象四周的控制手柄和控制框四边中点的控制手柄之间的位置时，光标变为反向平行双箭头形状，如图5-65所示。单击并拖曳鼠标，即可进行倾斜调整，如图5-66所示。

图5-63　指针形状　　　　　图5-64　旋转对象　　　　　图5-65　指针形状　　　　　图5-66　倾斜对象

- **更改大小**：拖曳位于变换框四角的控制手柄，可以调整对象的整体大小，拖曳变换框4条边中点的控制手柄，如图5-67所示，就只能在水平或垂直方向上调整对象的大小，如图5-68所示。

图5-67　拖曳控制手柄　　　　　图5-68　调整对象大小

## 5.4.4　扭曲图形对象

　　选中需要扭曲的对象，执行"修改>变形>扭曲"命令后，对象周围会出现变形框，将鼠标放置在控制点上，鼠标指针会变成白色指针，如图5-69所示。拖动变形框上的角点或边控制点，从而实现图形对象的扭曲操作，如图5-70所示。

　　按住Shift键拖动变形框的角点，相邻的两个角沿彼此相反的方向移动相同的距离，如图5-71所示。按住Ctrl键单击并拖动边的中点，可以任意移动整个边，如图5-72所示。

图5-69　指针形状　　　　　图5-70　扭曲对象　　　　　图5-71　扭曲对象　　　　　图5-72　扭曲对象

> **提示**
>
> "扭曲"变形对象不能作用于组，但是可以作用于组中单独选定的对象。

### 5.4.5 缩放对象

在Flash中可以使对象沿着x轴、y轴或同时沿着两个方向放大或缩小。

执行"修改>变形>缩放"命令后，拖动其中一个角点，如图5-73所示，图形可沿x轴和y轴两个方向进行缩放，缩放时长宽比例保持不变，如图5-74所示。

如果想要在水平或垂直方向上缩放对象，可以拖曳中心手柄，如图5-75所示。

垂直拖动　　　　　　　水平拖动

图5-73　等比例缩放对象　　　　图5-74　不等比例缩放对象　　　图5-75　拖动中心手柄实现在垂直或水平方向上的缩放

### 5.4.6 封套对象

封套"命令可以使对象进行弯曲和扭曲，封套是一个边框，其中包含一个或多个对象，更改封套的形状会影响该封套内的对象的形状，可以通过调整封套的点和切线手柄来编辑封套的形状。

选择需要封套的对象，执行"修改>变形>封套"命令，对象的周围会出现变换框，如图5-76所示。变换框上存在方形和圆形两种变形手柄。方形手柄沿着对象变换框的点可以直接对其进行处理，如图5-77所示。而圆形手柄则为切线手柄，如图5-78所示。

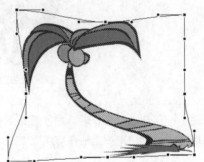
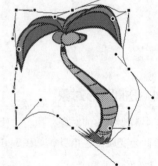

图5-76　显示变换框　　　　　图5-77　拖动方形手柄　　　　　图5-78　拖动圆形手柄

> **提示**
>
> "封套"命令不能对元件、位图、视频对象、声音、渐变、对象组或文本进行修改。如果要修改文本，首先要将字符转换为形状对象。

### 5.4.7 旋转和倾斜对象

执行"修改>变形>旋转与倾斜"命令，可以使对象围绕其变形点进行旋转，变形点与注册点对齐，默认位于对象的中心，变形点的位置也是可以变动的。

> **提示**
>
> 在新建影片剪辑元件的时候，会出现两个标记，一个是十字，另一个是圆圈，其中十字代表的是注册点，圆圈代表的是元件的中心点，也会出现两者重合的情况。

选中需要旋转或倾斜的对象，执行"修改>
变形>旋转与倾斜"命令，当鼠标指针移动到角
点上时，变成旋转图标，如图5-79所示。此时
拖动角点即可围绕变形点进行旋转，如图5-80
所示。

图5-79 指针变换为旋转指针　　　图5-80 旋转对象

当鼠标移动到中心点的时候，指针变成
倾斜图标，如图5-81所示。此时拖动鼠标即
可完成对对象的倾斜操作，如图5-82所示。

如果要结束"旋转与倾斜"命令的使
用，在对象以外的空白位置单击即可。

图5-81 指针变换为倾斜指针　　　图5-82 倾斜对象

## 5.4.8 翻转对象

执行"修改>变形>水平翻转"命令或"修改>变形>垂直翻转"命令，可以将选定的对象进行水平或垂直翻
转，而不会改变对象相对于舞台的位置，如图5-83所示为翻转前后的对比效果。

水平翻转对象　　　　　　对象原始状态　　　　　　垂直翻转对象

图5-83 对象翻转前后的对比效果

## 5.5 合并图形对象

在Flash中可以对图形对象进行合并，其中合并图形对象的方式有联合、交集、打孔和裁切，利用这些功能
可以制作动画中需要的特殊形状，本节将对这些内容进行详细讲解。

### 5.5.1 联合

绘制对象是在叠加时不会自动合并在一起的单独的
图形对象。

使用"椭圆工具"和"多边形工具"绘制对象，并
同时选中两个对象，如图5-84所示。执行"修改>合并
对象>联合"命令，即可将两个对象联合，联合后效果
如图5-85所示。该命令可以合并两个、多个图形或绘
制对象。

图5-84 选择对象　　　　　图5-85 联合后效果

### 5.5.2 交集

可以创建两个或多个绘制对象交集的对象。

执行"修改>合并对象>交集"命令，生成的对象由合并的形状的重叠部分组成，并且会删除形状上任何不重叠的部分。生成的形状使用堆叠中最上面的形状的填充颜色和笔触颜色，如图5-86所示为执行"交集"命令前后对比效果。

### 5.5.3 打孔

删除选定绘制对象的某些部分，其中删除的部分由该对象与排列在该对象前面的另一个选定绘制对象的重叠部分定义，删除的绘制对象由最上面的对象所覆盖的所有部分组成，并完全删除最上面的对象，由此得到的对象仍然是独立的，不会合并为单个对象。

使用"多边形工具"绘制两个星形，如图5-87所示。执行"修改>合并对象>打孔"命令后，可以得到一个五角星的效果，如图5-88所示。

  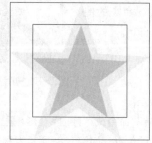 

图5-86　执行"交集"命令前后对比效果　　　　图5-87　绘制图形　　　　图5-88　打孔效果

### 5.5.4 裁切

使用一个绘制对象的轮廓裁切另一个绘制对象，最上面的对象定义裁切区域的形状，从而保留下层对象中与最上面的对象重叠的部分，删除下层对象的其他部分同时并删除最上面的对象。

"裁切"命令所得到的对象也是独立的，不会合并为单个对象，如图5-89所示为执行该命令前后的对比效果。

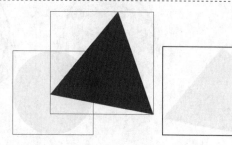

图5-89　执行"裁切"命令前后的对比效果

## 5.6 排列和对齐图形对象

在Flash中可以调整图形对象的排列顺序和对齐方式，通过调整对象的排列顺序和对齐方式，可以使整个场景中的对象看起来更加合理、美观。

### 5.6.1 层叠图形对象

对象的层叠顺序决定了它们在重叠时的出现顺序，对象的层叠顺序可以随时更改。

执行"修改>排列"命令，在打开的子菜单中提供了多种排列对象的方式，如图5-90所示。

选中场景中的一个对象，如图5-91所示。执行"修改>排列>置于底层"命令，即可将选中的对象置于所有对象的下面，如图5-92所示。

提示

如果选择了多个组，这些组会移动到所有未选中的组的前面或后面，且这些组之间的相对顺序保持不变。

图5-90 菜单命令　　　图5-91 选中对象　　　图5-92 将选中的对象置于底层

## 5.6.2 对齐图形对象

在Flash中图形对象的对齐方法有两种，一种是执行"修改>对齐"命令子菜单中的命令选项进行调整，如图5-93所示。另一种是执行"窗口>对齐"命令，在"对齐"面板中调整选定对象的分布和对齐方式，如图5-94所示。

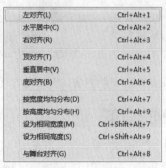

图5-93 菜单命令　　　图5-94 "对齐"面板

- **对齐**：该选项包含左对齐、水平中齐、右对齐、顶对齐、垂直中齐和底对齐6种对齐方式，如图5-95所示为不同对齐方式的效果。

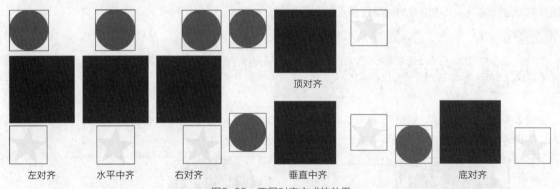

左对齐　　水平中齐　　右对齐　　　垂直中齐　　　底对齐

图5-95 不同对齐方式的效果

- **匹配大小**：可以调整多个选定对象的大小，使对象的水平或垂直尺寸与所选定最大对象的尺寸一致，此选项包含匹配宽度，匹配高度，以及匹配宽和高3种匹配方式，如图5-96所示为不同匹配方式的效果。

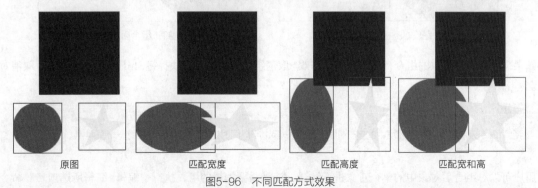

原图　　　匹配宽度　　　匹配高度　　　匹配宽和高

图5-96 不同匹配方式效果

- **间隔**：用于垂直或水平隔开选定的对象，该选项包含垂直平均间隔和水平平均间隔。当图形尺寸大小不同时，差别会很明显，但当处理大小差不多的图形时，这两个功能没有太大的差别，如图5-97所示为不同间隔的效果。

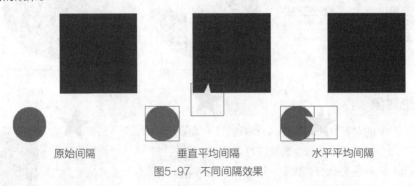

原始间隔　　　　　　　　垂直平均间隔　　　　　　　水平平均间隔

图5-97　不同间隔效果

- **与舞台对齐**：勾选此选项，可将对齐、分布等上述选项相对于舞台进行操作。

## 5.7 组合与分离图形对象

在Flash中，可以对多个对象进行组合，同时也可以将组、实例和位图分离为单独的可编辑元素，在动画制作过程中会常常用到，这些都会在本小节中进行详细讲解。

### 5.7.1 组合图形对象

在Flash动画制作过程中，为了对多个图形对象进行统一的编辑，可将这些对象进行组合，这样可以方便地对图形对象进行编辑。其中组合的对象可以是组、元件和文本等。

> **提示**
>
> "联合"命令与"组合"命令的区别就在于对象连接在一起后的可编辑性。联合后的对象无法再分开；而组合后的对象还可以执行"修改 > 取消组合"命令进行拆分。

在场景中选中多个对象，如图5-98所示。执行"修改>组合"命令或按快捷键Ctrl+G即可将多个对象组合在一起，如图5-99所示。组合后可将其当成一个整体对象来进行操作。

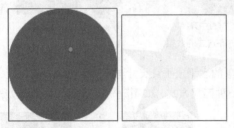

图5-98　选择对象

图5-99　组合后效果

如果想取消多个对象的组合，可以执行"修改>取消组合"命令或按快捷键Shift+Ctrl+G，即可取消对象的组合。

> **提示**
>
> "组合"命令只能将在同一个图层中的多个对象组合到一起，所以同时选中的对象必须在同一个图层中。

用户可以对组合后对象中的单个对象进行编辑，选择需要编辑的组，执行"编辑>编辑所选项目"命令，或双击该组图形，则会显示该组中的元素，如图5-100所示。双击任意一个元素即可进入该元素的编辑状态，并且提示栏会显示出正在编辑的组，如图5-101所示。

图5-100　编辑组　　　　　　　　　　　　图5-101　提示栏

## 5.7.2　分离图形对象

　　"分离"命令可以将组、实例和位图分离为单独的可编辑元素，而且还可以极大地减小导入图形的文件大小。执行该命令会对对象产生以下的影响：

- 切断元件实例到其主元件的链接；
- 放弃动画元件中除当前帧之外的所有帧；
- 将位图转换为填充；
- 在应用于文本块时，会将每个字符放入单独的文本块中，如图5-102所示；
- 应用于单个文本字符时，会将字符转换为轮廓，如图5-103所示。

图5-102　分离前后的效果　　　　　　　　　图5-103　分离单个文本前后效果

> **技巧**
>
> "取消组合"命令与"分离"命令不同，"取消组合"命令可以将组合的对象分开，并将组合的元素返回到组合之前的状态，它不会分离位图、实例或文字，或将文字转换为轮廓。

## ▊ 上机练习：制作倒计时动画 ▊

- **最终文件** | 源文件\第5章\5-7.fla
- **操作视频** | 视频\第5章\5-7.swf

### 操作步骤

01 执行"文件>新建"命令，新建一个"大小"为407像素×166像素，"帧频"为8fps，"背景颜色"为白色的Flash文档。

02 执行"文件>导入>导入到舞台"命令，将图像"素材\第5章\57201.jpg"导入到场景中，如图5-104所示，在第65帧处插入帧。新建"图层2"，单击"文字工具"按钮，设置"属性"面板上的参数，如图5-105所示。

图5-104　导入图像　　　　　　　　　　　图5-105　"属性"面板

**03** 在场景中输入文字，如图5-106所示。选择文字，执行再次"修改>分离"命令，将文字分离成图形，如图5-107所示。

图5-106　输入文本　　　　　　　　　　　　　　　　　图5-107　分离文本

**04** 使用"墨水瓶工具"设置"笔触颜色"为#FFCC00，"笔触高度"为1，为图形添加描边，"属性"面板如图5-108所示，并将其转换成"名称"为"倒计时"的"图形"元件，如图5-109所示。

图5-108　"属性"面板　　　　　　　　　　　　　　　　图5-109　转换元件

**05** 分别在第20帧和第25帧插入关键帧，选择第25帧上的元件，设置其"Alpha"值为0%，如图5-110所示，并为第20帧添加"传统补间"。"时间轴"面板如图5-111所示。

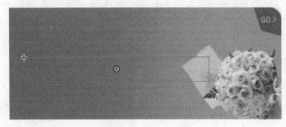

图5-110　元件效果　　　　　　　　　　　　　　　　　图5-111　"时间轴"面板

**06** 新建"图层3"，使用"文本工具"在场景中输入文字，在第2帧插入关键帧，将第1帧上的文字分离成图形，使用"墨水瓶工具"为图形添加笔触，如图5-112所示。修改第2帧的文本内容，将文字分离成图形，使用"墨水瓶工具"为图形添加笔触，如图5-113所示。

图5-112　文本效果　　　　　　　　　　　　　　　　　图5-113　文本效果

**07** 根据前面两帧的制作，完成后面帧的制作，场景效果如图5-114所示。"时间轴"面板如图5-115所示。

图5-114　场景效果　　　　　　　　　　　　　图5-115　"时间轴"面板

**08** 新建"图层4"，在第12帧处插入关键帧，利用相同的方法输入文字分离并添加描边，如图5-116所示，分别在第20帧和第25帧处插入关键帧，删除第12帧上的数字"1"图形，并使用"颜料桶工具"填充数字"4"的空白处，如图5-117所示。

图5-116　文字效果　　　　　　　　　　　　　图5-117　场景效果

> **提示**
>
> 此处输入的文字与前面的文字位置完全重合，在制作本层时可以将"图层3"暂时隐藏，以便于本层内容的制作。

**09** 选择第25帧上的图形，使用"任意变形工具"将其等比例扩大，并分别设置"笔触颜色"和"填充颜色"的"Alpha"值为0%，效果如图5-118所示。在第12帧、第20帧位置创建补间形状动画，"时间轴"面板如图5-119所示。

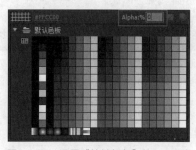

图5-118　设置"笔触颜色"的Alpha值　　　　　　图5-119　"时间轴"面板

**10** 新建"图层5"，在第25帧处插入关键帧，利用相同的方法输入文字分离并添加描边，如图5-120所示。然后将其转换成"名称"为"倒计时125天"的"图形"元件，如图5-121所示。

图5-120　场景效果　　　　　　　　　　　　　图5-121　转换为元件

**11** 分别在第30帧、第50帧和第55帧处插入关键帧，将第30帧上的元件移动到如图5-122所示位置，将第55帧上的元件移动到如图5-123所示位置。设置第55帧上元件的"Alpha"值为0%，并为第25帧和第50帧添加"传统补间"。

图5-122 移动元件

图5-123 移动元件

**12** 根据前面的制作方法，完成其他图层的制作，场景效果如图5-124所示。"时间轴"面板如图5-125所示。

图5-124 场景效果

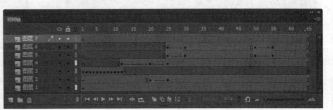
图5-125 "时间轴"面板

**13** 完成倒计时动画的制作，执行"文件>保存"命令，将动画保存为"5-7.fla"，测试动画，效果如图5-126所示。

图5-126 测试动画效果

## 5.8 课后练习

### 课后练习1：绘制繁星点点

● 最终文件┃源文件第5章\5-8-1.fla

● 操作视频┃视频\第5章\5-8-1.swf

通过复制对象命令制作繁星点点的星空动画，操作效果如图5-127所示。

图5-127 绘制繁星点点动画

**练习说明**

1. 新建一个空白文档，在"属性"面板设置相关参数，使用"矩形工具"绘制图形。
2. 新建"图层2"，使用"矩形工具"绘制矩形，然后使用"变形"面板调整图形。
3. 执行复制和粘贴命令，制作星形，使用"任意变形工具"调整图形大小。
4. 完成动画的制作，测试动画效果。

## 课后练习2：小熊滑冰

● **最终文件** | 源文件\第5章\5-8-2.fla
● **操作视频** | 视频\第5章\5-8-2.swf

通过翻转对象命令来完成动画的制作，操作效果如图5-128所示。

图5-128　制作动画

**练习说明**

1. 新建一个空白文档，将相应的素材导入到场景中。
2. 新建图层，将素材转换为元件，调整到合适位置，并为其创建补间动画。
3. 在第60帧的位置插入关键帧，使其左移动，在第61帧的位置上执行"修改>变形>水平翻转"命令。
4. 使用相同的方法制作其他图层的动画效果。
5. 完成动画的制作，测试动画效果。

第

# 06

章

# 文本的使用

**本章重点:**

→ 了解文本的类型

→ 掌握文本的设置及技巧

→ 利用脚本语言调用文本对象

→ 掌握设置文本的超链接

# 6.1 文本的属性

在Flash CC中，设置各色各样的文本离不开文本的"属性"面板，它包含了"传统文本"和"TLF文本"中的各种选项的设置，将下来将详细的介绍文本"属性"面板中的各种参数。当对这些参数有了一定了解后，相信读者一定能制作出满意的动画文本效果。

## 6.1.1 文本的字符样式

传统文本的字符样式包括系列、样式、大小和颜色等选项，单击"工具"面板中的"文本工具"按钮，执行"窗口>属性"命令，在"属性"面板中的"文本引擎"中选择"传统文本"，并单击"字符"选项，如图6-1所示。

**系列**：在其下拉列表菜单中可以选择相应的字体，或直接在文本框中输入相应的字体名称。

**样式**：用来设置字体的样式。选择不同的字体会有不同的字体样式显示。

**大小**：字体的大小以点值为单位，可以单击此处输入字体数值从而设置字体的大小，也可以用鼠标拖动的方法设置字体大小，它与当前标尺的单位无关。

**字母间距**：用来设置所选字符或整个文本的间距，可以单击此处输入相应的数值，也可以用鼠标拖动的方法设置字符之间的间距。

**颜色**：用来设置文本的颜色。可以单击此处进行颜色选取，也可以在左上角的框中直接输入颜色的十六进制值，还可以单击"颜色选择器"，从系统颜色中选取适当的颜色，如图6-2所示。

图6-1 "属性"面板

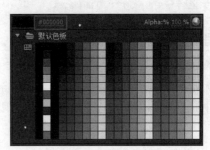

图6-2 "样本"颜色

**自动调整字距**：用于使用字体的内置字距调整信息。

**消除锯齿**：用来优化文本，从而使字体变得更加平滑。在其下拉列表菜单中可以选择相应的锯齿样式，共包括使用设备字体、位图文本（无消除锯齿）、动画消除锯齿、可读性消除锯齿和自定义消除锯齿5种。在后面章节中将详细介绍其应用。

**按钮组**：包括"可选"按钮、"将文本呈现为HTML"按钮和"在文本周围显示边框"按钮。

- 当选择"可选"按钮选项时，用来指生成的SWF文件中的文本是否能被用户通过鼠标进行选择和复制。单击此按钮时，区域颜色会加深，由于静态文本常常用来展示信息，能够对其内容进行保护，此选项为不可选取状态，动态文本默认可选，而输入文本则不能对这个属性进行设置。

- 当选择"将文本呈现为HTML"按钮选项时，用来指定动态文本框中的文本是否可以使用HTML格式。其中，静态文本选项不可进行设置，动态文本和输入文本可以进行相应设置。

- 当选择"在文本周围显示边框"选项时，系统会根据边框的大小，在字体背景上显示一个白底不透明的输入框。同理，静态文本选项不可进行设置，动态文本和输入文本可以进行相应设置。

**字符位置**：用来改变字符的位置，分为"切换上标"和"切换下标"，默认情况下为"正常"。

- 当选择"切换上标"时，可以将字符移动到稍微高于标准线的上方并缩小字符的大小。

- 当选择"切换下标"时，可以将字符移动到稍微低于标准线的下方并缩小字符的大小。

在设置文本颜色时，只能使用纯色，而不能使用渐变。若要对文本应用渐变，则应先分离文本，从而将文本转换为组成它的线条和填充。

## 6.1.2 传统文本的段落样式

传统文本的段落样式包括格式、间距和边距等选项，单击"工具"面板中的"文本工具"按钮，执行"窗口>属性"命令，在"属性"面板中的"文本引擎"中选择"传统文本"，并单击"段落"选项，如图6-3所示。

图6-3 "属性"面板

- **格式**：用来设置文本的对齐方式，包括左对齐、居中对齐、右对齐和两端对齐。通过这些对齐方式可以设置段落中的每行文本相对于文本字段边缘的位置。
- **间距**：包括缩进和行距两个选项。"缩进"用来设置段落边界与首行开头字符之间的距离；"行距"用来设置段落中相邻行之间的距离。可以单击此处直接输入数值从而设置间距的大小，也可以用鼠标拖动的方法设置间距大小。
- **边距**：包括"左边距"和"右边距"两种选项，用来设置文本字段的边框与文本之间的距离。可以单击此处直接输入数值从而设置边距的大小，也可以用鼠标拖动的方法设置边距大小。
- **行为**：在静态文本中不可用，只有在动态文本和输入文本中才能够显示。它包括"单行""多行""多行不换行"和"密码"4种选项。

## 6.1.3 消除锯齿选项

使用消除锯齿功能可以使文本的边缘变得平滑。消除锯齿选项对于呈现较小的字体大小尤其有效。启用消除锯齿功能会影响到当前所选内容中的全部文本。在"属性"面板中单击"字体呈现方式"按钮，打开"消除锯齿"选项，如图6-4所示。

图6-4 "消除锯齿"选项

**使用设备字体**

使用设备文字用于指定SWF文件使用本地计算机上安装的字体来显示字体。一般情况下，设置字体采用大多数字体大小时都很清晰。尽管该选项不会增加 SWF 文件的大小，但会使字体显示依赖于用户计算机上安装的字体。使用设备字体时，应选择最常安装的字体系列。

在使用设备文字时，用户不能使用具有旋转或纵向传统文本的设置字体，若要使用旋转或纵向传统文本，应该选择其他"消除锯齿"选项，并嵌入文本字段使用的字体。

**位图文本**

位图文本（无消除锯齿）用于在关闭消除锯齿功能时，不对文本提供平滑处理。用尖锐边缘显示文本，由于在SWF文件中嵌入了字体轮廓，则增加了SWF文件的大小。当位图文本的大小与导出大小相同时，文本比较清晰，在对位图文本缩放后，文本显示效果会比较差。

**动画消除锯齿**

动画消除锯齿可以通过忽略对齐方式和字距微调信息来创建更平滑的动画。该功能会导致创建的SWF文件较大，因为其嵌入了字体轮廓。为了提高清晰度，可以在指定该选项时使用10点或更大的字号。

### 可读性消除锯齿

可读性消除锯齿使用Flash文本呈现引擎来改进字体的清晰度，特别是较小字体的清晰度。该功能会导致创建的SWF文件较大，因为其嵌入了字体轮廓。若要使用该功能，则必须要发布到Flash Player 8或更高版本中，若对文本设置动画效果，则应该选择"动画消除锯齿"选项。

### 自定义消除锯齿

自定义消除锯齿，可以修改字体的属性。单击"自定义消除锯齿"选项，弹出"自定义消除锯齿"对话框，如图6-5所示。

- **粗细**：用于指定字体消除锯齿转变显示精细。较大的值会使字符看上去较粗。指定"自定义消除锯齿"会导致创建的SWF文件较大，因为其嵌入了字体轮廓。若要使用该选项，则必须要发布到Flash Player 8 或更高版本中。

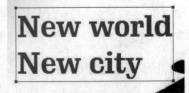

图6-5　"自定义消除锯齿"对话框

- **清晰度**：用于指定文本边缘与背景之间的过渡的平滑度。

> **提示**
>
> 消除锯齿需要嵌入文本字段使用的字体。若不嵌入字体，则文本字段可能对传统文本显示为空白。若将"消除锯齿"设置为"使用设备字体"，则会导致文本不能正确显示，需要再嵌入字体。Flash 会自动为已在舞台上创建的文本字段中存在的文本嵌入字体。但是，若计划允许文本在运行时更改，则应手动嵌入字体。

## 上机练习：设置文本的基本样式

- **最终文件** | 源文件\第6章\6-1.fla
- **操作视频** | 视频\第6章\6-1.swf

------

### 操作步骤

**01** 执行"文件>新建"命令，在弹出的"新建文档"对话框中进行设置，如图6-6所示，单击"确定"按钮。新建一个"大小"为980像素×730像素，"背景颜色"为#FFFFFF的文档。

**02** 执行"文件>导入>导入到舞台"命令，将"素材\第6章\61101.jpg"导入到场景中，如图6-7所示。

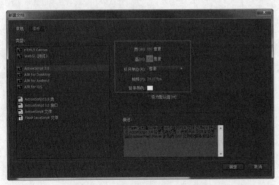

图6-6　"新建文档"对话框

图6-7　导入图像

**03** 单击"工具"面板中的"文本工具"按钮，执行"窗口>属性"命令，打开"属性"面板，在面板中的"字符"选项中进行相应设置，如图6-8所示。在场景中输入文字，如图6-9所示。

图6-8　"字符"面板

图6-9　输入文本

**04** 选择"属性"面板中的"段落"选项，在面板中对其进行相应设置，如图6-10所示。效果如图6-11所示。

图6-10 "段落"面板

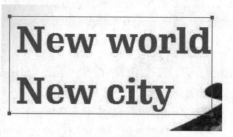

图6-11 文本效果

**05** 选择"属性"面板中的"滤镜"选项，单击"添加滤镜"按钮，在弹出的菜单中选择"渐变斜角"，对相关参数进行相应设置，如图6-12所示。效果如图6-13所示。

图6-12 "滤镜"面板

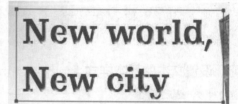

图6-13 文本效果

**06** 使用相同的方法完成其他文本的制作，如图6-14所示。执行"文件>保存"命令，将动画保存为"源文件\第6章\6-1.fla"，按快捷键Ctrl+Enter测试动画，效果如图6-15所示。

图6-14 动画效果

图6-15 测试动画

## 6.2 文本的调整

在制作Flash文本动画时，文本的调整部分至关重要，它关乎整个动画的整体效果是否表现得淋漓尽致。那么如何调整文本的位置、大小及颜色呢？本章节将详细进行讲解。

### 6.2.1 文本的位置和大小

在文本的对象模式状态下可以通过对"属性"面板中的"位置和大小"选项来设置文本框的大小和位置，如图6-16所示。

- **x/y轴**：用于设置文本在舞台中的位置，可以用鼠标拖曳的方法进行设置，也可以通过双击x轴和y轴的数值将其激活，从而直接在文本框中输入数值。
- **宽/高**：用于设置文本的宽度和高度，设定后Flash会自动将可扩展文本框转换为限制范围的文本框。单击"将宽度值和高度值锁在一起"按钮，可以将宽度和高度值固定在同一个比例上，当设置其中一个值时，另一值也同比例的放大或缩小，再次单击该按钮，可将其解除锁定状态。

图6-16 "属性"面板

> **提示**
>
> 除了在"属性"面板中调整文本位置外，也可以通过直接拖动文本框的方法来改变其位置，还可以使用"选择工具"直接拖动文本，从而改变文本的位置。另外，改变文本大小，可以在"属性"面板中的"字符"选项下进行修改。

## 6.2.2 文本的颜色

在Flash CC中设置文本颜色的方法有很多，可以在"工具"面板中单击"填充颜色"按钮，打开"样本"面板，在面板中选择相应的颜色，如图6-17所示；也可以在"属性"面板中的"字符"选项下选择"颜色"选项进行相应设置，如图6-18所示；还可以执行"窗口>颜色"命令，打开"颜色"面板，进行相应设置，如图6-19所示。

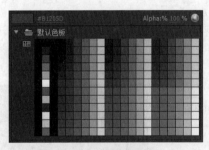

图6-17 "样本"面板

图6-18 "字符"面板

图6-19 "颜色"面板

## ▶ 6.3 Flash中文本的类型

本节主要讲解了在Flash中对文本进行控制的方法，通过学习这一节，读者可以了解到静态文本、动态文本和输入文本的概念，并掌握用动作脚本来控制动态文本的方法与技巧，为日后的应用打下良好的基础。

### 6.3.1 静态文本

当需要向舞台添加装饰性文本、添加不需要更改及不需要从外部来源加载的任何文本时，就可以创建静态文本。静态文本即创建一个无法动态更新的字段。

在创建静态文本时，可以将文本放在单独的一行中，该行会随着用户的键入而扩展；也可以将文本放在定宽字段（适用于水平文本）或定高字段（适用于垂直文本）中，这些字段会自动扩展和折行。

创建静态文本的类型有以下几种方法：

- 对于扩展的静态水平文本，会在该文本字段的右上角出现一个圆形手柄，如图6-20所示。
- 对于具有固定宽度的静态水平文本，会在该文本字段的右上角出现一个方形手柄，如图6-21所示。

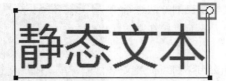
图6-20 静态水平文本

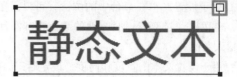
图6-21 固定宽度的静态水平文本

- 对于文本流向为从右到左并且扩展的静态垂直文本，会在该文本字段的左下角出现一个圆形手柄，如图6-22所示。
- 对于文本流向为从右到左并且高度固定的静态垂直文本，会在该文本字段的左下角出现一个方形手柄，如图6-23所示。
- 对于文本流向为从左到右并且扩展的静态垂直文本，会在该文本字段的右下角出现一个圆形手柄，如图6-24所示。
- 对于文本流向为从左到右并且高度固定的静态垂直文本，会在该文本字段的右下角出现一个方形手柄，如图6-25所示。

图6-22 从右到左静态垂直文本

图6-23 从右到左固定高度静态垂直文本

图6-24 从左到右静态垂直文本

图6-25 从左到右固定高度静态垂直文本

## 6.3.2 动态文本

若需要从文件、数据库加载文本或SWF文件，以及在Flash Player中播放时需要更改文本，则需要使用动态文本，它能创建一个显示动态更新的文本字段，如股票报价、头条新闻或天气预报等，但不允许动态输入。其"属性"面板，如图6-26所示。

**实例名称**：用于为文本对象设置名称的命令，目的是方便后期使用ActionScript时通过名字调用这个文本对象。

**行为**：在静态文本中为不显示状态，只有在动态文本或输入文本时为显示状态。行为选项分为"单行""多行"和"多行不换行"3种选项。

- 当选择为"单行"选项时，则文本显示为一行，输入的字符超过显示范围的部分将在舞台上不可见，不识别回车符号。
- 当选择为"多行"选项时，则文本显示为多行，输入的字符超出文本显示范围的部分将会自动换行，识别回车键。
- 当选择为"多行不换行"选项时，则文本显示为多行，且仅当最后一个字符是换行字符时，才可以换行。

图6-26 "属性"面板

在Flash CC中，可以利用ActionScript 3.0的脚本语言调用外部文档，而外部内容一般都是通过载入的方法与SWF文件分开的独立文件，本例中是TXT文本文件。利用这种引用外部文件的方法，可以提高网站的下载速度和流畅性，从而提高Flash网站的质量。接下来将以实例进行详细讲解。

# 上机练习：利用ActionScript 3.0的脚本语言调用外部文档

● **最终文件** | 源文件\第6章\6-3.fla

● **操作视频** | 视频\第6章\6-3.swf

操作步骤

**01** 新建一个类型为ActionScript 3.0，单位为像素，"帧频"为24，"宽"为715像素，"高"为335像素的空白文档，如图6-27所示。

**02** 执行"文件>导入>导入到舞台"命令，将"素材\第6章\63201.jpg"导入到舞台，如图6-28所示。

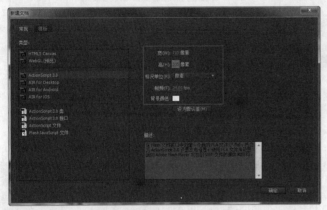

图6-27 "新建文档"对话框

图6-28 导入图像

**03** 新建一个外部文本文档，将其保存为"源文件\第6章\action.txt"的文件，编码为"UTF-8"，如图6-29所示。输入文本的内容，如图6-30所示。

图6-29 新建TXT文档

图6-30 输入文本

**04** 执行"窗口>动作"命令，在"动作"面板中输入如图6-31所示的代码。

**05** 执行"文件>保存"命令，将动画保存为"源文件\第6章\6-3.fla"，按快捷键Ctrl+Enter测试动画，效果如图6-32所示。

> **提示**
>
> 在新建文本文档时，必须要创建一个以编码为"UTF-8"，名称为"action"的文本文档，否则在执行动作时文本文档将不起作用。

图6-31 "动作"面板

图6-32 测试动画

### 6.3.3 输入文本

输入文本可以接受用户输入的文本，是响应键盘事件的一种，也是人机交互的工具。在舞台上选择一个对象并输入文本时，可以在"属性"面板中看到它的相关属性设置，与动态文本相比，它增加了一个与其他不同的属性，如图6-33所示。

**最大字符数**：用于设置可输入的字符数上限，此功能在实际项目中是很实用的。

创建动态文本和输入文本的类型的方法有以下几种：

- 对于扩展的动态或输入文本字段，会在该文本字段的右下角出现一个圆形手柄，如图6-34所示。
- 对于具有定义的高度和宽度的动态或输入文本字段，会在该文本字段的右下角出现一个方形手柄，如图6-35所示。
- 对于动态可滚动的传统文本字段，圆形或方形手柄由空心变为实心黑块，如图6-36所示。

图6-33 "属性"面板

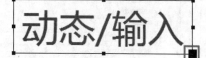

图6-34 动态或输入文本字段　　图6-35 定义高度和宽度的动　　图6-36 动态可滚动的传统文本字段
态或输入文本字段

> **提示**
>
> 按住 Shift 键的同时双击动态文本和输入文本字段的手柄，即可创建在舞台上输入文本时不扩展的文本字段，从而可以创建固定大小的文本字段，并可以用显示的文本来填充它，从而创建滚动文本。

> **提示**
>
> 传统文本的"动态文本"类型、"输入文本类型"和 TLF 文本具有"实例名称"选项，实例名称可以定义文本对象的命名，其目的是方便日后在使用 ActionScript 时通过名字调用文本对象。

### 6.3.4 创建可滚动文本

除了可以利用组件来完成文本的滚动效果外，还可以通过创建动态文本或输入文本制作文本的滚动效果。

单击"工具"面板中的"文本工具"按钮，设置文本的属性，并在舞台中拖出文本框，按Shift键的同时，双击动态文本或输入文本字段的手柄，输入文字，效果如图6-37所示。按快捷键Ctrl+Enter测试动画，效果如图6-38所示。

图6-37  输入动态文本                          图6-38  测试动画

## ▶ 6.4 嵌入字体

当计算机通过Internet播放用户发过来的SWF文件时，不能保证用户的字体在计算机上可用。要确保用户的文本保持原有外观，需要嵌入全部字体或某种字体的特定字符子集。通过在发布的SWF文件中嵌入字体，可以使该字体在SWF文件中可用，而无须考虑播放该文件的计算机。嵌入字体后，即可在发布的SWF文件中的任何位置使用字体。

通过在SWF文件中嵌入字体来确保正确的文本外观，一般包括以下4种情况：

- 在要求文本外观一致的设计过程中需要在FLA文件中创建文本对象时需要嵌入字体。
- 在使用消除锯齿选项而不"使用设备字体"时，必须嵌入字体，否则文本可能会消失或者不能正确显示。
- 在FLA文件中使用ActionScript动态生成文本时，若使用了ActionScript创建动态文本，则必须在ActionScript中指定要使用的字体。
- 当用户的SWF文件包含文本对象且该文件可能由尚未嵌入所需字体的其他SWF文件加载时，需要嵌入字体。

在Flash CC中，嵌入字体的方法有3种：可以执行"文本>字体嵌入"命令，也可以在"库"面板选项菜单中选择"新建字型"选项，还可以在文本"属性"面板中的"字符"选项中单击"设置字体嵌入选项"按钮，弹出"字体嵌入"对话框，如图6-39所示。在"字体嵌入"对话框中，用户可以执行以下操作：

- 在一个位置管理所有嵌入的字体。
- 为每个嵌入的字体创建字体元件。
- 为字体选择自定义范围嵌入字符及预定义范围嵌入字符。

**字体**：用于显示当前文本的字体项目。单击"添加"按钮，即可将新嵌入字体添加到FLA文件中；单击"删除"按钮，即可删除所选中的字体。

**名称**：用于设置选择要嵌入字体的名称、字体的种类及其样式。

**字符范围**：用于设置选择要嵌入的字符范围，嵌入的字符越多，则发布的SWF文件越大。

**还包含这些字符**：若要选择其他字符，可以在文本框中直接输入这些字符。

**估计字型**：用于显示所选择字体的字体名称、供应商等字型。

**ActionScript**：单击此选项卡，可以看到它的各个选项，如图6-40所示。

- 当勾选"为ActionScript导出"选项的复选框时，则嵌入字体元件能够使用ActionScript代码访问。
- 若选择了"为ActionScript导出"，则还要选择分级显示格式。对于TLF文本容器而言，应选择"TLF（DF4）"作为分级显示格式。但对于传统的文本容器而言，应选择"传统（DF3）"。
- 若要将字体元件用作共享资源，应该在"共享"部分选择相应选项。

图6-39 "字体嵌入"对话框

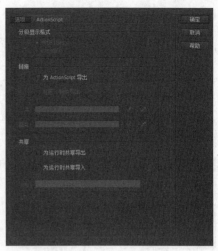

图6-40 "ActionScript"选项卡

**提示**

在 TLF 文本容器和传统文本容器中使用的嵌入字体元件，必须分别进行创建。TLF（DF4）分级显示格式不适用于 PostScript Type 1 字体。TLF(DF4) 要求 Flash Player 10 或更高版本。

## 6.5 设置文本链接

在Flash CC中，为文本设置超链接可以在链接选项中直接输入URL地址。超链接既可以是本地地址，也可以是网络地址，如图6-41所示。添加超链接的文本，会在文本字符下出现下划线。

图6-41 "超链接"面板

除了可以为文本添加网页超链接外，还可以为文本添加邮件链接。用户单击这个文本后，就会打开默认的邮件软件进行相应的编辑，只需要将用户所需要的邮箱地址直接输入到URL地址中即可完成操作。

**链接**：使用此字段可以创建文本的超链接。在输入并运行时在已发布的SWF文件中单击字符时要加载的URL。

**目标**：用于链接属性，指定URL要加载到其中的窗口，其目标包括5种类型：

- 当选择 "_selt" 时用于在当前窗口的当前帧中显示Link中设置的网址。
- 当选择 "_blank" 时用来指在新窗口中显示Link中设置的网址。
- 当选择 "_parent" 时，用来指在当前帧的上一帧中显示Link中设置的网址。
- 当选择 "_top" 时，用来指在当前窗口的最开始的帧中显示Link中设置的网址。
- 当选择 "自定义" 时，可以在 "目标" 字段中输入任何所需的自定义字符串值。若在播放SWF文件时，在已打开的浏览器窗口或浏览器框架中显示自定义名称，则执行以上操作。

在Flash CC中还可以设置文本的超链接，通过这种方法使用户制作Flash网站时更加灵活、快速地进行应用，从而提高工作速率，节省大量的时间。

## 6.6 分离文本

对文本的分离操作可以将每个字符置于单独的文本字段中，可以快速地将文本字段分布到不同的图层并使每个字段具有动画效果。

分离文本还可以将文本转换为组成它的线条和填充，以将文本作为图形对文本执行改变形状、擦除及其他操作。它可以单独将转换后的字符分组，或者将其更改为元件并为其制作动画效果。将文本转换为图形线条和填充后，将无法再编辑该文本。其分离方法如下所示：

使用"选择工具"，选中文本，如图6-42所示。执行"修改>分离"命令后，则选定文本中的每个字符都会被放入一个单独的文本字段中，文本在舞台上的位置保持不变，如图6-43所示。再次执行"修改>分离"命令，舞台上的文本将转换为形状，如图6-44所示。

图6-42　选择文本　　　　图6-43　单独文本字段　　　　图6-44　将每个文本转为形状

> **提示**
>
> 传统文本的分离命令仅适用于轮廓字体，如 TrueType 字体。当用户分离位图字体时，字体将会从屏幕上消失。只有在 Macintosh 系统上才能分离 PostScript 字体。

> **提示**
>
> 为文本添加渐变效果时，必须将文本分离后才能进行相应的设置，可执行"修改 > 分离"命令，完成此操作。

使用文本"分离"的方法，可以快速地将文本字段分布到不同的图层，可以设置每个文本的字体颜色，还可以使每个字段产生动画效果。接下来将以实例进行详细介绍，从而使用户对"分离"文本有一定的认识和了解。

## ▊上机练习：文字分散变换动画 ▊

- **最终文件** | 源文件\第6章\6-6.fla
- **操作视频** | 视频\第6章\6-6.swf

**操作步骤**

**01** 执行"文件>新建"命令，新建一个"大小"为510像素×315像素，"帧频"为12fps，"背景颜色"为白色的Flash文档，如图6-45所示。

**02** 执行"文件>导入>导入到舞台"命令，将"素材\第6章\66101.jpg"导入场景中，如图6-46所示。在第50帧的位置上按F5键插入帧。

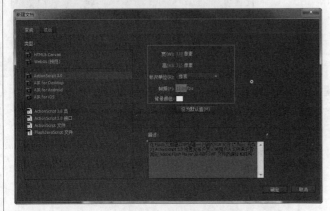

图6-45　新建文档　　　　　　　　　　图6-46　导入素材

**03** 新建"图层2"，单击"文本工具"按钮，设置"属性"面板上的参数，如图6-47所示。在场景中输入文本，如图6-48所示。

图6-47 "属性"面板

图6-48 输入文本

**04** 选中场景中的文本，执行"修改>分离"命令，分离两次，其效果如图6-49所示。在第50帧的位置插入空白关键帧。

**05** 单击"文本工具"按钮，在场景中输入文本，并使用相同的方法将文本分离，如图6-50所示。

图6-49 分离效果

图6-50 文本效果

**06** 选中第1帧，单击鼠标右键创建传统补件形状动画，"时间轴"面板如图6-51所示。

图6-51 "时间轴"面板

**07** 完成文字分散变换动画，保存动画，按快捷键Ctrl+Enter测试影片，如图6-52所示。

图6-52 测试动画效果

# 6.7 课后练习

## 课后练习1：文本的超链接

● **最终文件** | 源文件\第6章\6-7-1.fla

● **操作视频** | 视频\第6章\6-7-1.swf

利用文本工具为文本添加超链接，操作效果如图6-53所示。

图6- 53　添加超链接

**练习说明**

1. 打开Flash文件，使用"文本工具"按钮，设置"属性"参数。

2. 在舞台中相应位置输入文字，使用相同的方法，输入其他内容。

3. 选择第二个文本，在"属性"面板为其添加超链接。

4. 完成动画的制作，测试动画效果。

## 课后练习2：镜面文字效果

● **最终文件** | 源文件\第6章\6-7-2.fla

● **操作视频** | 视频\第6章\6-7-2.swf

通过使用补间动画制作文本的上下移动动画效果，同时使用相同的方法制作倒影动画，效果如图6-54所示。

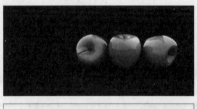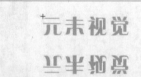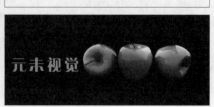

图6- 54　制作镜面效果

**练习说明**

1. 导入背景素材图像，并将其转换为图形元件。

2. 新建"文字动画"元件，输入相应的文字，创建补间动画，制作出文字的动画效果。

3. 返回场景中，新建图层，并将元件拖入场景中，再使用"矩形工具"绘制矩形，并将其调整到合适的位置。

4. 完成动画的制作，测试动画效果。

第 07 章

"时间轴" 面板

本章重点:

→ 熟悉 "时间轴" 面板的属性
→ 掌握图层的使用方法
→ 合理地创建帧,制作简单的动画

# ▶7.1 "时间轴"面板

在Flash CC中，文档将时长划分为不同的帧。在时间轴中，使用这些帧可以组织和控制文档的内容。时间轴中放置帧的顺序决定帧内对象在最终动画中的显示顺序。

## 7.1.1 "时间轴"面板简介

时间轴从形式上主要分为两部分，左侧的图层操作区和右侧的帧操作区，如图7-1所示。读者可以在"时间轴"面板中对文档元素进行精确控制。

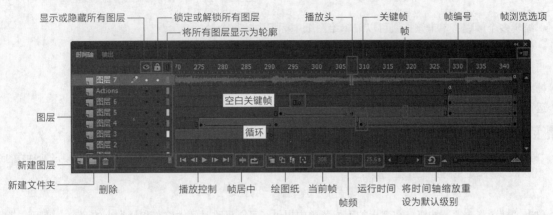

图7-1 "时间轴"面板

**图层**：用于管理舞台中的各元素，可以将不同的元素放置在不同的图层中以便于管理。

**显示或隐藏所有图层**：单击该按钮可使所有图层均不可见，再次单击该按钮可重新显示所有图层中的内容。

**锁定或解锁所有图层**：单击该按钮可锁定所有图层，锁定后图层不可被操作。再次单击该按钮可解除锁定。

**将所有图层显示为轮廓**：单击该按钮可使图层中的内容以轮廓的形式显示，如图7-2所示。

**新建图层**：用于创建新的图层。

**新建文件夹**：用于新建图层组文件夹，可以将多个图层放置在文件夹中，以方便管理。

**删除**：用于删除指定的图层和文件夹等对象。

**播放头**：显示当前播放位置或操作位置，可以通过单击或拖动播放头来改变播放和操作位置。

图7-2 将所有图层显示为轮廓

**帧**：帧操作区的每一个小格子是一帧，每个图层都包含帧。每一帧的内容按顺序呈现的过程就是Flash动画播放的过程。

**关键帧**：角色和物体运动或变化中的关键动作所处的那一帧就是关键帧。

**空白关键帧**：在一个关键帧里面没有添加任何元素，就被称为空白关键帧。

**帧编号**：位于时间轴的顶部，用于显示帧编号。

**帧浏览选项**：单击该按钮会弹出一个下拉菜单，显示与时间轴相关的各种命令。

**"播放控制"按钮组**：用于控制动画的播放，从左到右依次为：转到第一帧▮◀、后退一帧◀▮、播放▶、前进一帧▮▶和转到最后一帧▶▮。

**帧居中**：单击该按钮可以使指定帧位于时间轴可视区域的中间位置。

**循环**：用于将指定的帧循环播放，拖动两边的滑块可以指定循环播放的范围，如图7-3所示。

**"绘图纸"按钮组**："绘图纸"按钮组包括4个按钮：

● **绘图纸外观**▣：可以同时显示动画的几帧，如图7-4所示。

● **绘图纸外观轮廓**▣：可以同时显示动画几个帧的轮廓，如图7-5所示。

图7-3 标记循环区域　　　　图7-4 绘图纸外观　　图7-5 绘图纸外观轮廓

- **编辑多个帧**：单击该按钮可以编辑绘图纸中标记中的每个帧。
- **修改标记**：单击该按钮会弹出相应的菜单，在后文中会详细讲解。

**当前帧**：显示播放头当前所在位置。

**帧频**：显示当前动画每秒钟播放的帧数，在Flash CC中默认为24。

**运行时间**：显示文档第1帧到播放头所在位置播放的时长。

> **提示**
>
> "时间轴"面板同其他面板一样可以随意移动，用户可以将其拖动到界面的下部，也可以直接将其拖出作为一个独立的面板显示。另外，它的高度和宽度也可以改变。

单击"帧浏览选项"按钮，在弹出的下拉菜单中提供了可以更改时间轴位置和帧大小的命令，使用这些命令可以使操作更方便高效，如图7-6所示。

**帧大小**：用于设置每一帧在时间轴上的显示宽度，默认设置为标准，用户可以根据实际需求进行相应设置。

**预览**：勾选该选项后，每一帧中的元素将以缩略图的方式显示，如图7-7所示。该选项可以观察元素的形状变化。

**关联预览**：勾选该选项，可以观察到每一帧的元素相对于整个画面的大小和位置，如图7-8所示。

图7-6 "帧浏览选项"菜单

图7-7 预览

图7-8 关联预览

**较短**：勾选该选项后，帧的高度将缩短，在同样大小的窗口中能够显示更多数量的层。

**基于整体范围的帧选择**：使用基于整体范围的帧选择，只需要单击一次即可选择两个关键帧之间的一组帧。

当单击"时间轴"面板下方的"修改标记"按钮时，会弹出一个下拉菜单，如图7-9所示。用户可以根据需求选择相应的选项。

**始终显示标记**：选择该选项后，会在帧编号上显示标记，标记会随着播放头的移动而不断移动位置。

**锚定标记**：选择该命令后，标记范围将不会随着播放头移动。

**标记范围2**：选择该命令后将在当前帧前后各显示两帧，如图7-10所示。

**标记范围5**：选择该命令后将在当前帧前后各显示5帧，如图7-11所示。

**标记整个范围**：选择该命令将标记全部帧。

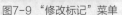

图7-9 "修改标记"菜单　　图7-10 标记范围2　　图7-11 标记范围5

## 7.1.2 图层的作用

　　图层类似于叠放在一起的透明薄纸，文档中一个图层的位置越靠下，图层中的内容在画面中越靠后。不同图层之间的元素不会相互干扰，一个Flash动画往往会包含多个图层。

　　使用图层可以有效地对文档中的内容进行管理，特别是制作复杂的动画时，图层的作用尤其明显。

　　图层按照功能划分可以分为普通图层、引导层和遮罩层，如图7-12所示。

图7-12 图层类型

- **普通图层**：普通图层是Flash默认的图层，放置的对象一般是最基本的动画元素，如矢量对象、位图对象和元件等。普通图层起着存放帧（画面）的作用。使用普通图层可以将多个帧（多幅画面）按着一定的顺序叠放，以形成一幅动画。
- **引导层**：引导层的图案可以为绘制的图形和对象定位，主要用来设置对象的运动轨迹。引导层不从动画中输出，所以不会增大文件的大小，而且可以重复使用。
- **遮罩层**：遮罩层可以将指定图层（被遮罩层）中的图形遮盖起来。一个遮罩层可以连接多个被遮罩层，以创建出多样的效果。遮罩层中不能使用按钮元件。

> **提示**
>
> Flash 对每一个文档中的图层数目没有限制，一个文档中往往包含多个图层，输出动画时 Flash 会将这些图层合并，因此图层的数目不会对输出动画文件的大小造成影响。

## 7.2 使用图层

　　图层在Flash中扮演着很重要的角色，图层的使用可以提高文档的管理效率。

　　用户可以根据不同的需要对图层进行新建、复制和删除等操作，还可以根据每个图层的内容对图层进行重命名，调整图层的叠放顺序等。

　　下面就来对图层中的各种常用操作进行详细讲解。

### 7.2.1 创建新图层

　　一个动画文件往往需要包含多个图形或元素，如果将所有的内容都放在一个图层内操作势必会有诸多不便。尤其在一些复杂的动画中，如果不善于将各个元素分开存放，不仅会使工作失去条理，而且难以制作出令人满意的作品。

　　在Flash CC中，创建新图层的方法主要有3种：执行"插入>时间轴>图层"命令，即可新建一个图层。单击"时间轴"下方的"新建图层"按钮，即可新建一个图层，如图7-13所示。在"时间轴"面板中图层操作区中白色区域右击鼠标，在弹出的快捷菜单中选择"插入图层"命令，也可以新建图层，如图7-14所示。

新建一个 Flash 文档后，文档中会默认包含一个"图层1"，用户可以根据自己的需求添加更多的图层，以便更高效地管理文档。

图7-13 单击"新建图层"按钮

图7-14 插入图层

### 7.2.2 选择图层

在对各种元素进行操作之前必须先选中相应的图层，由此可见，选择图层是对图层及各元素进行编辑的前提。

当单击选中某个图层时，被选中的图层会呈现为蓝色，并且在该层名称的右边会出现一个铅笔图标，表示该图层当前正在被使用，同时，该图层中的元素会在画面中被选中，如图7-15所示。向舞台上添加的任何对象都将被分配给这个图层，在舞台上选中某图层的某个对象后，该图层便成为当前图层。

图7-15 选中图层

如果该图层中有多个元素，则所有元素都会在画面中被选中，如图7-16所示。这样就可以很方便地对图层中的图形整体进行缩放或调整位置等相关操作。

相应的，如果在场景中使用"选择工具"单击选中某一图形，该图形所在的图层也会自动处于被选中状态。

图7-16 选中图层中全部图形

在 Photoshop 中导入素材时，会将导入的图像自动放入一个新图层中，而在 Flash 中，系统会将导入的素材直接放入当前被选中的图层中。所以，如果需要将素材放入到新图层内，需要手动建立新的图层并选中该图层。

### 7.2.3 重命名图层

在Flash中，默认情况下，图层以"图层1""图层2""图层3"……的顺序和名称进行排列。这种默认的系统命名在文档图层较少的情况下比较适用，但如果文档动辄几十个甚至数百个图层时，为图层重新命名就很必要了。

将图层名称命名为与图层内容相关的名称，可以使文档中各个要素一目了然，也可以使用户的工作事半功倍。工作习惯很大程度上决定一个人的工作效率，每个人都应该养成重命名图层的好习惯。

在需要修改的图层名称上双击，如图7-17所示，使图层名称处于可编辑状态，如图7-18所示。输入新的图层名，在文本框之外的任何区域单击或按Enter键，确认重命名，图层重命名就完成了，如图7-19所示。

使用这种方式进行重命名，即使需要重命名的图层没有被选中，双击该图层名称同样可以对图层进行重命名。

图7-17　双击图层名　　图7-18　图层名处于　　图7-19　确认重命名
可编辑状态

除了使用上述方式可以对图层进行重命名之外，使用"图层属性"对话框也可以完成对图层的重命名。

右击需要重命名的图层，在弹出的快捷菜单中选择"属性"命令，如图7-20所示。在弹出的"图层属性"对话框中输入新的图层名称，如图7-21所示。设置完成后单击"确定"按钮，完成重命名，如图7-22所示。

图7-20　选择"属性"命令　　图7-21　输入新名称　　图7-22　完成重命名

## 7.2.4 复制图层

这里所讲的复制图层并不仅仅是将图层中的图形复制，而是对该图层上的所有内容一帧一帧地进行完整的复制。

第一种：选中需要复制的图层，如图7-23所示。在这里不仅需要选中图层，还要选中图层上的所有帧。

在"时间轴"面板的帧操作区右击鼠标，在弹出的快捷菜单中选择"复制帧"命令，如图7-24所示，或者执行"编辑>时间轴>复制帧"命令进行复制。

图7-23　选中图层　　　　　　　　图7-24　复制帧

新建"图层3"，在帧操作区右击需要贴入帧的帧，如图7-25所示。然后在弹出的快捷菜单中选择"粘贴帧"命令，如图7-26所示，或者执行"编辑>时间轴>粘贴帧"命令进行粘贴。

图7-25　选择要执行粘贴的帧　　　　　　图7-26　粘贴帧

在执行"粘贴帧"命令之前，一定要先确定贴入的帧再右击鼠标。选择了哪一帧，复制的帧序列就会从那一帧开始粘贴。

除了选中图层中全部的帧进行粘贴之外，Flash CC还为用户提供了更快捷的复制图层的方法。

**第二种：** 选中需要复制的图层，如图7-27所示，在图层操作区右击该图层，在弹出的快捷菜单中选择"复制图层"命令，图层就会被完整的复制，如图7-28所示。

图7-27　选中图层

图7-28　复制图层

运用上述的方法可以将选中的图层直接作为一个新的图层复制到原图层的上方，且名称会随之改变。执行"拷贝图层"命令粘贴的图层不会改变原来的名称，而且还可以指定图层贴入的位置。

**第三种：** 选中需要进行复制的图层，右击鼠标（不选中图层上的帧也没关系），在弹出的快捷菜单中选择"拷贝图层"命令，如图7-29所示。选中相应的图层，右击鼠标，选择"粘贴图层"命令，可以看到图层被粘贴到所选图层的上方了，如图7-30所示。

图7-29　选中图层并拷贝

图7-30　粘贴图层

使用第一种方法复制图层，可以选择贴入帧的起始位置，而使用"拷贝图层"命令则无法选择贴入帧的位置。

## 7.2.5　删除图层

删除图层的操作十分简单，只要选中需要删除的图层，如图7-31所示，单击图层操作区下方的"删除"按钮即可，如图7-32所示。

也可以选中需要删除的图层，右击鼠标，在弹出的快捷菜单中选择"删除图层"命令，同样可以删除指定图层。

图7-31　选中图层

图7-32　删除图层

如果发现误删了图层，也可以通过按快捷键Ctrl+Z恢复操作。

## 7.2.6　调整图层顺序

前面已经讲到过，一个Flash文档往往包括多个图层，图层的顺序决定了图层中的内容在整体视觉上的表现形式，Flash CC允许用户对图层顺序进行任意调整。

选中需要调整顺序的图层，直接使用鼠标对图层进行拖曳，可以看到有一条线段随着鼠标的移动而移动，如图7-33所示。松开鼠标左键，图层就被调整到新的位置了，如图7-34所示。

图7-33 拖动图层　　　　　　　　图7-34 调整图层顺序

> **提示**
>
> 调整图层顺序有利于减少由于用户的习惯所造成的不变。
> 例如，画动物的时候，大部分人习惯先画头部再画耳朵，但在视觉上，耳朵应该在头的后面。此时，可以画好头部后为耳朵建一个新图层，等到画好后再将其调整到头部图层的下面。

## 7.2.7 设置图层属性

双击图层左侧的图标 ，或者选中相应的图层右击，在弹出的快捷菜单中选择"图层属性"命令，打开"属性"对话框，如图7-35所示。用户可以根据制作需要对指定图层的相关属性进行修改。

- **名称**：用于设置图层的名称，可以直接在后面的文本框中输入名称。
- **显示**：用于指示图层内容是否在舞台中可见。
- **锁定**：用于指定图层是否可被编辑。勾选该项，则该图层不可被编辑。
- **类型**：用于指定所选图层的图层类型。
- **轮廓颜色**：单击"轮廓颜色"控件，在弹出的拾色器中选择相应的颜色，如图7-36所示，即可修改图层的轮廓颜色，如图7-37所示。

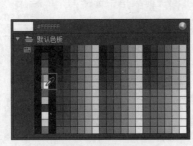

图7-35 "图层属性"面板　　　图7-36 选择轮廓颜色　　　图7-37 修改轮廓色

勾选"将图层视为轮廓"选项后，该图层内的内容将以轮廓的形式显示在舞台中，如图7-38所示为勾选该选项后的效果。

- **图层高度**：单击后边的小三角可以在弹出的下拉列表中选择100%、200%、300%。当需要对该图层进行精确的编辑时，可以选择较大的图层高度，如图7-39所示。

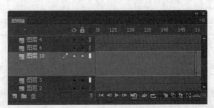

图7-38 将图层视为轮廓图　　　图7-39 "图层高度"为300%

## 7.3 图层状态

在上一节内容中已经提到过，"图层属性"对话框中的选项与图层操作区的显示状态相对应。除了通过"图层属性"对话框可以对图层属性进行设置外，还可以直接在图层操作区完成另有一部分操作，为用户节省时间，提高工作效率。

### 7.3.1 显示与隐藏图层

在实际操作中，有时为了完整地查看或编辑对象，会将其他产生干扰的图层临时隐藏。将图层隐藏或显示的操作并不复杂。

单击与该图层对应的"显示或隐藏所有图层"按钮下方的小黑点，小黑点会呈现出×状，此时该图层中的内容就被隐藏了，如图7-40所示。可以看到，图层被隐藏后处于不可被编辑状态。

再次单击×按钮即可重新显示图层，如图7-41所示。

单击图层最上方的"显示或隐藏所有图层"按钮可以将所有的图层同时隐藏，如图7-42所示。再次单击该按钮可以重新显示所有的图层，如图7-43所示。

  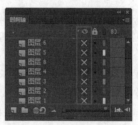 

图7-40 隐藏图层　　图7-41 显示图层　　图7-42 隐藏所有图层　　图7-43 显示所有图层

选中相应的图层右键单击，在弹出的快捷菜单中选择"隐藏其他图层"命令，如图7-44所示，可以隐藏除所选图层之外的所有图层，如图7-45所示。

> **提示**
>
> 按 Alt 键单击某一图层显示／隐藏的小黑点，可以隐藏除该图层之外的所有图层，再次执行该操作即可重新显示所有图层。

图7-44 隐藏其他图层　　图7-45 图层状态

### 7.3.2 锁定与解锁图层

有时为了使操作免受其他图层内容的影响，可以将相应的图层锁定。锁定后的图层将不可再被编辑，直至解除锁定为止。这样就很好地避免了图层之间相互干扰的困局。

锁定图层的操作与隐藏图层的操作方式大同小异。

单击与图层对应的"锁定或解除锁定所有图层"按钮下方的小黑点，该图层就被锁定了，如图7-46所示，小黑点变成了小锁的图标。再次单击小锁图标即可解除该图层的锁定状态。

单击图层最上方的"锁定或解除锁定所有图层"按钮可以锁定全部图层，如图7-47所示。再次单击该按钮即可解除所有图层的锁定状态。

选中相应的图层，如图7-48所示，右击鼠标，在弹出的快捷菜单中选择"锁定其他图层"命令，即可锁定除选定图层之外的所有图层，如图7-49所示。

> **提示**
>
> 如果要锁定图层中的其中一个对象而非全部内容，可以选中该对象，按快捷键 Ctrl+Alt+L 即可锁定所选对象。再次执行该操作可以解除该对象的锁定状态。

图7-46 锁定图层

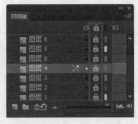
图7-47 锁定全部图层

图7-48 选中图层

图7-49 锁定其他图层

### 7.3.3 显示图层轮廓

将图层内容以轮廓的形式显示，不仅可以使操作者清晰地了解各个图形的结构和轮廓，还可以减轻系统的负担，加快动画显示的速度，这一点在复杂的动画中效果尤为明显。

将图层内容以轮廓形式的方法有以下几种：

单击图层右侧的轮廓化显示按钮█（按钮的颜色取决于图层图层轮廓颜色），即可将指定的图层内容以轮廓化的形式显示，如图7-50所示。再次单击此按钮，可重新将图层显示方式设置为正常模式。

单击图层最上方的"将所有图层显示为轮廓"按钮█，可以将所有图层的内容显示为轮廓，如图7-51所示。再次单击此按钮，可将所有图层内容的图层显示模式重置为正常显示模式。

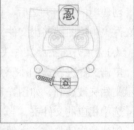

图7-50 轮廓化显示指定图层　　　　　　　　　　　图7-51 轮廓化显示所有图层

另外，执行"视图>预览模式>轮廓"命令，可以将舞台中所有的对象以轮廓化的形式进行显示。

> **提示**
>
> 按 Alt 键单击某一图层的轮廓化显示图层按钮，可以使指定图层之外的所有图层均以轮廓方式显示。重复该操作可以重置到正常显示模式。

## ▶ 7.4 组织图层

使用Flash制作一个精美的动画往往需要在场景中加入很多元件，元件中还可能包含不同的元件。例如，一个人物包括头部、身体、手和脚等多个元件，头部又包括头发和五官等等。在这种情况下，对繁复的图层进行合理的组织，将功能相似的图层组织在一起就可以大大降低工作复杂程度。

将不同内容的图层放置在相应的文件夹中将是不错的组织图层的方法，如图7-52所示。

图7-52 用文件夹组织图层

### 7.4.1 新建图层文件夹

新建图层文件夹主要有以下3种方式：

**第一种**：单击图层操作区下方的"新建文件夹"按钮█即可成功创建新的图层文件夹，如图7-53所示。

**第二种**：选中相应的图层，执行"插入>时间轴>图层文件夹"命令，如图7-54所示，即可在所选图层上方创建新的图层文件夹。

第三种：选中相应的图层右击鼠标，在弹出的快捷菜单中选择"插入文件夹"命令，如图7-55所示。同样可以在图层上方创建新的图层文件夹。

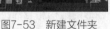
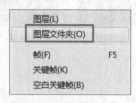

图7-53　新建文件夹　　　　图7-54　插入图层文件夹　　　　图7-55　插入文件夹

**提示**

图层文件夹中还可以嵌套文件夹，并且文件夹和图层一样可以进行重命名、更改轮廓颜色、显示 / 隐藏或锁定 / 解除锁定等操作。

另外，删除文件夹的方法同删除图层的方法相同，可以通过面板左下方的"删除"按钮进行删除。

## 7.4.2 编辑图层文件夹

创建新的文件夹之后，用户可以根据实际需求进行展开或折叠文件夹，将文件夹之外的图层移入文件夹中，将文件夹中的图层移出文件夹或在文件夹之上创建新的文件夹等操作。接下来将进行详细介绍。

（1）展开、折叠文件夹

单击文件夹左边的小三角图标即可将文件夹中的图层文件夹展开或将文件夹折叠起来。当小三角指向下方，表示文件夹被展开，如图7-56所示；小三角指向右面，表示文件夹被折叠起来了，如图7-57所示。

选中相应的文件夹，当文件夹被展开时，创建新的文件夹在此文件夹之外，如图7-58所示。当文件夹被折叠时，创建的文件夹在该文件夹的里面，如图7-59所示。

图7-56　展开文件夹　　　图7-57　折叠文件夹　　　图7-58　在文件夹之　　　图7-59　在文件夹之
　　　　　　　　　　　　　　　　　　　　　　　外新建文件　　　　　　中创建文件夹

（2）将图层移入文件夹、将图层移出文件夹

选中文件夹之外的图层，如图7-60所示，直接将其拖曳到文件夹中适当的位置，即可将文件夹之外的图层移入文件夹，如图7-61所示。

选中相应的图层或文件夹，将其拖出即可将其移出文件夹，如图7-62所示。

图7-60　选中图层　　　　　图7-61　移入文件夹　　　　　图7-62　选中并移出文件夹

## 7.5 分散到图层

在导入某些矢量素材时，导入的图像将由许多不同的未组合的对象组成，但是他们都会被导入一个图层。这种情况下就可以使用"分散到图层"命令把图层中的各个元素快速分散到多个图层中。

如果先对文本执行"分离"命令，再对其执行"分散到图层"命令，就可以将离散的文本块分开放置到不同行的图层中。这样就可以对每个文本块插入不同的帧，轻松创建动画文本。

> **提示**
>
> "分散到图层"命令可以应用于舞台中任何类型的元素，包括图形、实例、位图、视频剪辑和分离文本块等。

### 上机练习：利用"分散到图层"命令制作跳动的文字

- **最终文件 |** 源文件\第7章\7-5.fla
- **操作视频 |** 视频第7章\7-5.swf

**操作步骤**

**01** 执行"文件>新建"命令，新建一个"尺寸"为775×400像素，"帧频"为24fps的Flash文件，如图7-63所示。

**02** 导入素材图像"素材\第7章\75101.jpg"，并调整到合适大小和位置，并在第60帧位置插入帧，如图7-64所示。

图7-63　新建文件

图7-64　导入素材

**03** 新建"图层2"，使用"文本工具"，在"属性"面板中进行相应设置，如图7-65所示，并输入文字，如图7-66所示。

**04** 右击鼠标，在弹出的快捷菜单中选择"分离"命令，将字符串分离为单独的文本块，如图7-67所示。

图7-65　"字符"面板

图7-66　输入文字

图7-67　分离

**05** 保持文本块的选中状态并右击鼠标，选择"分散到图层"命令，如图7-68所示。

**06** 单独显示"全",使用"任意变形工具"对齐进行旋转,如图7-69所示。

**07** 再次对齐执行"分离"命令,将文本分离为形状剪辑,如图7-70所示。

图7-68 分散到图层　　图7-69 旋转文字　　图7-70 分离文字

**08** 使用"墨水瓶工具",在"属性"面板中进行相应设置,如图7-71所示。再为图形添加笔触,如图7-72所示。

**09** 按F8键将图形转换为元件,如图7-73所示。

图7-71 "属性"面板　　图7-72 为图形添加笔触　　图7-73 转换为元件

**10** 分别在第10、52、57帧位置插入关键帧,如图7-74所示。

**11** 选中第57帧上的图形,在"属性"面板中设置其"Alpha"值为0,如图7-75所示。图形效果如图7-76所示。

图7-74 插入关键帧　　图7-75 设置元件"Alpha"值为0　　图7-76 图形效果

**12** 在第52帧上右击鼠标，在弹出的快捷菜单中选择"创建传统补间"选项，如图7-77所示。

**13** 选中第1帧上的元件，按Delete键删除，将关键帧转换为空白关键帧，如图7-78所示。

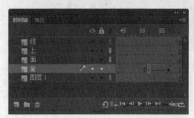
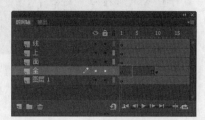

图7-77 创建传统补间　　　　　　　　图7-78 删除关键帧内容

**14** 用相同方法完成对其他图层内容的制作，如图7-79所示。

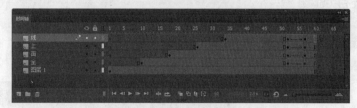

图7-79 制作其他图层内容

**15** 执行"文件>保存"命令，将文件保存为"7-5.fla"，按快捷键Ctrl+Enter测试动画，效果如图7-80所示。

图7-80 测试动画效果

## ▶7.6 "时间轴"中的帧

　　Flash动画制作的原理就是连续改变图层内容每一帧形态的过程，不同的帧包含不同的内容，代表着动画不同时间节点的状态。当这些帧按照从左到右的顺序快速播放时，就产生了动画。

　　帧在Flash中的作用至关重要，要使图层中的各个元素产生"动起来"的感觉很大程度上依赖帧的强大功能。

### 7.6.1 帧的基本类型

　　Flash中帧基本分为帧、空白关键帧和关键帧3种类型，不同的帧具有不同的功能，在"时间轴"面板中的显示方式也不同。接下来就对这些帧的不同类型分别进行详解。

**帧**

　　在有些动画中，背景的运动并不活跃，人们就在包含背景图像的图层关键帧后面添加一些帧，使背景持续一段时间，这种帧被称为"普通帧"。

　　在起始关键帧和结束关键帧之间的帧被称为"过渡帧"，如图7-81所示。

图7-81 "普通帧"和"过渡帧"

当选中过渡帧时，在舞台中可以预览这一帧的具体效果，但是过渡帧的具体内容由计算机自动生成，无法进行编辑。

**空白关键帧**

当新建一个图层的时候，图层的第一帧默认为空白关键帧，它呈现为一个空心的小圆圈，如图7-82所示。向图层中添加内容后，空白关键帧就转为关键帧，它的图标也随之变为一个实心的黑色小圆点。

在图层中加入关键帧时首先要插入空白关键帧，然后向空白关键帧中加入内容，使其转为关键帧。

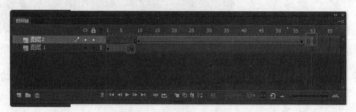

图7-82 空白关键帧

> **提示**
>
> 当一个关键帧中的内容被全部删除后，该关键帧会自动转为空白关键帧。上图中"背景"图层中的空白关键帧即为关键帧中的内容删除后所致。

**关键帧**

关键帧用于定义图层中各元素形态的改变以产生动画，在两个关键帧之间创建相应的不见动画后，系统会自动生成关键帧之间的动画，以便生成流畅的画面。

> **提示**
>
> 关键帧中可以包含形状剪辑、组等多种类型的元素，但过渡帧中的对象只能是剪辑（图形、影片剪辑、按钮）或独立形状。

## 7.6.2 关于帧频

帧频就是动画的播放速度，它的单位是fps，即每秒钟所播放的帧数。如果动画的帧频设置得过低，会使动画失去流畅感。如果动画帧频设置得过高，会加重系统的负荷，使动画细节变得模糊不清。

Flash新建的文档默认"帧频"为24fps，如果需要对动画的帧频进行更改，可以执行"文档>修改"命令，在弹出的"文档设置"对话框中选择"帧频"选项进行相应设置，如图7-83所示。

也可以在"属性"面板中选择"FPS"选项进行相应设置，如图7-84所示。

图7-83 设置"帧频"

图7-84 设置"FPS"

## 7.7 编辑帧

帧是制作Flash动画的关键部分。在实际操作中,为了达到不同的动画效果,往往需要对帧进行各种操作。下面介绍如何对帧进行编辑。

### 7.7.1 设置帧的显示状态

有时为了方便操作和查阅,经常需要对帧的显示状态进行调整,包括帧的大小、高度和颜色等。根据制作需要灵活调整帧的显示状态可以在一定程度上提高工作效率。

单击"时间轴"面板右上方的■按钮,在弹出的快捷菜单中选择"小"选项,时间轴上的每一帧就会以较小的宽度显示,如图7-85所示。选择"大"选项,每一帧的显示宽度会相应的变大,如图7-86所示。

图7-85 帧以"小"状态显示    图7-86 帧以"大"状态显示

### 7.7.2 选择帧

要对帧进行编辑,首先要选中相应的帧。在"时间轴"面板中,用户可以根据制作需求选择单个帧、多个连续的帧、多个不连续的帧或全部帧进行相应编辑。

如果要选取单个帧,只需单击相应的帧即可,如图7-87所示。选择单个帧时,播放头也会随之移动到该帧。

如果要选择多个不连续的帧,可以在按Ctrl键的同时单击需要选取的帧,如图7-88所示。

图7-87 单击选择单个帧    图7-88 选择多个不连续的帧

要选择多个连续的帧,可以直接使用鼠标在相应的帧上拖动,如图7-89所示。或者按Shift键,使用鼠标单击起始帧和结束帧,两帧之间的帧会被全部选中,如图7-90所示。

> **提示**
>
> 在对连续帧片段进行拖动选中时,请避免从任何处于当前选中状态的帧开始拖动鼠标,否则会将该帧拖动到新的位置。
> 双击两个关键帧或空白关键帧之间的任意帧,即可选中两个关键帧之间的所有帧。

图7-89 拖动鼠标选择多个连续的帧    图7-90 单击起始帧和结束帧

如果要选中一个图层上所有的帧,单击该图层即可。

执行"编辑>时间轴>选择所有帧"命令，可以将文档中全部图层的所有帧全部选中，如图7-91所示。

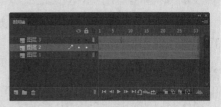

图7-91　选中所有帧

### 7.7.3　插入帧

插入帧的操作十分简单。在"时间轴"面板中选中需要插入帧的帧，右击鼠标，弹出相应的快捷菜单，如图7-92所示。选择相应的命令即可在指定位置插入帧、关键帧和空白关键帧。

另外，执行"插入>时间轴"命令，在弹出的"时间轴"子菜单中选择相应的命令同样可以插入帧、关键帧和空白关键帧，如图7-93所示。

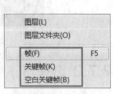

插入帧的快捷键为F5，插入关键帧的快捷键为F6，插入空白关键帧的快捷键为F7。

图7-92　右键
快捷菜单

图7-93　"时间
轴"子菜单

### 7.7.4　插入关键帧

关键帧用于表示图层中元素的更改，动画中所有元素状态的改变得益于关键帧的参与，下面通过一个练习讲解关键帧的应用。

**| 上机练习：制作披风飘动 |**

- **最终文件** | 源文件\第7章\7-7.fla
- **操作视频** | 视频第7章\7-7.swf

─────────────── 操作步骤 ───────────────

**01** 执行"文件>新建"命令，新建一个"大小"为473像素×325像素，"帧频"为24fps，"背景颜色"为白色的Flash文档。

**02** 将"素材\第7章\77401.jpg"导入到场景中，如图7-94所示。新建"图层2"，将"素材\第7章\77402.jpg"导入到场景中，并调整至图7-95所示的位置。

图7-94　导入图像1

图7-95　导入图像2

**03** 新建名称为"披风"的"图形"元件，选择"线条工具"绘制图形，使用"选择工具"进行调整，"填充颜色"为#20537D，删除边缘线，如图7-96所示。新建"图层3"，使用相同的方法绘制图形，如图7-97所示。

**04** 新建名称为"披风飘动"的"影片剪辑"元件，拖入"披风"元件，在第5帧位置插入关键帧，使用"选择工具"调整"披风"形状，在第1帧位置创建"补间形状"动画，如图7-98所示。使用相同的方法制作第10帧、第15帧和第20帧上的内容，如图7-99所示。

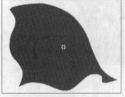   

图7-96　绘制图形1　　　图7-97　绘制图形2　　　图7-98　调整图形　　　图7-99　"时间轴"面板

**05** 拖动选中第1帧至第20帧内容，单击鼠标右键，选择"复制帧"命令，在第21帧插入空白关键帧，单击鼠标右键，选择"粘贴帧"命令，再单击鼠标右键，选择"翻转帧"命令，"时间轴"面板如图7-100所示。

图7-100　"时间轴"面板

**06** 返回"场景1"，新建"图层3"，拖出"披风飘动"元件，调整大小并进行旋转，拖放至图7-101所示位置，完成披风飘动动画的制作，保存动画，按快捷键Ctrl+Enter测试动画，效果如图7-102所示。

图7-101　场景效果　　　　　　图7-102　测试动画效果

## 7.7.5　复制帧

　　前面已经讲解过将指定的图层内容连同所有的帧一并复制的方法。在Flash中，用户也可以根据需要将指定帧进行复制。

　　选中需要复制的帧右击鼠标，在弹出的快捷菜单中选择"复制帧"命令，如图7-103所示。选中需要贴入的帧，右键单击鼠标，在弹出的快捷菜单中选择"粘贴帧"命令，即可将复制的帧粘贴到指定的位置，如图7-104所示。

图7-103　复制帧　　　图7-104　粘贴帧

## 7.7.6　移动帧

　　移动帧的操作非常简单。选中需要移动的帧，直接使用鼠标将其拖动到新的位置，如图7-105所示。松开鼠标左键，指定的帧就被移动到新的位置了，如图7-106所示。

图7-105 拖动关键帧

图7-106 移动到新位置

将过渡帧移动位置后，该帧会在新的位置自动转换为关键帧，如图7-107所示。

图7-107 拖动过渡帧并将其转换为关键帧

**提示**

将两个空白关键帧之间的帧移动位置后，该帧会转换为空白关键帧；将关键帧与空白关键帧之间的帧移动位置后，该帧转换为关键帧。

## 7.7.7 翻转帧

如果要翻转动画序列，可以选中图层中相应的帧片段，如图7-108所示，然后执行"修改>时间轴>翻转帧"命令，或右击鼠标，在弹出的快捷菜单中选择"翻转帧"命令，如图7-109所示。

图7-108 选中帧

图7-109 翻转帧

需要注意的是，执行"翻转帧"命令时，关键帧位于序列的开头和结尾，这样的帧片段不能应用"翻转帧"命令，如图7-110所示。反之，帧片段可以应用"翻转帧"命令，如图7-111所示。

图7-110 无法应用"翻转帧"的帧片段

图7-111 可以应用"翻转帧"的帧片段

## 7.7.8 删除帧和清除帧

删除帧的操作也比较容易。选中需要删除的帧或帧片段，执行"编辑>时间轴>删除帧"命令，如图7-112所示。或右击鼠标，在弹出的快捷菜单中选择"删除帧"命令，即可将指定帧删除，如图7-113所示。

"删除帧"命令对关键帧和空白关键帧无效。如果要删除关键帧和空白关键帧，需要执行"清除关键帧"命令。

图7-112 "时间轴"子菜单"删除帧"　　图7-113 右键单击快捷菜单"删除帧"

## 7.7.9 帧标签

选中需要创建帧标签的关键帧，打开"属性"面板，在"名称"文本框中输入相应的字符，即可成功创建"帧标签"，如图7-114所示。

- **名称**：用于标识时间轴中关键帧的名称。
- **注释**：用于对所选关键帧进行注释和说明，文件发布为Flash影片时，不包含帧注释的标识信息，不会增大导出SWF文件的大小。
- **锚记**：可以使用浏览器中的"前进"和"后退"按钮，从一个帧跳到另一个帧，或是从一个场景跳到另一个场景，从而使得Flash动画的导航变得简单。将文档发布为SWF文件时，文件内部会包括帧名称和帧锚记的标识信息，文件的体积会相应增大。

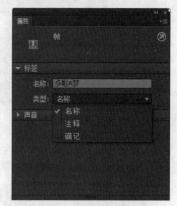

图7-114 "属性"面板

## 7.8 绘图纸外观

使用Flash制作动画，对每一帧的具体内容进行完整的预览很重要，通过预览相关的帧及帧片段，及时发现不足并予以调整，动画的效果才能逐渐完美。

### 7.8.1 设置帧居中

一般用户都习惯将"时间轴"面板嵌入到系统界面中，这样的面板是无法调整宽度的。当选中的帧处于面板可视范围的两边时，要选取超出可视范围的帧进行预览会很不方便。此时，可以单击面板下方的"帧居中"按钮，使当前帧被置于帧操作区可视范围的正中央，如图7-115所示。

图7-115 当前帧和帧居中

### 7.8.2 使用"绘图纸外观"

一般情况下，场景中只显示一帧的画面，无法准确判断当前帧在整个帧序列中的位置和大小，给用户带来了诸多不便。

使用"时间轴"面板中的"绘图纸外观"按钮组可以允许一次在舞台中查看并编辑多个帧。这样就可以准确地定位每一帧图像在整体运动轨迹中的状态，便于调整。如图7-116所示为"时间轴"面板中的绘图纸选项。

图7-116 绘图纸选项

单击"绘图纸外观"按钮，可以将指定范围内多个帧的图像以半透明的方式显示在舞台中，如果当前帧为关键帧，则会被正常显示，如图7-117所示。

图7-117　绘图纸外观

在这些轨迹中，只有当前播放头所在关键帧内的元素可被编辑，其他帧的图像都只能预览无法编辑。拖动两端的标记可以调整显示帧的数量，如图7-117所示。

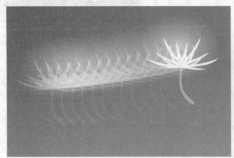

图7-118　调整标记范围

## 7.8.3　使用"绘图纸外观轮廓"

单击"绘图纸外观轮廓"按钮可以显示多个帧图像的轮廓。当文档中包含大量复杂的元素时，使用该功能能更加清晰地显示元件的运动轨迹。每个图层的轮廓颜色决定了绘图纸轮廓的颜色，如图7-119所示。

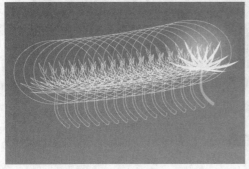

图7-119　绘图纸外观轮廓

## 7.8.4　编辑多个帧

单击"编辑多个帧"按钮后，标记范围里可编辑的帧全部以正常的模式显示。此时可以选中相应的帧进行编辑。

> **提示**
>
> 单击"编辑多个帧"按钮对预览的多个帧进行编辑时，只能编辑预览范围中关键帧的元素，而无法编辑过渡帧的元素。因为过渡帧是由系统自动生成的，无法被编辑。

## 上机练习：制作瓢虫动画

● **最终文件** | 源文件\第7章\7-8.fla

● **操作视频** | 视频\第7章\7-8.swf

────────── 操作步骤 ──────────

**01** 新建一个"尺寸"为700×530像素，"帧频"为24fps的Flash文件，如图7-120所示。

**02** 导入素材图像"素材\第8章\素材\78401.ai"，并将其调整到合适位置与大小，并在第90帧位置插入帧，如图7-121所示。

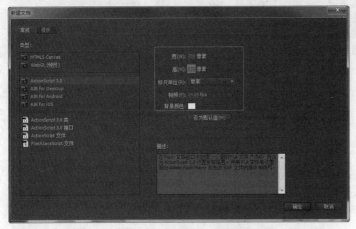

图7-120 "新建文档"对话框

图7-121 导入素材

**03** 新建"图层2"，导入素材图像"素材\第7章\素材\78402.ai"，使用"任意变形工具"将其调整到合适位置与大小，如图7-122所示，并按F8键将其转换为元件。

**04** 在第5帧位置插入关键帧，并在舞台中对瓢虫进行适当调整，如图7-123所示。

**05** 在第20帧位置插入关键帧，并调整瓢虫的位置，如图7-124所示。

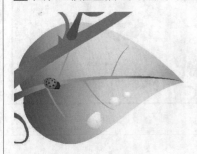

图7-122 导入素材

图7-123 个调整位置

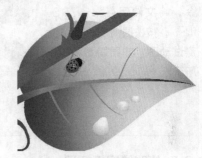

图7-124 调整位置

**06** 在第5帧上创建传统补间，如图7-125所示。

**07** 用相同方法分别插入其他的关键帧创建相应的传统补间，并在舞台中分别调整瓢虫的位置和大小，如图7-126所示。

图7-125 创建传统补间

图7-126 制作其他部分

**08** 单击"时间轴"面板下方的"绘图纸外观"按钮和"编辑多个帧"按钮，并单击"修改标记"按钮，选择"标记整个范围"选项，可以看到瓢虫相对于叶子来说太大了，如图7-127所示。

图7-127　编辑多个帧及其效果

**09** 锁定"图层1"，使用"选择工具"在舞台中拖动鼠标选中全部帧上的瓢虫，如图7-128所示。

**10** 使用"任意变形工具"将选中的瓢虫全部缩小并适当旋转，使瓢虫的运动轨迹尽量沿着叶脉的走势，如图7-129所示。

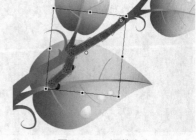

图7-128　选中全部帧　　　　图7-129　调整大小

**11** 对个别关键帧上的瓢虫位置进行调整，如图7-130所示。

**12** 执行"文件>保存"命令，将文件保存为"7-8.fla"，按快捷键Ctrl+Enter测试动画，效果如图7-131所示。

图7-130　调整位置　　　　　图7-131　测试动画

## 7.8.5　修改绘图纸标记

　　"修改标记"选项用来对绘图纸的标记范围进行修改，绘图纸标记会随着播放头的移动而移动。单击该按钮，在弹出的下拉菜单中会有5个选项：始终显示标记、锚定标记、标记范围2、标记范围5和标记整个范围。

## ▶7.9 课后练习

**│ 课后练习1：制作心形遮罩动画 │**

● **最终文件**│源文件\第7章\7-9-1.fla

● **操作视频**│视频\第7章\7-9-1.swf

　　使用图层的遮罩功能制作简单的遮罩动画，操作及效果如图7-132所示。

图7-132 制作遮罩动画

**练习说明**

1. 新建"场景动画1"元件，执行"文件>导入>打开外部库"命令，将素材作为库打开。
2. 新建图层，分别将素材从库面板拖入到场景中，使用"任意变形工具"调整图形，并创建传统补间。
3. 使用相同的方法制作"场景动画2"的"影片剪辑"元件。
4. 返回到场景1，拖入元件，插入关键帧，再新建图层，将"遮罩"元件拖入到场景中，调整图形，创建传统补间，并设为遮罩层。
5. 完成动画的制作，测试动画效果。

## 课后练习2：制作淋雨的幻想先生

● **最终文件** | 源文件\第7章\7-9-2.fla
● **操作视频** | 视频\第7章\7-9-2.swf

在场景中选择某个图层的某个对象后，这个图层便成为当前选中图层，可以进行编辑和修改，通过选择图层制作简单的动画。制作效果如图7-133所示。

图7-133 通过选择图层制作动画

**练习说明**

1. 新建空白文档，导入素材背景。
2. 新建图层，导入人物素材，使用"任意变形工具"调整图形位置与大小。
3. 完成动画的制作，测试动画效果。

# 第 08 章

## 元件、实例和库

**本章重点：**

→ 了解元件、实例、库之间的关系

→ 创建不同类型的元件

→ 熟练掌握"库"的使用方法

# 8.1　元件、实例和库概述

元件、实例和库是Flash中最基本的也是最重要的概念，引进这3个概念有两个目的：提高工作效率和减小文件体积。这3个概念彼此相互关联，紧密联系。

## 8.1.1　元件和实例概述

Flash中的元件有3种，分别是图形、按钮和影片剪辑。

用户创建元件后，可以在整个文档或其他文档中重复使用，可以理解成元件类似于模板。

实例是元件副本，它继承了其父元件的所有特性，用户还可以根据需要修改它的颜色、大小和功能。

编辑元件会更新它的所有实例，但更改实例不会影响它的父元件，如图8-1所示。

## 8.1.2　库概述

"库"面板用来存放用户制作动画所需要的元件、位图、声音等元素。

执行"窗口>库"命令，打开"库"面板，如图8-2所示。用户可以在"库"面板中对元件进行管理。

"库"对实现元件、实例提供了有力的支持。

图8-1　元件和实例

图8-2　"库"面板

> **提示**
>
> 在创作或运行时，可以将元件作为共享库资源在文档之间共享。

# 8.2　创建和管理元件

元件是Flash动画的基本元素，可以提高制作动画的效率，本节先来学习创建和管理元件。

## 8.2.1　元件的类型

Flash CC中的元件的类型分3种：图形、按钮和影片剪辑，不同的元件类型有不同的功能，它们所能接受的动画元素也会有所不同。

- **图形元件**：是静态图像，图形元件在 FLA文件中的体积相对其他元件最小，尽可能多的使用图形元件可以减小文件体积。交互式控件和声音在图形元件的动画序列中不起作用。

- **按钮元件**：是创建用于响应鼠标事件（如单击、滑过或其他动作）的交互式图像。

每个按钮元件都有 "弹起""指针经过""按下"和"点击"4种状态，如图8-3所示。 "弹起"状态是设置鼠标未经过按钮时的状态；"指针经过"状态是设置鼠标经过按钮时的状态；"按下"状态是设置鼠标单击按钮时的状态，如图8-4所示。

图8-3　按钮状态

图8-4　按钮元件

"点击"状态是用于控制响应鼠标动作范围的反应区，只有当鼠标进入反应区内，才会激活按钮相应的动画和交换效果。

> **提示**
>
> "点击"状态下的图形或元件在按钮元件发布预览中是不可见的。

- **影片剪辑元件**：是动画片段，拥有独立于主时间轴的多帧时间轴，如图8-5所示。虽然影片剪辑是一个多帧、多图层的动画，但它的实例在主时间轴中只占用一帧，如图8-6所示。在主场景中可以重复使用影片剪辑。

图8-5　"影片剪辑"的时间轴

图8-6　主时间轴

> **提示**
>
> 影片剪辑中时间轴和主时间轴同时播放，但如果主时间轴播放完，影片剪辑也会停止播放。

## 上机练习：按钮中应用影片剪辑

- **最终文件**｜源文件\第8章\8-2-1.fla
- **操作视频**｜视频\第7章\8-2-1.swf

------ 操作步骤 ------

**01** 执行"文件>新建"命令，新建一个"大小"为501像素×331像素，"帧频"为12fps，"背景颜色"为白色的Flash文档。

**02** 新建"名称"为"房子动画"的"影片剪辑"元件，将图像"素材\第8章\82101.png"导入到场景中，并将其转换成"名称"为"房子"的"图形"元件，如图8-7所示。分别在第4帧、第7帧、第10帧和第13帧插入关键帧，在第15帧插入帧，使用"任意变形工具"调整第4帧上元件的形状及位置，如图8-8所示。

图8-7　转换元件

图8-8　调整元件

通过调整元件在不同帧上的位置和形状来制作一个跳动的补间动画效果。

**03** 使用"任意变形工具"调整第10帧上元件的形状及位置，如图8-9所示。分别设置第1 帧、第4帧、第7帧和第10帧上创建"传统补间"，"时间轴"面板如图8-10所示。

图8-9 调整元件

图8-10 "时间轴"面板

**04** 新建"名称"为"按钮"的"按钮"元件，将"房子"元件从"库"面板中拖入到场景中，如图8-11所示。在"指针经过"帧插入空白关键帧，将"房子动画"元件从"库"面板中拖入到场景中，如图8-12所示。

图8-11 拖入元件

图8-12 拖入元件

**05** 再"点击"帧插入空白关键帧，使用"矩形工具"在场景绘制矩形，如图8-13所示。返回到"场景1"的编辑状态，将图像"82102.jpg"导入到场景中，如图8-14所示。

图8-13 绘制矩形

图8-14 导入图像

**06** 新建"图层2"，将"按钮"元件从"库"面板中拖入到场景中，效果如图8-15所示。完成按钮中应用影片剪辑的制作，执行"文件>保存"命令，完成动画制作，测试动画效果，如图8-16所示。

图8-15 拖入元件

图8-16 测试动画效果

## 8.2.2 创建元件

执行"插入>新建元件"命令，弹出"创建新元件"对话框，如图8-17所示。

- **名称**：输入元件名称，最好见名知义，如兔子、跑步等
- **类型**：可选择新建元件的类型有图形、按钮、影片剪辑3种。

## 8.2.3 转换元件

除了创建空元件，还可以将已有的对象转换为元件。

选中舞台上一个对象，执行"修改>转换为元件"命令，弹出"转换为元件"对话框，如图8-18所示。设置相关参数后，单击"确定"按钮，即可转换对象为元件。

- **对齐**：设置元件的注册点。

图8-17 "创建新元件"对话框

图8-18 "转换为元件"对话框

**提示**

Flash 提供了 9 个常用注册点：中心、上中、下中、左中、右中和左上角、左下角、右上角、右下角。用户可以任意设置注册点。注册点有两个作用：1. 在元件内部，以注册点为坐标原点；2. 这个元件的实例在舞台的位置坐标是以注册点离舞台的左上角的距离计算的。

## 8.2.4 删除元件

选中"库"面板中的一个元件，单击鼠标右键，在弹出的快捷菜单中选择"删除"命令，如图8- 19所示，即可删除元件。也可选中要删除的元件，单击"库"面板的"删除"按钮，如图8- 20所示。

图8-19 选择"删除"命令　　图8-20 "库"面板

### 8.2.5 利用文件夹管理元件

在"库"面板中单击鼠标右键，在弹出的快捷菜单中选择"新建文件夹"命令，并将同类型的元件放在一个文件夹中，如图8-21所示。便于查找和使用，如图8-22所示，也可单击"库"面板中的"新建文件夹"按钮 。

图8-21 选择"新建
文件夹"命令　　　　图8-22 "库"面板

## 8.3 编辑元件

Flash提供了"在当前位置编辑""在新窗口中编辑"及"在元件编辑模式下编辑" 3种方式编辑元件，用户可以根据自己的习惯和实际需要选择其中一种方式编辑元件。

### 8.3.1 在当前位置编辑元件

选中舞台中元件的一个实例，执行"编辑>在当前位置编辑"命令，如图8-23所示。进入"在当前位置编辑"状态，如图8-24所示。此时，其他元件以灰色显示的状态出现，正在编辑的元件名称出现在"编辑栏"的左侧，场景名称的右侧。

> **提示**
>
> 双击元件也可进入当前位置编辑状态，双击除元件外的其他区域可退出在当前位置编辑该元件。

### 8.3.2 在元件的编辑模式下编辑元件

选中舞台中的元件实例，执行"编辑>编辑元件"命令，如图8-25所示，即可以"在元件的编辑模式"下编辑元件，如图8-26所示。在"库"面板中双击要编辑的元件也可在该模式下进行编辑。

在元件编辑模式与新建元件时的编辑模式是一样的。

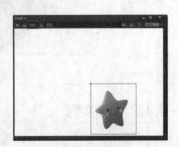

图8-23 "在当前位置　　图8-24 在当前位置编辑　　图8-25 "编辑元件"　　图8-26 编辑元件
编辑"命令　　　　　　　　　　　　　　　　　　　命令

## ▶8.4 创建与编辑实例

元件只是模板，只有创建元件的实例后，它才能在Flash动画中发挥作用，在文档中任何地方都可以创建元件的实例。

### 8.4.1 从库面板中创建实例

选择一个关键帧，打开"库"面板，拖曳元件到舞台中，即可创建该元件的一个实例，下面通过一个实例具体学习一下。

**提示**

如果创建实例时没有选择关键帧，那么 Flash 会将实例添加到当前帧左侧的第一个关键帧中。

**┃ 上机练习：使用创建实例制作宇宙飞人 ┃**

● **最终文件**┃源文件\第8章\8-4-1.fla

● **操作视频**┃视频\第7章\8-4-1.swf

**操作步骤**

**01** 打开素材"素材\第8章\84101.fla"，如图8-27所示，新建"图层2"，打开"库"面板，拖曳元件"人物1"到舞台中，如图8-28所示。

图8-27 打开文件 　　　　　　　　图8-28 拖曳元件

**02** 使用"任意变形工具"调整元件到合适的大小，并移到合适的位置，使用相同的方法，将"人物2""人物3"拖曳到场景中，如图8-29所示。执行"文件>保存"命令，保存为"源文件\第8章\8-4-1.fla"，按快捷键Ctrl+Enter测试动画，效果如图8-30所示。

图8-29 调整大小 　　　　　　　　图8-30 测试动画

### 8.4.2 复制实例

需要快速复制实例时，先选中一个实例，使用"选择工具"，选中实例，如图8-31所示。按住Alt键的同时拖曳实例到一个新的位置，当松开鼠标左键时，Flash会在新位置粘贴一份实例副本，如图8-32所示。

图8-31 选中实例

图8-32 复制实例

### 8.4.3 删除实例

删除实例很简单，选中实例，如图8-33所示，按Delete键即可删除，如图8-34所示。

### 8.4.4 设置实例的颜色样式

创建实例时实例和元件是一模一样的，用户通过"属性"面板，可以为实例设置不同的颜色样式，如图8-35所示。

图8-33 选中实例

图8-34 删除实例

图8-35 实例的颜色样式

- 无：不改变实例的颜色样式。
- 亮度：设置实例的亮度，如图8-36所示，100%时实例为全白色，−100%时实例为黑色。
- 色调：设置实例的颜色，不改变实例的亮度。拖动颜色滑块、单击色调后的色块或在弹出的"拾色器"中选择颜色都可以，如图8-37所示。
- 高级：同时设置实例的透明度和色调。
- Alpha：设置实例的透明度，如图8-38所示，"Alpha"值越小，实例越透明，0%时实例会隐藏起来。

亮度： 20 %

图8-36 设置"亮度"

图8-37 设置"色调"

Alpha： 0 %

图8-38 设置"透明度"

**提示**

通过设置实例不同的颜色样式可以让 Flash 视觉效果更为突出。

### 8.4.5 改变实例的类型

选中舞台中一个实例，执行"窗口>属性"命令，打开"属性"面板，在"类型"下拉列表中选择需要修改成的类型即可，如图8-39所示。

> **提示**
>
> 用户重新定义实例的行为，必须先更改实例的类型，比如要对原先为"图形"的元件实例编辑为动画，则必须先将它更改为"影片剪辑"类型。

打开"库"面板，右键单击元件，执行"属性"命令，在弹出的"元件属性"对话框中修改其类型也可改变实例的类型。

### 8.4.6 分离实例

创建实例后如果要修改实例的外观且不希望实例再随着元件改变而改变，可以对实例执行分离命令。

选中舞台中一个实例，执行"修改>分离"命令，该实例被分离成几个图形元素，如图8-40所示。

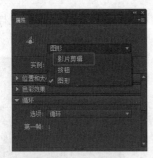

图8-39　修改实例类型　　　　　　　图8-40　分离前后效果

### 8.4.7 交换实例

选中舞台中一个实例，如图8-41所示，打开"属性"面板，单击"交换"按钮，弹出"交换元件"对话框，如图8-42所示，选择要交换的元件，单击"确定"按钮即完成交换实例。

图8-41　选择实例　　　　　　　　图8-42　"交换元件"对话框及完成效果

## ▶8.5　"库"面板

"库"面板不仅可以存放所有动画中的元素，还可以对这些元素进行有效的管理。

### 8.5.1　"库"面板

执行"窗口>库"命令，或按快捷键Ctrl+L打开"库"面板，如图8-43所示。

图8-43 "库"面板

　　**"库"面板菜单**：单击打开"库"面板菜单，在该菜单下可执行相应的命令。

　　**文档列表**：显示当前库资源的所属文档，单击该处可显示打开的文档列表，选择某一文档可切换至该文档的库资源。

　　**固定当前库**：单击固定当前的库资源，在"文档"窗口中切换文档的时候时库资源不会随文档的改变而改变。

　　**新建库面板**：单击同时打开所有文档的库面板，当元件被多个文档调用时会很方便。

　　**项目预览区**：选择库中一个项目，该区域会显示项目的预览，当项目为"影片剪辑"时，单击预览区右上角的"播放"按钮，可以播放该动画。

　　**统计与搜索**：左侧显示当前库中所包含项目数，在右侧文本框中输入项目关键字可快速定位目标项目，此时左侧显示的是搜索结果的数目。

　　**列标题**：列标题包括5项信息：名称、链接、使用次数、修改日期和类型，拖动分界处可以调整信息的宽度，拖动信息名称可调整它们的次序。

　　**项目列表**：罗列出指定文档下的所有资源项目。

　　**功能按钮**：实现对项目的各种操作。

- "新建元件"按钮，单击创建一个新元件。
- "新建文件夹"按钮，单击新建一个文件夹，用于项目管理。
- "属性"按钮，单击弹出"元件属性"或"位图属性"对话框，在对话框中可执行相应操作。
- "删除"按钮，单击删除选定项目。

**提示**

在不同文档中调用元件时，可以先固定一个文档的库，切换到另一文档，直接拖动库中资源到文档舞台即可，省去复制元件的步骤。

## 8.5.2 使用"库"面板管理资源

　　"库"面板主要作用就是对资源进行有效管理。

　　（1）重命名库项目

　　双击项目名称，输入新名称，即可对其进行重命名，如图8-44所示。选中一个项目，单击右键，在弹出菜单中执行"重命名"命令，也可重命名库项目，如图8-45所示。

　　（2）删除库项目

　　选中一个项目，单击"删除"按钮，即可删除该项目。按住Shift键可同时选中多个连续的文件，如图8-46所示。按住Ctrl键单击选中非连续的多个文件，如图8-47所示。然后单击"删除"按钮，会删除所有选定项目。

图8-44 双击重命名　　　图8-45 右击重　　图8-46 按住Shift键　　　图8-47 按住Ctrl键选
　　　　　　　　　　　命名　　　　选中连续的文件　　　　中非连续的文件

**提示**

按 Delete 键也可以删除库项目。

（3）项目排序

单击"列标题"中的三角按钮，按钮会垂直翻转，则该标题下的库项目将按字母数字顺序排列，如图8-48所示。

（4）查找未使用的项目

项目完成后，若要删除库中未使用的项目，可以打开"库"面板菜单，执行"选择未用项目"命令，单击"删除"按钮或按Delete键。

图8-48 单击三角按钮

（5）手动更新库文件

如果库中资源被外部编辑器修改了，用户可在面板菜单中执行"更新"命令，Flash会把外部文件导入并覆盖库中文件。

（6）在文档中间复制库资源

库资源可以在不同文档中使用，选中库中一个资源，如图8-49所示。右键单击执行"复制"命令或按快捷键Ctrl+C，如图8-50所示，打开另一个文档的"库"面板，右击执行"粘贴"命令或按快捷键Ctrl+V即可粘贴该资源，如图8-51所示。

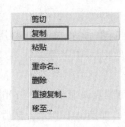

图8-49 选中资源　　　　图8-50 复制资源　　　　图8-51 粘贴资源

## 8.5.3 使用文件夹管理文件

当"库"中元件达到50个以上时，会很难找到自己想要的元件，利用文件夹可对元件进行分类管理，以方便使用元件。

（1）新建文件夹

单击"库"面板底部的"新建文件夹"按钮，新建一个文件夹。

（2）删除文件夹

选中文件夹，单击面板下方的"删除"按钮或者按Delete键即可删除文件夹，还可以在上下文菜单或面板菜单中执行"删除"命令。

（3）重命名文件夹

双击文件夹名称，输入新文件夹名，单击回车即可重命名文件夹。

（4）嵌套文件夹

如果新建了多个文件夹后，需要嵌套管理文件夹时，拖曳被嵌套的文件夹到父文件夹中，即可实现嵌套文件夹。用户可以根据需要多层嵌套。

（5）展开/折叠文件夹

单击文件夹前的小箭头即可展开/折叠文件夹，双击文件夹图标也可实现展开/折叠文件夹操作，这样操作的是为了有效利用"库"面板空间。

> **提示**
>
> 展开和折叠文件夹可以减小资源占据面板空间大小，更有效地利用"库"面板有限的空间。

**上机练习：使用文件夹管理多个元件**

● **最终文件** | 源文件\第8章\8-5-3.fla

● **操作视频** | 视频\第8章\8-5-3.swf

-------------------------------- **操作步骤** --------------------------------

**01** 打开素材"素材\第8章\85301.fla"，执行"窗口>库"命令，打开"库"面板，如图8-52所示。单击"库"面板底部的"新建文件夹"按钮，新建一个文件夹，如图8-53所示。

图8-52 打开"库"面板          图8-53 新建文件夹

**02** 双击文件夹名称，输入新文件夹名，如图8-54所示。单击Enter键即可重命名文件夹，如图8-55所示。

图8-54 输入文件夹名

图8-55 重命名文件夹

**03** 按住Ctrl键选中相应图层，如图8-56所示，拖曳到"动画背景"文件名上，如图8-57所示。等出现黄色方框时，松开鼠标左键，即可将元件移到文件夹中，如图8-58所示。

图8-56 选择元件

图8-57 拖曳到文件夹名

图8-58 元件移到文件夹中

**04** 用相同方法完成相似内容的制作，如图8-59所示。新建一个名为"登录动画"的文件夹，如图8-60所示。

图8-59 "库"面板

图8-60 新建文件夹

**05** 按住Ctrl键选中其他三个文件夹，如图8-61所示，拖曳到"登录动画"文件名上，如图8-62所示。等出现绿色方框时，松开鼠标左键，实现嵌套文件夹，如图8-63所示。

图8-61 选择元件夹

图8-62 拖曳到文件夹名

图8-63 嵌套文件夹

**06** 单击文件夹前的小箭头可以展开文件夹，继续单击子文件夹前的小箭头可以展开"文字"文件夹，如图8-64所示。再次单击小箭头可以折叠文件夹，如图8-65所示。

图8-64 展开文件夹　　　　　　　图8-65 折叠文件夹

**提示**

虽然 Flash 支持多层次嵌套，但太多的嵌套会超出人的记忆范围，使资源变得难以利用，所以嵌套一般不超过三层。

**07** 如果不需要文件夹嵌套，选中"登录动画"文件夹中3个子文件夹，拖出父文件夹，待出现绿色框时松开鼠标左键，如图8-66所示。此时，"登录动画"文件夹是空的，选中该文件夹，单击面板下方的"删除"按钮或者按Delete键即可将其删除，如图8-67所示。

图8-66 取消文件夹嵌套　　　　　　　图8-67 删除文件夹

### 8.5.4 使用共享资源

使用共享资源需要基于网络传输，分为运行时共享资源和创作期间共享资源，他们所适用的网络环境有所不同。

**技巧**

使用共享资源可以优化工作流程和文档资源管理。如果在文档中使用其他文档的共享资源进行创作，那么在源文档对其资源做出修改时，应用该资源的文档也会随之更新。这是与使用公用库和外部库最大的不同之处。

### 8.5.5 调用外部库中的元件

执行"文件>导入>导入外部库"命令，弹出"作为库打开"对话框，选择一个FLA文档，打开一个浮动的外部库资源面板，该面板中包含了所有该FLA文档的资源，用户可以像使用本文档库一样使用外部库。

库中的元件不仅可以直接拖曳到舞台中，还可以通过脚本调用，可以在舞台中动态显示，这在Flash动画中需要动态显示元件时非常实用。

## ▶8.6 课后练习

**课后练习1：儿童游乐园**

● **最终文件** | 源文件\第8章\8-6-1.fla

● **操作视频** | 视频\第8章\8-6-1.swf

通过设置不同实例的颜色样式，创建传统补间动画，制作儿童游乐园动画效果，具体操作如图8-68所示。

图8-68　制作动画

**练习说明**

1. 新建文档，将图像素材导入到场景中，并在第80帧位置插入帧。
2. 新建"图层2"，导入素材，转化为元件并设置属性样式，创建补间动画。
3. 使用相同的方法，制作其他图层的内容。
4. 完成动画的制作，测试动画效果。

## 课后练习2：使用脚本调用"太阳"元件

- **最终文件** | 源文件\第8章\8-6-2.fla
- **操作视频** | 视频\第8章\8-6-2.swf

通过使用脚本完成调用"太阳"的外部元件，具体操作如图8-69所示。

**练习说明**

1. 新建文档，将图像素材导入到场景中。
2. 新建"图层2"并导入素材，调整位置和大小，转化为名为"sun"的"影片剪辑"元件，设置相关参数。
3. 删除元件，选中"图层2"的第1帧并为其添加代码。
4. 完成动画的制作，测试动画效果。

图8-69　制作动画

# 第09章

第 章

# Flash基础动画制作

**本章重点:**

→ 掌握基础动画的类型

→ 了解不同类型之间的区别

→ 熟练制作不同类型的动画

→ 掌握元件的高级应用

## 9.1 逐帧动画

逐帧动画是一种常见的动画形式。在逐帧动画中每一帧都是关键帧，都会使舞台的内容发生变化。因此，每个新关键帧都包含之前关键帧的内容，在此基础上进行编辑，修改或添加新的内容得到新的画面。在逐帧动画中，Flash会存储每个完整帧的值。

### 9.1.1 逐帧动画的特点

逐帧动画的特点是每一帧都是关键帧，适合表现很细腻的动画。正因为如此，逐帧动画文件会比较大。可以制作人物或动物转身效果等，如图9-1所示。

图9-1　逐帧动画的动画效果

### 9.1.2 导入逐帧动画

由于逐帧动画需要在每一帧上都创建新的内容。所以在导入图像序列时，只需选择图像的序列的开始帧，根据提示，就可以将图像序列导入，创建逐帧动画。

## 9.2 形状补间动画

形状补间动画是创建一个形状变形为另一个形状的动画。在形状补间动画的起始帧和结束帧插入不同的对象，Flash就可以在动画中创建中间的过渡帧，本节将对形状补间动画进行讲解，使用户能更好地了解和掌握形状补间动画的制作。

### 9.2.1 形状补间动画的特点

形状补间动画主要是针对图形而言的。使用元件是无法制作形状补间动画的，使用形状补间动画可以制作位置、形状、缩放、颜色等动画。

> **提示**
>
> 若要对组、实例或位图图像应用形状补间，请分离这些元素。虽然补间形状可以使具有分离属性的要素发生变化，但其变化不规则，所以无法知道其中的具体过程。

### 9.2.2 制作形状补间动画

根据形状补间动画的特点，使用形状补间可以制作出对象形状发生变化的动画，下面通过制作变形动画的动画效果，来加深对形状补间动画的理解。

## 上机练习：制作变形动画

● **最终文件** | 源文件\第9章\9-2-2.fla
● **操作视频** | 视频\第9章\9-2-2.swf

────────────── **操作步骤** ──────────────

**01** 执行"文件>新建"命令，新建一个"尺寸"为424像素×322像素，"帧频"为24 fps，"背景颜色"为白色的Flash文档。

**02** 执行"文件>导入>导入到舞台"命令，将"素材\第9章\92201.jpg"导入到场景中，如图9-2所示，单击第45帧按F5键插入帧。

**03** 新建一个名为"气球"的"图形"元件，选择"钢笔工具"绘制图形，使用"选择工具"进行调整，如图9-3所示。

**04** 使用"颜料桶工具"为图形填充颜色为#FFCC00，如图9-4所示。使用相同的方法，绘制出高光和阴影，效果如图9-5所示。

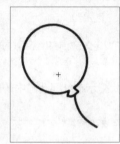
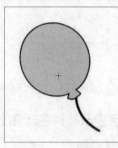
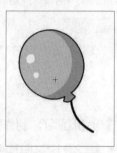

图9-2　导入图像　　　　图9-3　绘制元件　　　　图9-4　填充颜色　　　　图9-5　绘制图形

**05** 使用相同的方法创建名为"感叹号"的"图形"元件，如图9-6所示。返回场景1中，新建"图层2"，将"气球"元件从"库"面板拖入到场景中，使用"变形工具"调整大小，如图9-7所示。

**06** 在第10帧的位置上单击插入关键帧，选中"气球"元件，单击鼠标右键在快捷菜单中执行"分离"命令，如图9-8所示。在第25帧的位置上单击插入空白关键帧，将"感叹号"元件从"库"面板拖入到场景中，使用相同的方法调整图形，如图9-9所示。

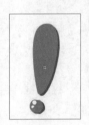
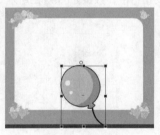
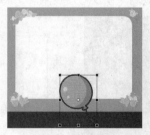
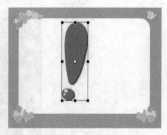

图9-6　绘制　　　　图9-7　调整大小　　　　图9-8　分离图形　　　　图9-9　拖入元件
　　　图形

**07** 在第10帧的位置创建"补件形状"动画，将"图层2"调整至"图层1"的下方，如图9-10所示。场景效果如图9-11所示。

图9-10　"时间轴"面板　　　　　　　图9-11　场景效果

08 完成变形动画的制作，保存动画，按快捷键Ctrl+Enter测试动画，效果如图9-12所示。

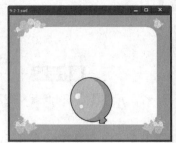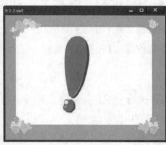

图9-12　测试动画效果

### 9.2.3　制作形状提示补间动画

在制作比较复杂的形状补间动画时，若要控制其形状变化，可以使用形状提示。形状提示会标识起始形状和结束形状中的相对应的点。来表明 Flash 起始形状上的哪些点与结束形状上的特定点相对应。

**提示**

在复杂的补间形状中，需要创建中间形状来进行补间，而不要定义起始帧和结束帧的形状，需要确保形状的提示是符合逻辑的。

下面通过制作数字变形的动画效果，进一步对形状提示在补间动画中的应用进行了解。

**┃ 上机练习：制作形状提示补件的动画效果 ┃**

● **最终文件┃** 源文件\第9章\9-2-3.fla
● **操作视频┃** 视频第9章\9-2-3.swf

┣━━━━━━━━━ **操作步骤** ━━━━━━━━━┫

01 执行"文件>新建"命令，新建一个"大小"为550像素×200像素，"帧频"为24 fps，"背景"为白色的Flash文档。

02 单击"工具"面板中的"文本工具"按钮，在"属性"面板中设置各参数，如图9-13所示。在场景中输入数字"1"，如图9-14所示。执行"修改>分离"命令，将文字打散，效果如图9-15所示。

图9-13　"属性"面板　　　图9-14　输入文本　　　图9-15　图像效果

03 在"时间轴"面板第40帧位置按F7键插入空白关键帧，如图9-16所示。使用相同的方法制作数字"2"，得到图形，效果如图9-17所示。

图9-16　"时间轴"面板　　　图9-17　图像效果

**04** 鼠标右键单击第1帧到第40帧中的任意帧，在弹出的快捷菜单中选择"创建形状补间"选项，效果如图9-18所示。单击第1帧，执行"修改>形状>添加形状提示"命令，效果如图9-19所示。

**05** 多次执行"修改>形状>添加形状提示"命令，为形状添加多个提示点，鼠标单击并拖动形状提示点到图形的相应位置，如图9-20所示。

**06** 使用相同的方法，调整第40帧中图形的形状提示点，如图9-21所示。

图9-18　"时间轴"面板

图9-19　图像效果

图9-20　调整提示点位置

图9-21　调整提示点位置

**07** 执行"文件>保存"命令，将其保存为名称为"9-2-3.fla"文件，按快捷键Ctrl+Enter测试动画，效果如图9-22所示。

图9-22　测试动画效果

> **提示**
>
> 形状提示包含从 a 到 z 的字母，最多可使用 26 个形状提示。

## 9.3　补间动画

　　补间动画是通过对不同帧中的对象属性指定不同值而创建的动画。补间动画只需要为第一个关键帧和最后一个关键帧编辑内容，其中间的关键帧的内容都是由Flash来合成的。

### 9.3.1　补间动画的特点

　　补间动画只适用于元件实例和文本字段，如果将补间应用于其他对象类型时，这些对象将会被包含在元件中。由于补间动画中间关键帧的内容都是有Flash来合成的，因此，与逐帧动画相比，补间动画的文件较小，所占内存较少，其动画效果更加自然、连贯。

> **提示**
>
> 在创建简单的补间动画时，动画编辑器的使用是可以选择的。

### 9.3.2　制作补间动画

　　制作补间动画首先要确定起始帧的位置，开始制作动画。最后确定结束帧的位置，补间动画的创建过程比较人性化，符合人们的逻辑思维。

### 9.3.3 编辑补间动画

在创建补间动画后，按住Ctrl键在补间动画中任意选择一帧后，打开"属性"面板，可以对该帧的相关参数进行编辑，如图9-23所示。

- **缓动**：用于设置动画播放的速率，单击其数值就可激活数值框，输入数值或把鼠标放于其数值上，当其变为双箭头时可左右拖动调整数值，当其数值为正值时表示播放先快后慢，当其数值为0表示其正常播放，当其数值为负值时表示其播放先慢后快。
- **旋转次数**：用于设置影片剪辑实例的角度和旋转次数。
- **旋转方向**：其默认设置为无，当不需要进行旋转时可选此项。当需要进行顺时针旋转时，可以选择顺时针选项。相反，要进行逆时针进行旋转时，可以选用逆时针旋转选项。
- **路径**：若要让补间对象随着运动路径随时调整自身方向时，可以使用此选项。

图9-23 "属性"面板

- **选区位置**：对选区在舞台的位置进行设置。
- **选区宽度和高度**：可以对选区的宽度和高度，以及路径曲线同时进行调整。
- **同步图形元件**：当勾选此选项以后，补间的帧数会被重新计算，使得他与时间轴上分配的帧数相同，使图形元件的实例动画与主时间轴同步。

## ▶9.4 传统补间动画

传统补间是早期用来在Flash中创建动画的一种方式，传统补间动画制作过程比较复杂，不过，传统补间具有的某些类型的动画控制功能是补间动画所不具备的。因此，还是有很多用户仍然喜欢使用传统补间来制作动画的。

### 9.4.1 传统补间动画的特点

传统补间动画是使用动画的起始帧和结束帧建立补间的，其创建的过程是先创建起始帧和结束帧的位置，然后再进行动画制作，Flash会自动完成起始帧和结束帧之间过渡帧的制作。

当确定动画的起始帧和结束帧后，执行"插入>传统补间"命令，就可以创建传统补间动画，如图9-24所示。在起始帧与结束帧中任意选择一帧，打开"属性"面板，可以看到其帧的属性，如图9-25所示。

**名称**：可以标记此传统补间动画，当在其输入框中输入动画名称后，"时间轴"面板也会显示此名称如图9-26所示。

**类型**：单击下拉列表可以看到名称、注释和锚记3种标签类型。

- **名称**：就是帧标签的名称。

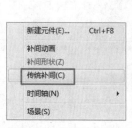

图9-24 "选项"列表　　　　图9-25　传统补间动画的　　　　图9-26 "时间轴"面板
　　　　　　　　　　　　　　　相关参数

- **注释**：一种解释，方便对文件进行修改，如图9-27所示。
- **锚记**：动画记忆点，在发布成HTM文件时，在IE地址栏输入锚点，就可以直接跳转到对应的片段进行播放。

　　**缓动**：要产生更逼真的动画效果，可以对传统补间应用缓动，也可以为创建的每个传统补间指定缓动值，还可使用"自定义缓动/缓出"对话框来更精准地控制传统补间的速度，如图9-28所示。

　　**旋转**：支持在补间期间旋转选定项目，如图9-29所示。

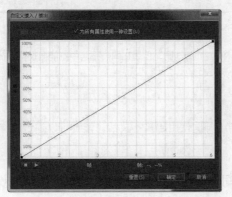

图9-27　标签类型列表　　　　图9-28　"自定义缓动/缓出"对话框　　　　图9-29　标签类型列表

　　**紧贴**：当对对象使用辅助线时，能更好地让对象紧贴辅助线，便于更好地绘制和调整图像。

　　**缩放**：制作缩放动画时，当勾选此对象，对象会随着帧的移动逐渐变大或变小，当取消勾选此对象，则在结束帧的时候，直接显示放大或缩小后的对象。

## 9.4.2　传统补间动画与补间动画的区别

　　传统补间动画操作起来比较烦琐，而补间动画功能是比较强大的，创建过程比较简单，也比较灵活。传统动画与补间动画的区别如下表所示。

| | 传统补间动画 | 补间动画 |
| --- | --- | --- |
| 关键帧 | 传统补间动画的关键帧是其中显示对象新实例的帧 | 此动画只具有一个与之关联的对象实例，并使用属性关键帧，而不是使用关键帧 |
| 文本对象 | 此种补间动画允许对特定类型的对象进行补间，在补间的同时，将不允许的对象类型转换为图形、元件 | 此种动画也允许对特定类型的对象进行补间，在补间的同时，将不允许的对象类型转换为影片剪辑 |
| 目标对象 | 传统补间动画在整个补间范围上可以由一个或多个目标对象组成 | 补间动画在整个不见范围上由一个对象组成 |
| 对象类型 | 此种补间动画将会把文本对象转换为图形元件 | 此种补间动画将会把文本对象视为可补间的类型，而不会将文本对象转换为影片剪辑 |
| 时间轴 | 传统动画可包括时间轴中可分别选择的帧的组 | 可以在时间轴中对补间动画的范围进行拉伸和调整，将他们视为单个对象 |
| 脚本 | 在传统补间动画中允许帧脚本 | 在补间动画范围上不允许帧脚本，补间目标上的任何帧脚本都无法在补间动画范围的过程中进行更改 |
| 选择帧 | 在传统补间动画中可以单击选择帧 | 在补间动画范围中要选择单个帧，必须按住Ctrl键，单击选择帧 |
| 色彩效果 | 使用传统补间可以在两种不同的色彩效果之间创建动画 | 补间动画可以对每个补间应用一种色彩效果 |
| 缓动 | 对于传统补间动画，缓动可用于补间内关键帧之间的帧组 | 对于补间动画，缓动可应用于补间动画范围的整个长度。当要对补间动画的特定帧使用缓动时，需要创建自定义缓动曲线 |
| 3D对象 | 使用传统动画无法为3D对象创建动画效果 | 可以使用补间动画为3D对象创建动画效果 |

（续表）

| | 传统补间动画 | 补间动画 |
|---|---|---|
| 动画预设 | 传统补间动画不能保存为动画预设 | 补间动画可以保存为动画预设 |
| 交换元件 | 传统补间可以使用这些技术制作动画 | 补间动画无法交换元件或设置属性关键帧中显示图形元件的帧数 |

**提示**

在同一图层中可以使用多个传统补间或补间动画，但是在同一图层中不能出现两种补间类型。

### 9.4.3 制作传统补间动画

在制作传统的补间动画时，传统补间使用起来不灵活。读者可以通过制作下面旅游宣传的动画效果，充分了解传统补间动画的制作方法。

**┃ 上机练习：制作旅游宣传的动画效果 ┃**

● **最终文件**｜源文件\第9章\9-4-3.fla
● **操作视频**｜视频\第9章\9-4-3.swf

**操作步骤**

**01** 执行"文件>新建"命令，新建一个"大小"为940像素×350像素，"帧频"为24 fps，"背景"为白色的Flash文档。

**02** 执行"文件>导入>导入到舞台"命令，将图像"素材\第9章\94301.jpg"导入到场景，如图9-30所示，在第100帧插入帧。新建"图层2"，在第70帧处插入关键帧。将图像"94302.png"导入到场景，如图9-31所示，并将其转换成名称为"楼房"的"图形"元件。

图9-30　导入图像

图9-31　导入图像

**03** 在第75帧的位置处插入关键帧，选择第70帧，设置其"Alpha"值为0%，如图9-32所示，并在第70帧位置创建"传统补间"。使用相同的方法，完成"图层3"和"图层4"的制作，效果如图9-33所示。

图9-32　设置"Alpha"值

图9-33　元件效果

**04** 新建"图层5"，在第20帧处插入关键帧，将图像"94303.png"导入到场景，如图9-34所示，并将其转换成名称为"人物2"的"图形"元件。分别在第35帧、第36帧、第37帧和第40帧处插入关键帧，使用"选择工具"将第35帧的元件移动到如图9-35所示的位置。

图9-34　导入图像

图9-35　转换元件

**05** 选择第20帧上的元件，设置其"Alpha"值为0%，选择第36帧上的元件，在"属性"面板中进行设置，如图9-36所示。场景效果如图9-37所示。

图9-36　"属性"面板

图9-37　元件效果

**06** 选择第37帧上的元件，在"属性"面板中进行设置，如图9-38所示。场景效果如图9-39 所示，并在第20帧的位置上创建"传统补间"。

图9-38　"属性"面板

图9-39　元件效果

**07** 使用相同的方法，完成"图层6""图层7"和"图层8"的制作，"时间轴"面板如图9-40所示。场景效果如图9-41所示。

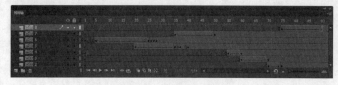

图9-40　"时间轴"面板

图9-41　场景效果

**08** 新建"图层9"，在第100帧处插入关键帧，在"动作"面板中输入"stop ();"脚本语言，完成动画的制作，执行"文件>保存"命令，将动画保存为"9-4-3.fla"，测试动画，效果如图9-42所示。

图9-42　测试动画效果

# 9.5 使用动画预设

动画预设是预先配置的补间动画，可以将它们应用于舞台上的对象。只需选择对象并单击"动画预设"面板中的"应用"按钮。使用"动画预设"面板不仅可以导入和导出预设。还可以创建并保存自定义的动画预设。

使用动画预设是在 Flash中添加动画的简便方法。一旦了解了动画预设的工作方式后，制作动画就变得非常容易了。

## 9.5.1 动画预设的原理

将预先配置的补间动画，应用于在舞台上的对象就是动画预设的原理。只需要选中舞台上的对象，然后在"动画预设"面板中单击"应用"按钮即可打开"动画预设"面板，如图9-43所示。

在"动画预设"面板中，包含默认动画预设和自定义动画预设两种。

- **默认动画预设**：在此文件中可以选择Flash中自带的动画预设，如2D放大、3D放大等动画预设。
- **"自定义动画"面板**：在此文件中可以创建和保存动画预设。

## 9.5.2 应用动画预设

在舞台上选择可以补间的对象，如图9-44所示。在默认的预设中选择一个预设，单击"应用"按钮就完成了动画预设，如图9-45所示。

  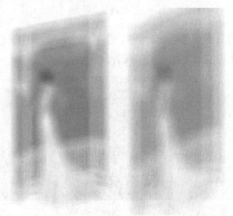

图9-43 "动画预设"面板　　图9-44 选择对象　　图9-45 "动画预设"效果

**技巧**

每个对象只能应用一个预设，如果对同一个对象使用第2次动画预设，会弹出提示框，如图9-46所示。如果单击"是"按钮，则第2个预设代替第1个预设。

图9-46 "提示"对话框

**上机练习：制作蹦蹦球动画**

- **最终文件** | 源文件\第9章\9-5.fla
- **操作视频** | 视频\第9章\9-5.swf

**操作步骤**

**01** 执行"文件>新建"命令，新建一个"大小"为780像素×298像素，"帧频"为24 fps，"背景"为白色的Flash文档。

**02** 执行"文件>导入>导入到舞台"命令，将图像"素材\第9章\95201.jpg"导入到场景，如图9-47所示，在第90帧位置插入帧。新建"图层2"，在"颜色"面板设置#FFFFFF到#FFCCFF的"径向渐变"，如图9-48所示。

图9-47　导入图像

图9-48　"颜色"面板

**03** 单击"椭圆工具"，在场景中绘制一个椭圆，如图9-49所示按F8键将其转换"影片剪辑"元件，如图9-50所示。

图9-49　绘制图形

图9-50　转换为元件

**04** 执行"窗口>动画预设"命令，弹出"动画预设"面板，如图9-51所示。选择"3D弹入"选项，单击"应用"按钮，场景效果如图9-52所示。

图9-51　"动画预设"面板

图9-52　场景效果

**05** 完成动画的制作，"时间轴"面板如图9-53所示。

图9-53　"时间轴"面板

**06** 保存动画，按快捷键Ctrl+Enter测试动画，效果如图9-54所示。

图9-54　测试动画效果

## 9.6 元件的高级应用

　　元件的高级应用，包括为图形元件设置循环，缩放、缓存元件和混合模式，当用户在制作复杂或大型Flash动画时，这些知识可以提高工作效率，帮助制作炫目精彩、播放流畅的动画效果。

### 9.6.1 对图像对象设置循环

　　图形元件也可以用来创建动画序列，为图形元件实例设置循环，如图9-1所示。播放实例内的动画序列的设置，如图9-55所示。

　　**选项**：设置图形元件实例的播放方式，有3种方式，如图9-56所示。

- 循环：按照实例在时间轴占有的帧数来循环播放该实例内的所有的动画序列。
- 播放一次：从指定帧开始播放动画序列直到动画结束，然后停止。
- 单帧：指定要显示的帧，显示动画序列的一帧。

　　**第一帧**：设置播放时首先显示的图形元件的帧，在文本框中输入帧编号即可。

图9-55　测试动画效果　　　图9-56　播放方式

> **提示**
>
> 如果图形元件有5帧，但元件的实例在时间轴只占3帧时，设置"循环"属性为"循环"且"第1帧"为2，则只播放图形元件中"第2帧"到"第4帧"这3帧内容。

### 9.6.2 缩放和缓存元件

　　这里的"缩放元件"是指在启用9切片缩放比例的基础上缩放影片剪辑元件的特定区域，缓存元件是为了提高播放动画的性能。

　　（1）9切片缩放比例

　　正常缩放是对影片剪辑元件实例的所有部分在水平和垂直尺寸上进行均等缩放，如图9-57所示。对于一些影片剪辑元件，在缩放时我们希望保留一些区域不变，如用作用户界面元素的影片剪辑角落处和边缘处。

图9-57　原图形及缩放后效果

应用9切片缩放后的影片剪辑元件，在"库"面板预览中显示为带辅助线，如图9-58所示，影片剪辑在视觉上被分割为类似网格的9个区域。

为了保持影片剪辑的视觉整体性，9切片缩放时不缩放转角，按需要放大或缩小（不同于拉伸）实例的其他区域，如图9-59所示。

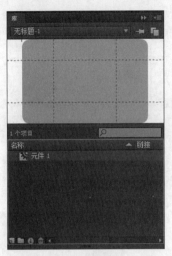

图9-58　"库"面板

图9-59　9切片缩放

（2）启用9切片缩放

打开"库"面板，选择一个影片剪辑元件，右击执行"属性"命令，弹出"元件属性"面板，单击"高级"按钮，展开高级选项的内容，勾选"启用 9 切片缩放比例辅助线"复选框，如图9-60所示，该元件即可进行9切片缩放。

（3）编辑9切片缩放

在舞台中选择一个实例，执行"编辑>编辑元件"命令或在"库"面板中双击元件，进入元件的编辑状态，直接拖动辅助线即可调整9切片辅助线的位置。

（4）使用9切片缩放编辑影片剪辑实例

创建启用9 切片缩放元件的实例，使用"任意变形工具"像缩放普通实例一样缩放该实例，会发现只缩放实例指定区域，如图9-61所示。

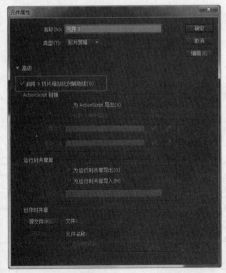

图9-60　"元件属性"面板

图9-61　元件9切片辅助线及指定区域

### 9.6.3 位图缓存

位图缓存是指允许指定某个静态影片剪辑或按钮元件在运行时缓存为位图，优化Flash动画播放方式，提高播放速度。

（1）使用位图缓存改进呈现性能

默认状态下，Flash Player播放时会重绘舞台上的每一帧中每个矢量项目。将影片剪辑或按钮元件缓存为位图，可防止Flash Player不断重绘项目，因为对象是位图，在舞台上的位置不会更改，省去重绘的操作，只需显示即可，这极大地改进了播放性能。

> **提示**
>
> 位图缓存允许使用影片剪辑并自动将其冻结在当前位置上，如果某个区域发生更改，则矢量数据可更新位图缓存，最大限度地减少了 Flash Player 执行的重绘次数。

应用位图缓存功能的影片剪辑的动画各帧中应该只有位置而无内容（如动画的背景）。运行时位图缓存带来的回放或运行时性能改善仅在内容复杂的影片剪辑中才能体现出来。对于简单的影片剪辑，运行时位图缓存不会增强性能。

（2）为元件指定位图缓存

选择某个影片剪辑或按钮元件，打开"属性"面板，如果在"显示"属性的"呈现"下拉菜单中选择"缓存为位图"，如图9-62所示，则该元件在运行时使用"位图缓存"功能。

图9-62 "缓存为位图"选项

### 9.6.4 混合模式

使用混合模式可以创建复合对象，复合是改变重叠对象（两个或两个以上）的透明度或颜色相互关系的过程，从而带来别具一格的视觉感受。

（1）混合模式简介

创建影片剪辑或按钮元件的实例后，更改实例混合模式，实例的颜色会和实例下方像素的颜色发生混合，呈现出独特的视觉效果。

应用了混合模式的实例有以下几个要素："混合颜色"是实例原来的颜色，"不透明度"是实例原来的透明度，"基准颜色"是实例下方的像素的颜色，"结果颜色"是实例应用混合模式后的颜色。

> **提示**
>
> 因为发布 SWF 文件时多个图形元件会合并为一个形状，所以不能对不同的图形元件应用不同的混合模式。

（2）混合模式类型

选中场景中影片剪辑或按钮实例，打开"属性"面板，如图9-63所示，单击"混合"选项右侧三角按钮，弹出模式下拉列表，其中包括所有混合模式的类型，如图9-64所示。

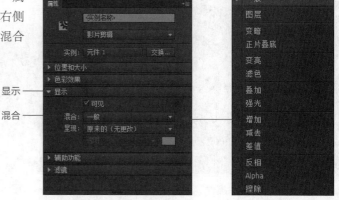

图9-63 "属性"面板　　　　图9-64 "混合模式"类型

- **一般**：正常应用颜色，不与基准颜色发生混合变化，如图9-65所示。
- **图层**：层叠各个影片剪辑，而不影响其颜色，如图9-66所示。
- **变暗**：只替换比混合颜色亮的像素，比混合颜色暗的像素保持不变，如图9-67所示。
- **正片叠底**：将基准颜色与混合颜色复合，产生较暗的颜色，可以去除实例中白色，如图9-68所示。

图9-65　一般　　　　图9-66　图层　　　　图9-67　变暗　　　　图9-68　正片叠底

- **变亮**：只替换比混合颜色暗的像素，比混合颜色亮的像素保持不变，如图9-69所示。
- **滤色**：将混合颜色的反色与基准颜色复合，产生漂白效果，可以去除实例中黑色，如图9-70所示。
- **叠加**：复合或过滤颜色，结果颜色需取决于基准颜色，如图9-71所示。
- **强光**：可以复合或过滤颜色，结果颜色需取决于混合模式颜色，此效果类似于用点光源照射对象，如图9-72所示。

图9-69　变亮　　　　图9-70　滤色　　　　图9-71　叠加　　　　图9-72　强光

- **增加**：用于在两个对象之间创建动画的变亮分解效果，如图9-73所示。
- **减去**：用于在两个对象之间创建动画的变暗分解效果，如图9-74所示。
- **差值**：从基色减去混合色或从混合色减去基色，结果颜色取决于哪一种的亮度值较大，此效果类似于彩色底片，如图9-75所示。
- **反相**：反转基准颜色，如图9-76所示。

图9-73　增加　　　　图9-74　减去　　　　图9-75　差值　　　　图9-76　反相

- **Alpha**：应用 Alpha 遮罩层。
- **擦除**：删除所有基准颜色像素，包括背景对象中的基准颜色像素。

## 上机练习：使用混合模式去除导入素材的黑底

- **最终文件** | 源文件\第9章\9-6.fla
- **操作视频** | 视频\第9章\9-6.swf

**操作步骤**

**01** 执行"文件>新建"命令，新建一个"大小"为500像素×380像素，"帧频"为24fps，"背景颜色"为白色的Flash文档，如图9-77所示。执行"文件>导入>导入到舞台"命令，导入素材"素材\第9章\96101.jpg"，如图9-78所示。

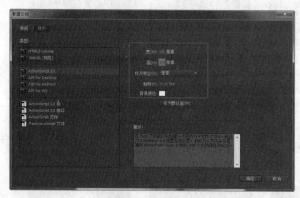

图9-77 新建文档

图9-78 导入素材

**02** 单击"第30帧"，按F5键插入帧，"时间轴"面板如图9-79所示。新建"图层2"，用相同方法导入素材"96102.jpg"，如图9-80所示。

图9-79 "时间轴"面板

图9-80 导入素材

**03** 选中刚导入的素材，按F8键弹出"转换为元件"对话框，转换为"烟花"影片剪辑元件，打开"属性"面板，设置"混合模式"为滤色，如图9-81所示。调整该影片剪辑到合适的位置，如图9-82所示。

**04** 单击"图层2"中的第20帧，按F6键插入关键帧，用相同方法在第30帧位置插入关键帧，打开"属性"面板，设置"色彩效果"样式为"Alpha"值为0，如图9-83所示。

图9-81 "属性"面板

图9-82 设置混合模式

图9-83 设置"Alpha"值为0

**05** 选中第1帧位置的影片剪辑，使用"任意变形工具"，按住Shift键调整大小，并移到合适的位置，如图9-84所示。选中第20帧左右的连续几帧，执行"插入>传统补间"命令，创建传统补间动画，"时间轴"面板如图9-85所示。

图9-84　调整大小

图9-85　"时间轴"面板

**06** 执行"文件>保存"命令，保存为"源文件\第9章\9-6.fla"，按快捷键Ctrl+Enter测试动画，效果如图9-86所示。

图9-86　测试动画效果

## 9.7 课后练习

### 课后练习1：制作开场动画效果

- **最终文件** ┃ 源文件\第9章\9-7-1.fla
- **操作视频** ┃ 视频\第9章\9-7-1.swf

制作逐帧动画，要控制好动画的起始帧。定位好起始帧之后，就可以将素材图像导入，完成动画的制作。操作如图9-87所示。

图9-87　制作动画

**练习说明**

1. 将背景图像素材导入到场景中。

2. 新建"图层2"，将动画图像组导入到场景中，并调整其位置。

3. 导入图像组后，"时间轴"面板会根据图像组的图像数量自动生成帧。

4. 完成动画的制作，测试动画效果。

## ▌课后练习2：调整补间动画的运动轨迹 ▌

● **最终文件 ▎**源文件\第9章\9-7-2.fla

● **操作视频 ▎**视频\第9章\9-7-2.swf

创建补间动画，并调整补间动画的运动轨迹，使元件按规定的轨迹运行。操作如图9-88所示。

图9-88　制作动画

**练习说明**

1. 新建背景图形元件，导入素材，拖入场景中，在第70帧的位置上插入帧。

2. 新建"图层2"，将飞机元件拖入到场景中，并创建补间动画。

3. 使用"任意变形工具"调整第30帧、第70帧元件的位置和大小，使用"选择工具"调整运行轨迹。

4. 完成动画的制作，测试动画效果。

第

# 10 章

## Flash高级动画制作

**本章重点:**

➜ 掌握遮罩动画和引导线动画的制作方法

➜ 熟悉滤镜的功能

➜ 掌握动画编辑器的使用方法

# 10.1 遮罩动画

利用遮罩动画可以制作出聚光灯、过渡等具有创意的动画效果。在Flash中遮罩动画是很重要的动画类型，很多效果丰富的动画都是通过遮罩动画来完成的。

## 10.1.1 遮罩动画的概念

遮罩动画将动画的运作限制在一定的范围内，可以使用遮罩层创建一个窗口，通过这个窗口看到被遮罩层的内容，而窗口之外的对象则不可显示。

## 10.1.2 制作遮罩动画

创建遮罩动画，至少需要两个图层，即遮罩层和被遮罩层。遮罩层在上方，用来指定显示范围；被遮罩层在下方，用来指定显示的内容，如图10-1所示。创建遮罩动画后，遮罩层与被遮罩层将呈锁定状态，如图10-2所示。

图10-1　创建遮罩动画前

图10-2　创建遮罩动画后

遮罩层中的内容可以是填充的形状、文字对象、图形元件的实例、影片剪辑或按钮，笔触不可用于遮罩层。一个遮罩动画中可以同时存在多个被遮罩层，但是只能有一个遮罩层。

> **提示**
>
> 一个遮罩层只能包含一个遮罩项目，遮罩层不能在按钮内部，也不能将一个遮罩应用于另一个遮罩。

Flash中遮罩动画本身又分为4种类型：第一种，遮罩层与被遮罩层中的内容都是静止状态；第二种，遮罩层静止，被遮罩层是动画；第三种，遮罩层是动画，被遮罩层静止；第四种，遮罩层与被遮罩层都是动画。

> **提示**
>
> 不能对遮罩层上的对象使用"3D 工具"，包含 3D 对象的图层也不能用作遮罩层。

---

## 上机练习：制作遮罩动画

- **最终文件** | 源文件\第10章\10-1-2.fla
- **操作视频** | 视频\第10章\10-1-2.swf

---

**操作步骤**

**01** 执行"文件>新建"命令，新建一个"大小"为800像素×600像素，"帧频"为36fps，"背景颜色"为白色的Flash文档。

**02** 执行"文件>导入>导入到舞台"命令，将图像"素材\第4章\101201.png"导入到场景中，并调整其位置，如图10-3所示。在第150帧位置插入关键帧，新建"图层2"，使用"矩形工具"绘制矩形，如图10-4所示。

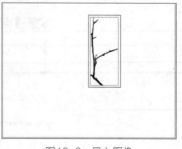

图10-3　导入图像　　　　图10-4　绘制矩形

**03** 在第30帧位置插入关键帧，使用"任意变形工具"将绘制的矩形扩大，如图10-5所示。选择第1帧并创建"补间形状"动画，在"图层2"名称处单击鼠标右键，在弹出的菜单中选择"遮罩层"选项，"时间轴"面板如图10-6所示。

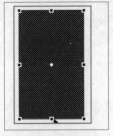

图10-5 调整图形

图10-6 "时间轴"面板

**04** 使用相同的方法，可以制作出"图层3"至"图层8"，完成后的"时间轴"面板如图10-7所示。场景效果如图10-8所示。

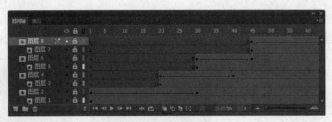

图10-7 "时间轴"面板

图10-8 场景效果

> **提示**
>
> 使用矩形制作的遮罩动画体现花枝的生长过程，使用圆形制作的遮罩动画体现花朵的生长过程。区别简单，动画效果相差很远。遮罩动画的变化效果非常丰富，可以使用图形元件作为遮罩层，也可以使用影片剪辑元件作为遮罩层。一个遮罩层可以为多个图层服务，要求其必须在被遮罩层的上端。

**05** 新建"图层9"，在第50帧位置插入关键帧，将"素材\
第10章\101205.png"导入场景中，如图10-9所示。新建
"图层10"，在第50帧位置插入关键帧，使用"椭圆工具"
绘制圆形，如图10-10所示。

图10-9 导入图像

图10-10 绘制圆形

**06** 在第60帧位置插入关键帧，使用"任意变形工具"将圆形等比例扩大，如图10-11所示。在第50帧创建"补间形状"动画，并设置"图层10"为遮罩层，"时间轴"面板如图10-12所示。

图10-11 调整图形

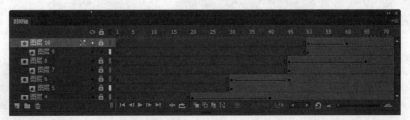

图10-12 "时间轴"面板

**07** 使用相同的方法，可以制作出"图层11"至"图层16"，完成后的"时间轴"面板如图10-13所示。场景效果如图10-14所示。

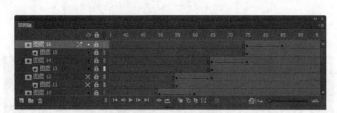 

图10-13 "时间轴"面板　　　　图10-14 场景效果

**08** 新建"图层17"，将"素材\第10章\101209.png"导入到场景中，如图10-15所示。新建"图层18"，在第70帧位置按F6键插入关键帧。

**09** 将"素材\第4章\101210.png"导入到场景中，并按F8键转换成名称为"花瓣"的"图形"元件，场景效果如图10-16所示。

**10** 将"花瓣"元件选中后，在"属性"面板的"颜色效果"标签中设置"样式"为高级，设置各项参数，如图10-17所示。在第80帧位置插入关键帧，选中元件后，修改其"属性"面板中的各项参数，如图10-18所示。

图10-15 导入图像　　图10-16 场景效果　　图10-17 "属性"面板　　图10-18 扩大元件

**11** 在第100帧位置按F6键插入关键帧，选中"花瓣"元件，在"属性"面板的"颜色效果"标签中设置其"样式"为无，并分别设置第70帧和第80帧上的"补间"类型为"传统补间"，"时间轴"面板如图10-19所示。

**12** 新建"图层19"，在第70帧插入关键帧，使用"椭圆工具"在场景中绘制出一个圆形，如图10-20所示。在第85帧位置插入关键帧，使用"任意变形工具"将图形等比例放大，如图10-21所示。

图10-19 "时间轴"面板　　图10-20 绘制圆形　　图10-21 调整圆形

**13** 设置第70帧上的"补间"类型为补间形状，并设置"图层19"为遮罩层，"时间轴"面板如图10-22所示。

图10-22 "时间轴"面板

**14** 完成花瓣散落动画的制作，保存动画，按快捷键Ctrl+Enter测试动画，效果如图10-23所示。

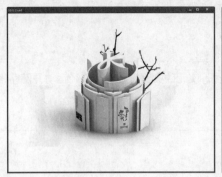

图10-23　测试动画效果

# ▶10.2　引导线动画

创建了补间动画之后，系统会自动生成一条引导线，元件实例将沿着引导线运动，并且引导线的形状可以任意调整。在Flash中，除了创建补间动画制作引导线动画外，还可以在传统补间动画的基础上，添加引导层来制作引导线动画。

## 10.2.1　引导线动画的概念

使元件实例沿着一条路径运动，即为引导线动画。制作引导线动画，需要两个图层，一个是绘制路径的引导层，另一个是传统补间动画层。可以将多个层链接到一个运动引导层，使多个对象沿同一条路径运动，链接到运动引导层的常规层就成为引导层。

引导层在传统补间动画层的上方，用来指定元件实例运动轨迹，如图10-24所示。单击被引导层的第1帧，在"属性"面板中设置各参数，可以使动画效果更加细致，如图10-25所示。

- **调整到路径**：勾选该选项，补间元素的基线就会调整到运动路径，在运动过程中，元件实例会随着路径的变化而旋转角度。
- **沿路径着色**：使用路径的颜色对元件颜色进行的改变。
- **沿路径缩放**：沿着路径的笔触宽度对元件大小进行缩放。
- **同步**：使图形元件实例的动画和主时间轴同步。

图10-24　"时间轴"面板　　　　图10-25　"属性"面板

## 10.2.2　传统运动引导层与引导层

在Flash中创建引导层的方法有两种，一种是选择一个图层，鼠标右键单击图层名称，在弹出的快捷菜单中选择"添加传统运动引导层"选项，在当前选择的图层上方添加一个引导层，如图10-26所示，在添加的引导层中绘制所需的路径，使传统补间动画层中的元件实例按照路径运动。

另一种同样是选择一个图层，鼠标右键单击图层名称，在弹出的快捷菜单中选择"引导层"选项，把当前图层转换为引导层，如图10-27所示，该引导层在绘制图形时起辅助作用，用于帮助对象定位。当把传统补间动画层拖放到该引导层时，才可以使元件实例的运动受限于该引导层。

图10-26　"时间轴"面板　　　　图10-27　"时间轴"面板

制作引导线动画时，元件实例的中心点一定要贴紧至引导层中的路径上，否则将不能沿着路径运动。

## 10.2.3 制作引导线动画

本节将通过一个实例，讲解利用"调整到路径"属性，使元件实例沿着复杂路径运动并随路径的变化而旋转角度的动画效果。

**上机练习：制作引导线动画**

- **最终文件** | 源文件\第10章\10-2-3.fla
- **操作视频** | 视频第10章\10-2-3.swf

操作步骤

**01** 执行"文件>新建"命令，新建一个"大小"为266像素×700像素，"帧频"为20fps，"背景颜色"为白色的Flash文档。

**02** 新建名称为"地球动画"的"影片剪辑"元件，将图像"素材\第10章\102301.png"导入到场景中，如图10-28所示，并将其转换成名称为"地球"的"图形"元件，在第100帧位置插入关键帧，为第1帧创建"传统补间"动画，并设置"属性"面板如图10-29所示。

**03** 返回到场景1的编辑状态，将图像"102302.png"导入到场景中，如图10-30所示。在第145帧位置插入帧。新建"图层2"，在第45帧位置插入关键帧，将"地球"元件从"库"面板拖入到场景中，如图10-31所示。

图10-28 导入图像

图10-29 "属性"面板

图10-30 导入图像

图10-31 拖入元件

**04** 在第70帧位置插入关键帧，选择第45帧，设置其"Alpha"值为0%，如图10-32所示，并在其位置上创建"传统补间"，在第132帧插入空白关键帧。新建"图层3"，在第132帧插入关键帧，将"地球动画"元件从"库"面板拖入到场景中，如图10-33所示。

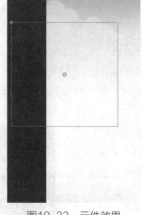
图10-32 元件效果

图10-33 拖入元件

**05** 使用相同的方法，完成"图层4"和"图层5"的制作，场景效果如图10-34所示。在"图层5"的"图层名称"上单击右键，在弹出的快捷菜单中选择"添加传统运动引导层"选项，"时间轴"面板如图10-35所示。

图10-34　场景效果

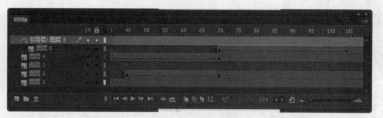

图10-35　"时间轴"面板

**06** 使用"钢笔工具"在场景中绘制引导线，如图10-36所示。使用"任意变形工具"将"图层5"第70帧上的元件进行调整，如图10-37 所示。再将第105帧上的元件移动到如图10-38所示的位置。

图10-36　绘制引导线

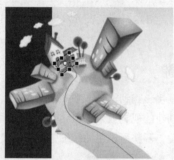

图10-37　元件效果

图10-38　移动元件

**07** 新建"图层7"，在第110帧插入关键帧，将图像"102305.png"导入到场景中，如图10-39所示。然后将其转换成名称为"人物"的"图形"元件。在第130帧位置插入关键帧，选择第110帧上的元件，"属性"面板的设置如图10-40所示。

图10-39　导入图像

图10-40　"属性"面板

**08** 完成设置后，效果如图10-41所示，并为第110帧添加"传统补间"。新建"图层8"，在第145帧位置插入关键帧，在"动作"面板输入"stop ();"脚本语言，"时间轴"面板如图10-42所示。

**09** 完成汽车跟随路径动画的制作，将动画保存为"10-2-3.fla"，测试动画效果如图10-43所示。

图10-41　场景效果　　　　图10-42　"时间轴"面板　　　　图10-43　测试动画效果

## ▶10.3　滤镜的应用

　　Flash中的滤镜可以为文本、按钮和影片剪辑增添有趣的视觉效果，还可以使用补间动画让应用的滤镜动起来，这是Flash独有的功能。

### 10.3.1　滤镜简介

　　Flash中的滤镜有：投影、模糊、发光、斜角、渐变发光、渐变斜角、调整颜色等，为文字、按钮、影片剪辑添加滤镜可以创建特定效果的动画。

### 10.3.2　滤镜和Flash Player的性能

　　对象应用滤镜的类型、数量和质量会直接影响到SWF文件的播放性能。
　　应用的滤镜越多，为了保证正确显示创建的视觉效果，Flash Player所需的处理量也就越大。
　　建议对一个对象只应用有限数量的滤镜，调整所应用滤镜的强度和质量，只要达到所需要的效果即可。

> **提示**
> 如果计算机运行的速度较慢，使用较低的设置可以提高性能。如果要创建在一系列不同性能的计算机上回放的内容，或不能确定用户计算机的计算能力，可以将滤镜品质级别设置为"低"，以实现最佳的回放性能。

### 10.3.3　投影

　　"投影"滤镜用来模拟对象向一个表面投影的效果，或在背景中剪出一个形似对象的形状来模拟对象的外观，如图10-44所示。
　　选择"投影"选项，列表中出现"投影"滤镜的参数，如图10-45所示。

图10-44　两种"投影"效果　　　　图10-45　"投影"滤镜参数

- **模糊X**：设置x轴方向的投影模糊大小，值越大越模糊，取值范围为0～255，如图10-46所示。
- **模糊Y**：设置y轴方向的投影模糊大小，值越大越模糊，取值范围为0～255，如图10-47所示。

模糊为5　　　　　　模糊为50　　　　　　模糊为5　　　　　　模糊为50

　　图10-46　x轴方向不同模糊值效果　　　　　　　图10-47　y轴方向不同模糊值效果

**提示**

在"模糊X"和"模糊Y"选项后分别有两个按钮，即"链接X和Y属性值"按钮，单击此处，按钮会变成 状，这时x轴和y轴会同比例的增加或减少数值。

- **强度**：设置投影的明暗度，值越大投影越暗，取值范围为0～1000，如图10-48所示。

强度30%　　　　　　强度100%

图10-48　强度为30%和100%时效果

- **品质**：设置投影的质量级别，有3个选项，如图10-49所示。不同的选项的投影的质量有所不同，如图10-50所示。

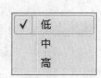

低　　　　　　　　中　　　　　　　　高

　图10-49　投影　　　　　　图10-50　不同选项的投影质量
　　"品质"选项

- **角度**：设置投影的角度，取值范围为0～360°，如图10-51所示。
- **距离**：设置投影与对象之间的距离，如图10-52所示。

角度为45°　　　　　　角度为150°　　　　　　距离为10px　　　　　　距离为30px

　　图10-51　不同投影角度的效果　　　　　　　图10-52　不同投影与对象距离的效果

- **挖空**：挖空原对象，只显示投影效果，如图10-53所示。
- **内阴影**：在对象边界内应用投影，如图10-54所示。
- **隐藏对象**：只显示其投影而不显示原来的对象，如图10-55所示。
- **颜色**：设置投影的颜色，单击"颜色"控件，在打开的"拾色器"中选择相应的颜色即可，如图10-56所示为设置不同颜色的投影效果。

图10-53 "挖空"效果　　图10-54 "内阴影"效果　　图10-55 "隐藏对象"效果　　图10-56 颜色为#FF0000的效果

> **提示**
>
> "挖空"效果是从视觉上隐藏对象，但可以显示原图像的轮廓，"隐藏对象"效果是只显示投影，没有原来的对象了，它可以用来创建逼真的投影效果。

## 10.3.4 模糊

　　"模糊"滤镜用来柔化对象的边缘和细节，可以使对象产生运动或位于其他对象之后的效果，如图10-57所示。选择"模糊"选项，列表中出现"模糊"滤镜的参数，如图10-58所示。

- **模糊X/模糊Y**：设置对象在x轴和y轴方向的模糊程度，值越大越模糊，取值范围为0～255之间的任意整数值，如图10-59所示。

图10-57 "模糊"效果　　图10-58 "模糊"滤镜参数　　图10-59 不同模糊值的效果

> **提示**
>
> 如果输入值为最大值，原对象会消失掉，而变成与原对象颜色相近的颜色块。

- **品质**：设置模糊的质量，有"低""中""高"3个选项，不同的选项的模糊的质量有所不同，如图10-60所示。

低　　　　　　　　　　　中　　　　　　　　　　　高

图10-60　不同的模糊质量

## 10.3.5 发光

"发光"滤镜为对象的周边应用颜色，如图10-61所示。选择"发光"选项，列表中出现"发光"滤镜的参数，如图10-62所示。

- **模糊X/模糊Y**：在x轴和y轴方向设置发光的模糊程度，如图10-63所示。

图10-61　"发光"效果　　　图10-62　"发光"滤镜参数　　　图10-63　x轴和y轴方向模糊效果

- **强度**：设置发光的清晰度，值越大越清晰，如图10-64所示。
- **品质**：设置发光的质量级别，包含的3个选项和"投影"品质的选项含义相同。
- **颜色**：设置发光颜色，如图10-65所示。

强度为40%　　　　　强度为100%　　　　颜色为#F8CF9F　　　颜色为#21B7E3

图10-64　不同强度的图片效果　　　　图10-65　不同颜色的图片效果

- **挖空**：挖空对象只显示发光效果，如图10-66 所示。
- **内发光**：对象边界内应用发光，如图10-67 所示。

图10-66 "挖空"效果　　　　图10-67 "内发光"效果

## 10.3.6 斜角

"斜角"滤镜为对象应用加亮效果，使其看起来凸出于背景表面，产生立体的浮雕效果，如图10-68所示。选择"斜角"选项，列表中出现"斜角"滤镜的参数，如图10-69所示。

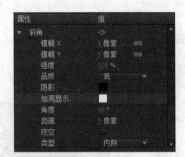

图10-68 原图及应用效果　　　　图10-69 "斜角"滤镜参数

**模糊X/模糊Y**：在x轴和y轴方向设置斜角的模糊程度，如图10-70所示。

**强度**：设置斜角的清晰度，也是斜角的不透明度。该值为0时将不会显示斜角效果，如图10-71所示。

图10-70 模糊为5px和30px的效果　　　　图10-71 强度为60%和100%的效果

**品质**：设置斜角的质量级别，级别越高越模糊。

**阴影**：设置斜角阴影的颜色。

**角度**：设置斜角的角度，如图10-72所示。

**距离**：设置斜角与对象之间的距离，如图10-73所示。

图10-72　角度为150°和250°的效果　　　图10-73　距离为3px和10px的效果

**挖空**：挖空对象只显示斜角效果。

**类型**：设置对象应用的斜角类型，下拉列表中有内侧、外侧、全部3个选项。应用不同斜角类型的效果如图10-74所示。

- **内侧**："斜角"效果应用于对象内侧。
- **外侧**："斜角"效果应用于对象外侧。
- **全部**："斜角"效果同时应用于对象内侧和外侧。

图10-74　斜角类型为内侧、外侧和全部的效果

## 10.3.7　渐变发光

"渐变发光"滤镜使对象在发光表面产生带渐变颜色的发光效果，如图10-75所示。选择"渐变发光"选项，列表中出现"渐变发光"滤镜的参数，如图10-76所示。

> **提示**
>
> 渐变发光不仅有渐变效果，还有逐渐向周围羽化的效果。

图10-75　原图和"渐变发光"效果　　　图10-76　"渐变发光"滤镜参数

**模糊X/模糊Y**：设置渐变发光的模糊程度，如图10-77所示。

**强度**：设置渐变发光的清晰度，如图10-78所示。

图10-77　模糊为10px和100px的效果　　　　图10-78　强度为60％和100％的效果

**品质：**设置渐变发光的质量级别。

**角度：**设置渐变发光的角度，如图10-79所示。

**距离：**设置渐变发光与对象之间的距离，如图10-80所示。

图10-79　角度为45°和200°的效果　　　　图10-80　距离为10px和40px的效果

**挖空：**挖空对象上只显示渐变发光效果。

**类型：**设置渐变发光的类型，有内侧、外侧、全部3个选项，应用不同渐变发光类型的效果如图10-81所示。

- **内侧：**"渐变发光"效果应用于对象内侧。
- **外侧：**"渐变发光"效果应用于对象外侧。
- **全部：**"渐变发光"效果同时应用于对象内侧和外侧。

**渐变：**设置发光的渐变颜色。

单击"渐变预览器"按钮，打开"渐变编辑"区域，如图10-82所示。

图10-81　渐变发光类型为内侧、外侧和全部的效果　　　　图10-82　"渐变编辑"区域

面板中有两个滑块，渐变开始滑块称为 Alpha 颜色。

- **改变滑块颜色：**单击相应的颜色滑块，在打开的"拾色器"中选择相应的颜色即可。
- **改变滑块位置：**选择相应的滑块，左右拖动即可。
- **添加滑块：**在颜色显示区域下方当光标变成 时，单击可添加滑块。
- **删除滑块：**拖动滑块离开颜色显示区域即可删除该滑块。

渐变发光要求渐变开始处颜色的"Alpha"值为 0，并且不能移动此颜色的位置，但可以改变它的颜色。

## 10.3.8 渐变斜角

"渐变斜角"滤镜使对象产生一种在背景上凸起，且斜角表面有渐变颜色的效果。渐变斜角要求渐变的中间有一种颜色的"Alpha"值为0，如图10-83所示。选择"渐变斜角"选项，列表中出现"渐变斜角"滤镜的参数，如图10-84所示。

- **模糊X/模糊Y**：设置渐变斜角的模糊程度，如图10-85所示。

图10-83 原图和"渐变斜角"效果　　图10-84 "渐变斜角"滤镜参数　　图10-85 模糊为15px和60px的效果

- **强度**：设置渐变斜角的清晰度，如图10-86所示。
- **品质**：设置渐变斜角的质量级别。
- **角度**：设置渐变斜角的角度，如图10-87所示。
- **距离**：设置渐变斜角与对象之间的距离，如图10-88所示。

图10-86 强度为40%和100%的效果　　图10-87 角度为45°和250°的效果　　图10-88 距离为5px和15px的效果

- **挖空**：挖空对象上只显示渐变斜角效果。
- **类型**：设置渐变斜角的应用位置，有内侧、外侧、全部3个选项，其中"内侧"选项是默认设置，如图10-89所示。
- **渐变**：设置斜角的渐变颜色，单击"渐变预览器"按钮，打开"渐变编辑"区域，如图10-90所示。

面板中有3个滑块，第二个滑块称为Alpha颜色，不可以删除和改变它的位置，但可以改变它的颜色，如图10-91所示。

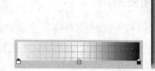

图10-89  渐变斜角类型为内侧、外侧和全部的效果　　图10-90  "渐变编辑"区域　　图10-91  改变Alpha颜色及相应的图像效果

> **提示**
>
> 按 Ctrl 键同时单击此滑块可以删除 Alpha 颜色滑块。

## 10.3.9  调整颜色

"调整颜色"滤镜设置所选对象的颜色属性，如图10-92所示。选择"调整颜色"选项，列表中出现"调整颜色"滤镜的参数，如图10-93所示。

图10-92  原图和"调整颜色"效果

图10-93  "调整颜色"滤镜参数

- 亮度：设置对象的亮度，取值范围为-100～100，如图10-94所示。
- 对比度：设置对象加亮、阴影及中调的对比度，取值范围为-100～100，如图10-95所示。

图10-94  亮度为-50和50的效果　　　　　图10-95  对比度为10和70的效果

- 饱和度：设置颜色的强度，取值范围为-180～180，如图10-96所示。
- 色相：设置不同的颜色，取值范围为-100～100，如图10-97所示。

图10-96　饱和度为-50和50的效果　　　　图10-97　色相为-50和80的效果

> **提示**
>
> 元件的实例应用"调整颜色"滤镜后，如果实例执行"修改＞分离"命令后，实例会保持原来的颜色，失去"调整颜色"滤镜的颜色。

## 10.3.10　制作滤镜动画

使用"滤镜"可以制作很多用其他方法达不到或很难达到的效果，如发光、闪烁等。下面通过一个实例学习如何结合滤镜和补间动画制作逼真的动画效果。

### ▎上机练习：制作滤镜动画▎

- **最终文件** | 源文件\第10章\10-3.fla
- **操作视频** | 视频\第10章\10-3.swf

------ **操作步骤** ------

**01** 执行"文件>新建"命令，新建一个"大小"为400像素 × 650像素，"背景颜色"为#FFCC00，"帧频"为30fps的Flash文档。

**02** 执行"文件>导入>导入到舞台"命令，将"素材\第10章\103301.jpg"导入场景中，如图10-98所示。按F8键，将图像转换成名称为"背景"，类型为"影片剪辑"的元件，如图10-99所示。

**03** 打开"属性"面板，单击"添加滤镜"按钮，在弹出的列表中选择"投影"选项，设置"模糊X"为5像素，"模糊Y"为5像素，"强度"为50%，"品质"为高，保持其他默认设置，如图10-100所示。场景效果如图10-101所示。

图10-98　导入图像　　图10-99　"转换为元件"对话框　　图10-100　"滤镜"效果　　图10-101　场景效果

**04** 执行"插入>新建元件"命令，新建一个名称为"遮罩动画"，类型为"影片剪辑"的元件，如图10-102所示。单击"矩形工具"按钮，在场景中绘制一个"尺寸"为33像素×33像素，"填充颜色"为#00FFFF的矩形，如图10-103所示。

**05** 按F8键，将图形转换成名称为"遮罩"，类型为"图形"的元件，在第30帧位置按F6键插入关键帧，按住Shift键使用"任意变形工具"将元件等比例缩放成尺寸为70像素×70像素的元件，如图10-104所示。在第1帧位置创建传统补间动画，并设置"属性"面板的"旋转"为"顺时帧"旋转1次，"属性"面板如图10-105所示。

图10-102 "创建新元件"对话框

图10-103 绘制矩形

图10-104 缩放元件

图10-105 "属性"面板

**06** 新建"图层2"，在第30帧位置按F6键插入关键帧，打开"动作"面板，在面板中输入"stop();"脚本语言，如图10-106所示。"时间轴"面板如图10-107所示。

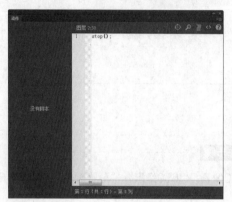

图10-106 "动作"面板

图10-107 "时间轴"面板

**07** 执行"插入>新建元件"命令，新建一个名称为"遮罩动画2"，类型为"影片剪辑"的元件，将"遮罩动画"从"库"面板中拖入场景中，按住Alt键使用"选择工具"将元件水平拖动7像素，复制出一个元件，如图10-108所示。新建"图层2"，在第5帧位置按F6键插入关键帧，将元件垂直向下移动7像素，如图10-109所示。

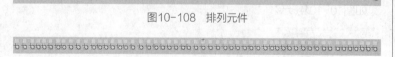

图10-108 排列元件

图10-109 排列元件

**08** 采用同样的方法，复制出可能覆盖整个"背景"元件的"遮罩动画"元件，如图10-110所示。新建一个图层，在最后一帧位置按F6键插入关键帧，打开"动作"面板，在面板中输入"stop();"脚本语言，"时间轴"面板如图10-111所示。

图10-110 复制元件

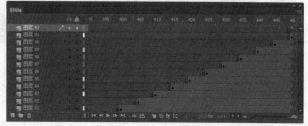

图10-111 "时间轴"面板

**09** 返回"场景1"编辑状态，新建"图层2"，将"遮罩动画2"元件从"库"面板中拖入场景中，如图10-112所示。在"图层2"上单击右键，在弹出的菜单中选择"遮罩层"选项，新建"图层3"，打开"动作"面板，在面板中输入"stop();"脚本语言，"时间轴"面板如图10-113所示。

**10** 执行"文件>保存"命令，保存动画，按快捷键Ctrl+Enter测试影片，动画效果如图10-114所示

图10-112　拖入元件

图10-113　"时间轴"面板

图10-114　预览动画效果

## ▶10.4 动画编辑器

　　"动画编辑器"是一个面板，通过该面板不仅可以查看所有补间的属性及其属性关键帧，还提供了向补间添加精度和详细信息的工具。在时间轴中创建补间动画后，在"动画编辑器"面板中即可允许以多种不同的方式来控制补间。

### 10.4.1 认识"动画编辑器"面板

　　在时间轴上，选择要调整的补间动画，然后双击该补间范围，或者用鼠标右键单击该补间范围，然后选择调整补间来调动动画编辑器，如图10-115所示。

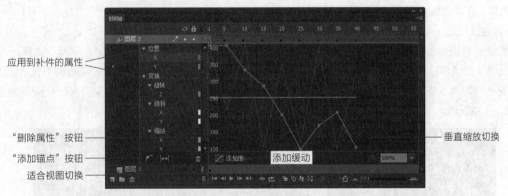
图10-115　"动画编辑器"面板

- **应用到补间的属性**：动画编辑器使用属性曲线，表示补间的属性。这些图形合成在动画编辑器的一个网格，每个属性都有其自己的属性曲线，横轴（从左右）为时间，纵轴为属性值的改变。用户可以通过在动画编辑器中编辑属性曲线来操作补间动画。
- **"添加锚点"按钮**：单击该按钮，然后单击属性曲线上要添加锚点的帧，或者双击曲线来添加一个锚点，通过锚点可以对属性曲线的关键部分进行明确修改，从而达到对属性曲线的更好控制。
- **适合视图切换**：单击该按钮，切换到合适时间轴大小的视图。
- **"删除属性"按钮**：选择一个属性，单击该按钮，可删除该曲线的属性。

- **添加缓动**：缓动可以控制补间的速度，在"缓动"选项卡上单击该按钮，即可在弹出的菜单中选择相应的预设缓动效果，如图10-116所示。
- **垂直缩放切换**：通过对该按钮选择的百分比，控制曲线的缩放大小。

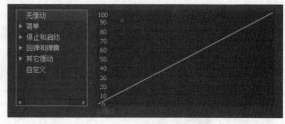

图10-116 "缓动"选项

## 10.4.2 编辑属性曲线

动画编辑器使用二维图形表示补间的属性，这些图形合成在动画编辑器的一个网格中，每个属性有其自己的属性曲线，横轴为时间，纵轴为属性值的改变，可以通过在动画编辑器中编辑属性曲线来操作补间动画。

（1）添加和删除锚点

在动画编辑器中可以通过添加属性关键帧或锚点来精确控制大多数曲线的形状，可单击"添加锚点按钮"，然后单击属性曲线上要添加锚点的帧，或是双击曲线来添加一个锚点。

删除锚点，选择一个锚点，然后按住Ctrl键单击要删除的锚点即可删除。

（2）使用控制点编辑属性曲线

通过控制点可以平滑或修改锚点任一端的属性曲线，选中锚点后，按住Alt键垂直拖动它以启用控制点，从而平滑角线段，如图10-117所示。

（3）复制和翻转属性曲线

选择要复制曲线的属性，单击鼠标右键在弹出的快捷菜单中选择复制命令，或是按快捷键Ctrl+C，选择要在其中粘贴所复制属性曲线的属性，单击鼠标右键选择粘贴命令，或是按快捷键Ctrl+V。

翻转属性曲线，单击鼠标右键在弹出的快捷菜单中选择翻转命令即可翻转属性曲线。

## 10.4.3 应用预设缓动和自定义缓动

通过缓动可以控制补间的速度，对动画的开头和结束部分进行操作，可以使对象的移动更为自然，缓动可以简单，也可以复杂，Flash包含多种适用于简单或复杂效果的预设缓动，用户还可以对缓动指定强度，以增强补间的视觉效果，在动画编辑器中，还可以创建自己的自定义缓动曲线。

（1）自定义缓动

自定义缓动图表示动作随时间变化的幅度，横轴表示帧，纵轴表示补间的变化比例，动画中的第一个值在0%的位置，最后一个关键帧可以设置为0~100%之间的值。补间实例的变化速率用图形曲线的斜率表示，如果在图中创建的是一条水平线（无斜度），则速率为0；如果在图中创建的是一条垂直线，则会有一个瞬间的速率变化，如图10-118所示。

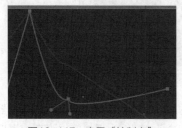

图10-117 启用"控制点"

图10-118 自定义缓动

（2）对属性曲线应用缓动曲线

对补间的属性添加缓动，在动画编辑器中，选择要对其应用缓动的属性，单击添加缓动按钮以显示"缓动"面板，选择一个预设，以应用于预设缓动，如图10-119所示。单击"缓动"面板之外的任意位置关闭该面板，"添加缓动"按钮会显示应用到属性缓动的名称，如图10-120所示。

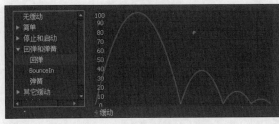

图10-119 "回弹"预设

图10-120 显示名称

（3）复制缓动曲线

在"缓动"面板中，选择要复制的缓动曲线，按快捷键Ctrl+C，选择要在其中粘贴所复制缓动曲线的属性，再按快捷键Ctrl+V即可复制缓动曲线。

（4）合成曲线

对属性曲线应用缓动曲线时，网格便会显示一条视觉叠加曲线，它成为合成曲线。合成曲线可精确表示应用于属性曲线的缓动效果，显示了补间对象的最终动画效果。测试动画时，合成曲线可以让用户更加容易地了解在舞台上看到的效果，如图10-121所示。

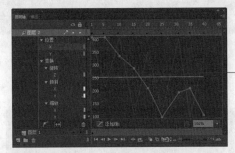

应用于X位置属性的合成曲线

图10-121 "动画编辑器"面板

# 10.5 课后练习

## 课后练习1：产品宣传广告动画

- **最终文件** | 源文件\第10章\10-5-1.fla
- **操作视频** | 视频\第10章\10-5-1.swf

通过遮罩动画的创建完成产品宣传广告动画的制作，操作如图10-122所示。

图10-122 制作动画

**练习说明**

1. 导入素材图像，新建图层，绘制矩形，在相应的位置插入关键帧，调整矩形大小，创建补间形状动画，并创建遮罩动画。
2. 采用相同的方法，导入素材，绘制圆形，创建遮罩动画。
3. 导入其他素材图像，分别转换为图形元件，在不同的图层上制作传统补间动画。
4. 完成动画的制作，测试动画效果。

**课后练习2：使用动画编辑器制作动画**

- **最终文件** | 源文件\第10章\10-5-2.fla
- **操作视频** | 视频\第10章\10-5-2.swf

通过使用动画编辑器，调整 $x$\$y$ 轴的值，制作篮球跳动的动画，操作如图10-123所示。

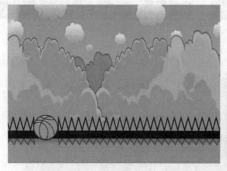

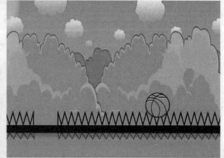

图10-123　制作动画

**练习说明**

1. 新建一个空白文档，将相应的素材导入到场景中。
2. 将素材转换为元件，在第1帧的位置上创建"补间动画"。
3. 在"时间轴"上双击，进入"动画编辑器"。插入关键帧，调整 $x$ 轴、$y$ 轴的位置。
4. 完成动画的制作，测试动画效果。

# 第 11 章

# 骨骼动画和3D动画

**本章重点：**

➔ 使用骨骼工具创建骨架

➔ 掌握使用3D工具完成制作三维元件

➔ 熟练制作出更自然的3D动画效果

## ▶ 11.1 骨骼工具

反向运动 (IK) 是一种使用骨骼对对象进行动画处理的方式，这些骨骼按父子关系链接成线状或枝状的骨架。当一个骨骼移动时，与其连接的骨骼也发生相应的移动。

使用反向运动可以方便地创建自然运动，若要使用反向运动进行动画处理，只需在时间轴上指定骨骼的开始和结束位置，Flash自动在起始帧和结束帧之间对骨架中骨骼的位置进行内插处理。

在Flash中创建骨骼动画主要有两种方式：第一种方式是向形状对象的内部添加骨架，该种方式比较适合为柔韧性物体添加骨骼，如人体、动物等。第二种方式是通过"骨骼工具"将多个不同的元件实例链接到一起，该种方式适合于刚性物体添加骨骼，如吊车、机器人等。

> **提示**
>
> 要使用反向运动，FLA 文件必须在"发布设置"对话框的"Flash"选项卡中将 ActionScript 3.0 指定为"脚本"设置。

向元件实例或形状添加骨骼后，Flash会在时间轴中为它们创建一个新图层，此新图层称为姿势图层，如图11-1所示。在Flash CC中，每个姿势图层除了可以包含一个或多个骨架外，还可以包含其他对象。

在时间轴中选择IK范围，可以在"属性"面板中对骨骼的各参数进行设置，如图11-2所示。

**骨架名称**：在该文本框中输入文本可以为骨架命名。

**缓动**：通过"缓动"选项区中的选项值用来设置动画中某一帧上的动画速度，可实现加速和减速动画效果。

- **强度**："强度"选项的默认值是0，即表示无缓动。最大值是100，实现加速运动。最小值是-100，实现减速运动。
- **类型**：在该选项的下拉列表中可以选择缓动的类型，可用的缓动包括4个简单缓动和4个停止并启动缓动，如图11-3所示。

图11-1 "时间轴"面板　　　　　图11-2 "属性"面板　　　　图11-3 "类型"下拉列表

**选项**：用来设置骨骼的表现形式。

- **类型**：在该下拉列表中包括"创作时"和"运行时"两个选项。"创作时"可以在"时间轴"面板一个图层中包含多个姿势；"运行时"则不能在一个图层包含多个姿势，并且"运行时"使用ActionScript1 2.0控制骨架。
- **样式**：用来设置骨骼的显示方式，在该下拉列表框中包括线框、实线、线和无4个选项，不同选项的骨骼样式如图11-4所示。

**弹簧**：默认选中该选项，使用该选项可以使骨骼动画显示逼真的物理效果。

> **提示**
>
> 如果将"骨骼样式"设置为"无"并保存文档，Flash 在下次打开文档时会自动将骨骼样式更改为"线"。

线框

实线

线

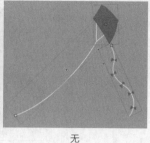
无

图11-4 不同的显示效果

## 11.1.1 向元件添加骨骼

在Flash中可以向影片剪辑、图形和按钮实例添加IK骨骼。在添加骨骼之前，元件实例可以位于不同的图层，Flash会将不同图层上的元件实例添加到同一个姿势图层中。

在舞台中创建不同的元件实例，如图11-5所示，单击"工具"面板中的"骨骼工具"按钮，将鼠标移至舞台中的一个实例上方，单击并拖动鼠标到另一个实例，可创建一个骨骼，如图11-6所示。

继续单击第1个骨骼的尾部，并拖动鼠标到另一个元件实例，创建第2个骨骼，如图11-7所示，第2次创建的骨骼将成为根骨骼的子级。

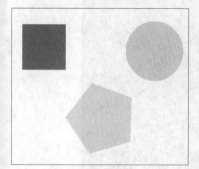

图11-5 创建元件实例

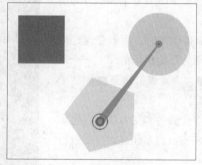

图11-6 创建骨骼

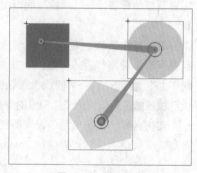

图11-7 创建骨骼

为元件实例添加骨骼后，使用"选择工具"拖动骨骼会移动其关联实例的位置，拖动实例可以移动实例并相对于其骨骼进行旋转。

> **提示**
>
> 在创建骨架之后，仍然可以向该骨架添加来自不同图层的新实例。在将新骨骼拖动到新实例后，Flash 会将该实例移动到骨架的姿势图层。

## 11.1.2 向形状添加骨骼

在Flash中可以将骨骼添加到同一图层的单个形状或一组形状。无论哪种情况，都必须首先选中所有形状，然后才能添加第1个骨骼。在添加骨骼之后，Flash会将所有形状和骨骼转换为一个IK形状对象，并将该对象移至一个新的姿势图层。

在舞台中绘制图形并将图形全选，如图11-8所示，单击"工具"面板中的"骨骼工具"按钮，将鼠标移至舞台中图形的上方，单击并拖动鼠标到图形的另一个位置，可创建一个骨骼，如图11-9所示。

继续单击第1个骨骼的起始位置，并拖动鼠标到图形的其他位置，创建第2个骨骼，如图11-10所示。两个骨骼起源于一点，为同级骨骼。在图形中也可以创建不同级别的骨骼，骨架可以具有所需数量的分支。

图11-8 全选图形

图11-9 创建骨骼

图11-10 创建同级骨骼

**提示**

创建 IK 骨架后，IK 形状将不能与外部其他形状进行合并，不能向 IK 形状添加新笔触，也不能使用任意变形工具进行旋转、缩放或倾斜等操作。

### 11.1.3 设置"IK骨骼"属性

在制作骨骼动画时，并不是所有骨骼都是一样的角度和方向，这就需要分别对每个骨骼进行设置。使用"选择工具"选中需要调整的骨骼，在"属性"面板中将显示IK骨骼的参数，如图11-11所示。

**级别操作按钮**：通过该部分的4个操作按钮，可以快速选择当前所选中骨骼邻近的骨骼，单击"属性"面板上的"上一个同级"按钮■、"下一个同级"按钮■、"父级"按钮■和"子级"按钮■，可以快速选择相应的骨骼。

**实例名称**：该选项用于设置所选中骨骼的实例名称，通过为骨骼设置实例名称，可以通过ActionScript脚本代码对骨骼进行控制。

**隐藏骨架编辑控件和提示**：为角色添加动画效果时，选择此选项将隐藏舞台上的编辑控件，而显示整个骨架结构的简化视图。

**位置**：在该选项区中显示了当前所选中骨骼的位置相关选项。

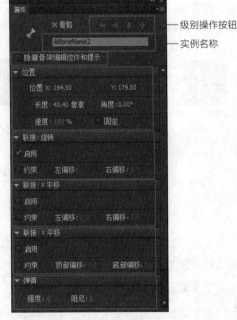
图11-11 创建同级骨骼

- **位置X/Y**：显示了当前所选中骨骼的位置坐标。
- **长度**：该选项显示了当前所选中骨骼的长度。
- **角度**：该选项显示了当前所选中骨骼的角度。
- **速度**：通过该选项的设置，可以控制当前选中骨骼的运动速度。
- **固定**：若选中该选项，则当前选中的骨骼不可以进行调整，将固定在当前所在位置。

**联接：旋转**：在该选项区中可以对当前所选中的骨骼的旋转选项进行设置。

- **启用**：默认选中该选项，表示可以对当前选中的骨骼进行选择操作。
- **约束**：该选项用于设置骨骼旋转时的最小度数和最大度数。

**联接：X平移**：在该选项区中可以对当前所选中的骨骼在X平移的相关选项进行设置。

- **启用**：默认不选中该选项，如果选中该选项，则表示可以对当前选中的骨骼在*x*轴方向进行平移操作。
- **约束**：该选项用于设置骨骼在进行*x*轴平移时的最小值和最大值。

**联接：Y平移**：在该选项区中可以对当前所选中的骨骼在Y平移的相关选项进行设置。

- **启用**：默认不选中该选项，如果选中该选项，则表示可以对当前选中的骨骼在*y*轴方向进行平移操作。
- **约束**：该选项用于设置骨骼在进行*y*轴平移时的最小值和最大值。

**弹簧**：可以将弹簧属性添加到IK骨骼中，骨骼的"强度"和"阻尼"属性通过将动态物理集成到骨骼IK系统中，是IK骨骼实现真实的物理移动效果。借助这些属性，可以轻松地创建更逼真的动画。"强度"和"阻尼"属性可使骨骼动画效果逼真，并且动画效果具有可配置性。最好在向姿势图层添加姿势之前设置这些属性。

- **强度**：该选项用于设置弹簧强度。数值越高，创建的弹簧效果越强。
- **阻尼**：该选项用于设置弹簧效果的衰减速率。数值越高，弹簧属性减小得越快。如果值为0，则弹簧属性在姿势图层的所有帧中保持其最大强度。

## 上机练习：通过元件实例创建骨骼动画

- **最终文件┃**源文件\第11章\11-1.fla
- **操作视频┃**视频\第11章\11-1.swf

**━━━━ 操作步骤 ━━━━**

**01** 打开文档"素材\第11章\11101.fla"，如图11-12所示，"时间轴"面板如图11-13所示。图层中分别为不同的影片剪辑元件实例。

**02** 单击"工具"面板中的"骨骼工具"按钮，将鼠标移至舞台，单击实例的下侧拖动到其他实例创建骨骼，如图11-14所示。

图11-12 打开文档 　　图11-13 "时间轴"面板 　　图11-14 创建骨骼

> **提示**
>
> 在舞台上创建元件实例，要在以后的操作中节省时间，请先对实例进行排列，使实例接近于想要的立体构型。

**03** 单击第1个骨骼的根部并拖动到其他实例，创建第2个骨骼，如图11-15所示。使用相同的方法，创建其他骨骼，如图11-16所示。

**04** "时间轴"面板如图11-17所示，使用"选择工具"单击图形，执行"修改>排列"中的各项命令，调整实例的堆叠顺序，效果如图11-18所示。

图11-15 创建骨骼 　　图11-16 创建骨骼 　　图11-17 添加姿势图层 　　图11-18 图层效果

> **提示**
>
> 创建分支骨架需要单击希望分支由此开始的现有骨骼的头部，然后拖动鼠标以创建新分支的第1个骨骼。骨架可以具有所需数量的分支，但是分支不能连接到其他分支（其根部除外）。

当为不同的实例添加骨骼时，首先要考虑好骨架的父子关系。骨架可以是线性的，也可以是分支性的，源于同一骨架的分支称为同级。

为元件实例添加骨骼后，Flash 会自动将元件实例的中心点移动到骨骼的连接点。

**05** 鼠标右键单击"姿势图层"的第60帧，在弹出的快捷菜单中选择"插入姿势"选项，"时间轴"面板如图11-19所示。

**06** 单击"姿势图层"中的第30帧，将鼠标移至鼠标，拖动骨骼调整实例的位置，如图11-20所示。使用相同的方法，调整人物另一条腿的位置，效果如图11-21所示。

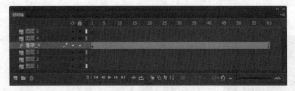  

图11-19　插入姿势　　　　图11-20　调整实例位置　　图11-21　调整实例位置

**07** 单击并拖动舞台中的胳膊元件实例，使其围绕骨骼的连接点旋转，如图11-22所示。使用相同方法，调整另一个实例的旋转角度，效果如图11-23所示。

**08** 调整骨骼及实例的位置后，"时间轴"面板中会自动添加姿势帧，如图11-24所示。

图11-22　调整实例旋转角度　　图11-23　调整实例旋转角度　　图11-24　"时间轴"面板

**09** 执行"文件>保存"命令，将其保存为"11-1.fla"。按快捷键Ctrl+Enter测试动画，效果如图11-25所示。

图11-25　测试动画效果

## ▶11.2 编辑骨骼动画

创建骨骼后，可以使用多种方法编辑他们。用户可以重新定位骨骼及其相关联的对象，在对象内移动骨骼、更改骨骼的长度、删除骨骼，以及编辑包含骨骼的对象。需要注意的是：只能在IK骨架所在的第1帧中对骨架进行编辑。在后续帧中重新定位骨架后，无法对骨骼结构进行更改。如果需要编辑骨架，则从时间轴中删除姿势图层中骨架所在的第1个帧之后的任何附加姿势。

如果只是为了调整骨架姿态以得到所需要的动画效果，则可以在姿势层的任何帧中进行位置更改。Flash将会自动把该帧转换为姿势帧。

### 11.2.1 选择骨骼

如果需要对骨骼进行编辑设置，首先需要选中骨骼，选中骨骼的方法有很多，下面将向用户分别进行介绍。

如果需要选中单个骨骼，可以使用"选择工具"在需要选择的骨骼上单击，即可选中相应的骨骼，如图11-26所示，在"属性"面板中将显示所选中骨骼的属性。

如果需要同时选中多个骨骼，可以使用"选择工具"按住Shift键同时逐个单击要选择的多个骨骼，如图11-27所示。

如果需要选择骨架中的所有骨骼，则需要双击某个骨骼，如图11-28所示，在"属性"面板将显示所有骨骼的属性。

如果需要选择整个骨架，则只需要单击"骨架"图层中包含骨架的任意一帧，如图11-29所示。

图11-26 选择单个骨骼　　　图11-27 选中多个骨骼　　　图11-28 选择所有骨骼　　　图11-29 选中整个骨架

### 11.2.2 重新定位骨骼和关联的对象

如果需要重新定位线性骨架，可以拖动骨架中的任何骨骼。如果骨架已经连接到了元件实例，则可以拖动实例，还可以相对于其骨骼旋转实例。

如果需要重新定位骨骼的某个分支，可以拖动该分支中的任何骨骼。该分支中的所有骨骼都将移动。骨架的其他分支中的骨骼不会移动。

如果需要将某个骨骼与其子级骨骼一起旋转而不移动父级骨骼，需要按住Shift键并拖动该骨骼。

如果需要将某个IK形状移动到舞台的新位置，可以在"属性"面板中选择该形状并更改其X属性和Y属性。

### 11.2.3 删除骨骼

如果需要删除的那个骨骼及其所有子级，可以使用"选择工具"选中需要删除的骨骼，并按Delete键即可。

如果需要从某个IK形状或元件骨架汇总删除所有骨骼，可以选择该形状或该骨架中的任何元件实例，然后执行"修改>分离"命令，IK形状将还原为正常形状。

### 11.2.4 相对于关联的形状或元件移动骨骼

如果要移动IK形状内骨骼一端的位置，使用"部分选取工具"拖动骨骼的一端即可。如果IK范围中有多个姿势，则无法使用"部分选取工具"，在编辑之前，需要从时间轴中删除姿势图层第1帧之后的所有附加姿势。

如果要移动元件实例内骨骼一端位置，使用"任意变形工具"移动实例的变形点即可，骨骼一端的位置将随变形点的移动而移动。

如果要移动单个元件实例而不移动任何其他连接的实例，按住Alt键拖动该实例，或使用"任意变形工具"拖动该实例即可，连接到实例的骨骼的长短会自动更改，以适应实例的新位置。

> **提示**
>
> 使用"部分选取工具"改变 IK 骨骼端点位置时，不会改变 IK 形状。

## 11.2.5 使用绑定工具

Flash提供的"骨骼工具"可以方便地为图形或元件添加骨骼，作为"骨骼工具"的附属工具"绑定工具"，则可以将骨骼的一端绑定到形状的某一个控制点，精确控制动画。

默认情况下，形状的控制点连接到距离它们最近的骨骼。使用绑定工具可以编辑单个骨骼和形状控制点之间的连接，这样就能够对笔触在各骨骼移动时如何扭曲进行控制，以获得更好的结果。

可以将多个控制点绑定到一个骨骼，也可以将多个骨骼绑定到一个控制点。使用"绑定工具"单击任意控制点或骨骼，将显示出控制点和骨骼之间的连接，如图11-30所示，骨骼加亮显示为红色，控制点加亮显示为黄色。

连接到一个骨骼的控制点呈正方形状态，连接到多个骨骼的控制点呈三角形状态，如图11-31所示。

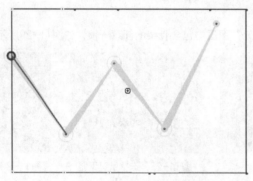
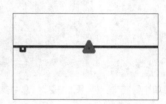

图11-30　相连接的控制点和骨骼　　　图11-31　连接多个骨骼的控制点

如果要向所选骨骼添加控制点，按住Shift键单击任意未加亮显示的控制点即可，也可以按住Shift键拖动鼠标框选要添加到骨骼的多个控制点。

如果要从骨骼中删除控制点，按住Ctrl键单击黄色加亮显示的控制点即可，也可以按住Ctrl键拖动鼠标框选要删除的多个控制点。

如果要向选定的控制点添加其他连接骨骼，按住Shift键单击骨骼即可。如果要删除连接控制点的骨骼，按住Ctrl键单击以黄色加亮显示的骨骼即可。

> **提示**
>
> "绑定工具"是针对于"骨骼工具"为图形添加骨骼的操作，为元件实例添加的骨骼不能使用"绑定工具"。

## 11.2.6 调整骨骼运动约束

如果要创建骨架更多的逼真运动动画，还可以控制特定骨骼的运动自由度。如可以约束作为胳膊一部分的两个骨骼，以便肘部无法按错误的方向弯曲。

默认情况下，创建骨骼时会为每个IK骨骼分配固定的长度。骨骼可以围绕其父连接，以及沿$x$和$y$轴旋转，但是它们无法以要求更改其父级骨骼长度的方式移动。

可以启用、禁用和约束骨骼的旋转及其沿$x$或$y$轴的运动。默认情况下，启用骨骼旋转，而禁用$x$和$y$轴运动。启用$x$或$y$轴运动时，骨骼可以不限度数地沿$x$或$y$轴移动，而且父级骨骼的长度将随之改变，以适应运动。也可以限制骨骼的运动速度，在骨骼中创建粗细效果。

选定一个或多个骨骼时，可以在"属性"面板中设置这些属性。

如果需要使选定的骨骼可以沿$x$轴或$y$轴移动并更改其父级骨骼的长度，可以在"属性"面板的"联接：X平移"或"联接：Y平移"部分中选择"启用"复选框，如图11-32所示。显示一个垂直于连接上骨骼的双向箭头，指示已启用$x$轴运动。显示一个平行于连接上骨骼的双向箭头，指示已启用$y$轴运动，如图11-33所示。

如果需要限制沿$x$轴或$y$轴启用的运动量，可以在"属性"面板上的"联接：X平移"或"联接：Y平移"部分中选择"约束"选项，然后输入骨骼可以行进的最小距离和最大距离，如图11-34所示。

如果需要禁用选定骨骼绕连接的旋转，可以在"属性"面板上的"联接：旋转"选项区中取消"启用"复选框，默认情况下会选中此复选框，如图11-35所示。

图11-32 "属性"面板

图11-33 显示X轴和Y轴箭头

图11-34 "属性"面板

图11-35 "属性"面板

如果需要约束骨骼的旋转，可以在"属性"面板上的"联接：旋转"选项区中输入旋转的最小度数和最大度数，如图11-36所示。旋转度数相对于父级骨骼。在骨骼连接的顶部将显示一个指示旋转自由度的弧形，如图11-37所示。

如果需要使选定的骨骼相对于其父级骨骼是固定的，可以禁用旋转及$x$轴和$y$轴平移。骨骼将变得不能弯曲，并跟随其父级的运动。

如果需要限制选定骨骼的运动速度，可以在"属性"面板上的"连接速度"文本框输入一个值。"连接速度"最大值为100%，表示对速度没有限制。

图11-36 "属性"面板

图11-37 显示自由度的弧形

## 上机练习：制作骨骼动画

● **最终文件** | 源文件\第11章\11-2.fla

● **操作视频** | 视频\第11章\11-2.swf

### 操作步骤

**01** 打开文档"素材\第11章\11201.fla"，按快捷键Ctrl+F8新建一个"名称"为"元件骨骼"的"影片剪辑"元件，如图11-38所示。

**02** 从"库"面板中分别将"头""屁股""身体"和"胳膊"图形元件拖入到舞台中，调整元件实例的位置，效果如图11-39所示。

**03** 单击"工具"面板中的"骨骼工具"按钮，为元件实例添加骨骼，如图11-40所示。

图11-38 "创建新元件"对话框　　　　图11-39 创建元件实例　　　　图11-40 创建骨骼

**04** 在姿势图层的第8帧位置插入姿势帧，并调整实例的旋转角度，如图11-41所示。

**05** 在姿势图层的第15帧位置插入姿势帧，并调整实例的旋转角度 ，如图11-42所示。在"图层1"的第15帧位置插入帧，如图11-43所示。

图11-41 旋转实例角度　　　　图11-42 旋转实例角度　　　　图11-43 "时间轴"面板

> **提示**
>
> 姿势图层中的第15帧，并没有完全恢复到第1帧中的位置，而是与原来位置有一定的偏移，以免动画在重复播放时发生停顿。

**06** 按快捷键Ctrl+L打开"库"面板，双击"尾巴"影片剪辑元件图标，进入"尾巴"元件编辑界面，如图11-44所示。

**07** 使用"选择工具"全选图形，单击"工具"面板中的"骨骼工具"按钮，为图形添加骨骼，效果如图11-45所示。

**08** 在姿势图层的第8帧和第15帧，分别添加姿势帧，"时间轴"面板如图11-46所示。

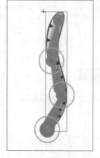

图11-44 尾巴形状　　图11-45 添加骨骼的　　　　图11-46 "时间轴"面板

09 调整第8帧中的骨骼位置，如图11-47所示。返回场景1，从"库"面板中将"元件骨骼"和"尾巴"影片剪辑元件拖入到舞台中，并适当调整实例的大小，如图11-48所示。

10 执行"文件>保存"命令，将其保存为"11-2.fla"。按快捷键Ctrl+Enter测试动画，效果如图11-49所示。

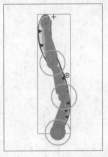

图11-47 调整骨骼

图11-48 场景舞台效果

图11-49 测试动画效果

## ▶ 11.3 3D平移和旋转对象

在Flash中"3D平移工具"和"3D旋转工具"只能对影片剪辑实例起作用，通过在3D空间中移动和旋转影片剪辑来创建3D效果，同时也可以对影片剪辑实例添加透视效果。

### 11.3.1 3D平移对象

移动3D空间中的单个对象，单击"工具"面板上的"3D平移工具"按钮，将光标移至$x$轴上，拖动鼠标，即可沿$x$轴方向移动，在移动的同时，$y$轴改变颜色，表示当前不可操作，确保只沿$x$轴移动，如图11-50所示。

同样，将光标移至$y$轴上，当指针变化后进行拖动，可沿$y$轴移动，如图11-51所示。

$x$轴和$y$轴相交的地方为$z$轴，将鼠标移动到该位置，按住鼠标左键进行拖动，可使对象

图11-50 沿$x$轴移动  图11-51 沿$y$轴移动

沿$z$轴方向移动，移动的同时$x$轴、$y$轴颜色改变，这样可以确保当前对象只沿$z$轴移动，如图11-52所示。

在"全局转换模式"下的控件方向与舞台相关，而"局部转换模式"的控件方向与影片剪辑控件相关，如图11-53所示。

图11-52 沿$z$轴移动  图11-53 不同转换模式下控件效果

如果需要对多个影片剪辑实例进行移动，可以同时选中多个对象，使用"3D平移工具"移动其中的任意一个对象，其他对象也会随着移动，如图11-54所示。

沿y轴移动　　　　　　　　　　　　　沿z轴移动

图11-54　沿不同的方向移动

如果需要把轴控件移动到另一个对象上，可以按住Shift键的同时单击这个对象，如图11-55所示。

图11-55　移动轴控件位置前后效果

选中所有对象后，如图11-56所示。双击z轴控件，可以将轴控件移动到多个对象的中间，如图11-57所示。

**提示**

使用3D平移工具移动对象看上去与"选择工具"或"任意变形工具"移动对象结果相同，但这两者之间有着本质的区别：前者是使对象在虚拟的三维空间中移动，产生空间感的画面，而后者只是在二维平面上对对象进行操作。

图11-56　选中对象　　　　图11-57　移动轴控件位置

## 11.3.2　3D平移的属性设置

使用"3D平移工具"选中影片剪辑实例后，在"属性"面板中间显示相应的参数，如图11-58所示。

- **位置和大小**：在该选项区中主要显示所选中的元件实例的坐标位置及元件实例的宽度和高度。单击数值激活键盘输入，可以重新设置元件实例的位置及大小。

- **3D定位和视图**：在该选项区中主要显示所选中的影片剪辑元件实例在3D控件中所处的位置。单击数值激活键盘输入，可以分别对x轴、y轴和z轴数值进行设置，精确调整影片剪辑元件在3D空间中所处的位置。

- **透视3D宽度/ 高度**：显示所选中的影片剪辑元件实例的3D透视宽度和高度，这两个数值是灰色的，不可以编辑。

- **透视角度**：该选项用于设置应用了3D旋转或3D平移的影片剪辑元件实例的透视角度。增大透视角度可以使3D对象看起来

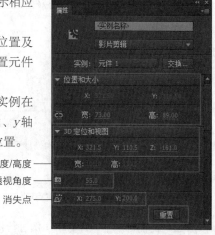

透视3D宽度/高度 ———

透视角度 ———

消失点 ———

图11-58　"属性"面板

更近，减小透视角度可以使3D对象看起来更远，该效果与通过镜头更改视角的照相机镜头缩放类似，如图11-59所示。

图11-59　更改透视角度效果

该选项默认的透视角度为55°，取值范围为1°~180°，如果需要修改透视角度，首先需要选择一个应用了3D旋转或3D平移的影片剪辑元件实例，然后单击"透视角度"的数值，输入数值，或者在数值上拖动鼠标来调整数值。

- 消失点：该选项用于控制舞台上应用了$z$轴平移或旋转的3D影片剪辑元件实例的$z$轴方向。由于所有3D影片剪辑实例的$z$轴都朝着消失点后退，因此通过重新定位消失点，可以更改沿$z$轴平移对象时对象的移动方向。消失点的默认位置是舞台中心。

如果将消失点定位在舞台的左上角（0、0），则增大影片剪辑的$z$轴属性值可以使影片剪辑远离查看者并向着舞台的左上角移动，如图11-60所示。因为消失点影响所有3D影片剪辑，所以更改消失点也会更改对应$z$轴平移的所有影片剪辑的位置。

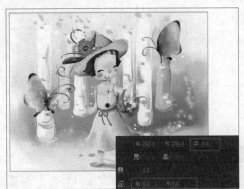

图11-60　更改消失点效果

- 重置：单击该按钮，可以将消失点移回舞台中心。

### 11.3.3　3D旋转对象

使用"3D旋转工具"可以在3D空间中实现影片剪辑实例的旋转。

使用"3D旋转工具"选中影片剪辑实例，3D旋转控件出现在舞台上的选定对象之上，如图11-61所示。使用橙色的自由旋转控件可同时绕$x$和$y$轴旋转，如图11-62所示。

> **提示**
>
> 在 3D 旋转控件中，X 控件显示为红色、Y 控件显示为绿色、Z 控件为蓝色。

3D旋转工具的默认模式为"全局"，在全局3D空间中旋转对象与相对舞台移动对象等效，如图11-63所示。在局部3D空间中旋转对象与相对父影片剪辑（如果有）移动对象等效，如图11-64所示。

图11-61 3D旋转控件

图11-62 同时绕x
轴和y轴旋转

图11-63 全局3D旋
转工具控件

图11-64 局部3D
旋转控件

如果要在全局模式和局部模式之间切换3D旋转工具，可以在选中"3D旋转工具"的同时单击"工具"面板中的"全局转换"按钮，也可以按键盘上的D键，在全局模式与局部模式之间的转换。

### 11.3.4 使用"变形"面板实现3D旋转

除了可以使用"3D旋转工具"在影片剪辑对象上拖动实现对象的3D旋转操作外，还可以通过"变形"面板实现影片剪辑对象的精确3D旋转。

在舞台中选中相应的影片剪辑对象，执行"窗口>变形"命令，打开"变形"面板，如图11-65所示。

"变形"面板中的"3D旋转"选项区的X选项、Y选项和Z选项中输入所需要的值以旋转选中的对象。也可以在数值上通过左右拖动鼠标来调整数值。

如果需要移动3D旋转点，则可以在"3D中心点"选项区中的X选项、Y选项和Z选项选项中输入所需要的值。也可以在数值上通过左右拖动鼠标来调整数值。

图11-65 "变形"面板

> **提示**
>
> 当选中多个影片剪辑实例对其进行 3D 旋转时，3D 旋转控件将显示为叠加在最近的一个选择对象上。

### 上机练习：旋转动画

● **最终文件** 源文件\第11章\11-3.fla
● **操作视频** 视频\第11章\11-3.swf

**操作步骤**

**01** 执行"文件>新建"命令，新建一个"大小"为468像素×468像素，"帧频"为24fps，"背景颜色"为白色的Flash文档。

**02** 执行"插入>新建元件"命令，新建名称为"F1"的"影片剪辑"元件，执行"文件>导入>导入到舞台"命令，将图像"素材\第11章\11301.png"导入舞台，如图11-66所示。使用相同的方法新建元件导入素材，如图11-67所示。

**03** 新建名称为"F1"的"影片剪辑"元件，将"F1"从"库"面板拖入场景，在第24帧位置单击，按F5键插入帧，在第1帧位置创建补间动画，"时间轴"面板如图11-68所示。

图11-66 导入素材"F1"

图11-67 导入素材"F2"

图11-68 "时间轴"面板

**04** 选中第12帧，使用"3D旋转工具"，将元件要x轴旋转180°，如图11-69所示。

**05** 选中第24帧，使用"3D旋转工具"将元件沿x轴元转180°，如图11-70所示。"时间轴"面板如图11-71所示。

图11-69　旋转实例

图11-70　旋转实例

图11-71　"时间轴"面板

**06** 使用相同的方法，制作"F2动画"的"影片剪辑"，如图11-72所示。返回场景1中，将素材"11303.png"导入舞台，如图11-73所示。在第20帧的位置上单击，按F5键插入帧。

**07** 新建"图层2"，将"F2动画"拖入到场景中，在第20帧的位置按F6键插入关键帧，使用"3D平移工具"，将其向上移动到合适的位置，如图11-74所示。在第1帧的位置上创建传统补间，如图11-75所示。

图11-72　F2动画

图11-73　导入素材

图11-74　移动元件位置

图11-75　"时间轴"面板

**08** 新建"图层3"，使用相同的方法制作"图层3"上的内容，效果如图11-76所示。新建"图层4"，在第20帧的位置上插入关键帧，按F9键打开"动作"面板，输入"stop();"脚本语言，如图11-77所示。

图11-76　场景效果

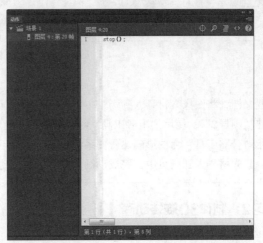

图11-77　"动作"面板

**09** "时间轴"面板如图11-78所示。完成动画制作，保存动画，按快捷键Ctrl+Enter测试动画，效果如图11-79所示。

图11-78 "时间轴"面板　　　　　　　　图11-79 测试动画效果

## 11.4 课后练习

### 课后练习1：为形状添加骨骼

● **最终文件**｜源文件\第11章\11-4-1.fla

● **操作视频**｜视频\第11章\11-4-1.swf

　　使用"骨骼工具"将骨骼添加到形状上，通过对不同帧位置上的骨骼姿势调整，制作出旗子的飘动效果。操作如图11-80所示。

图11-80 制作动画

**练习说明**

　　1. 新建文档，将图像素材导入到场景中，在第60帧位置插入帧。

　　2. 新建"图层2"，使用"矩形工具"绘制矩形，并使用"选择工具"调整矩形的形状。

　　3. 使用"骨骼工具"为图形创建骨骼系统，在时间轴不同帧位置调整骨骼形态。

　　4. 将背景素材导入到场景中，完成动画的制作，测试动画效果。

### 课后练习2：制作3D旋转动画

● **最终文件**｜源文件\第11章\11-4-2.fla

● **操作视频**｜视频\第11章\11-4-2.swf

　　使用"3D旋转工具"对图形进行调整，利用"补间动画"制作出影片剪辑元件的动画效果，完成3D旋转动画的制作。操作如图11-81所示。

图11-81　制作动画

**练习说明**

1. 新建文档，使用"椭圆工具"绘制图形，并使用"渐变变形工具"进行调整。
2. 新建"圆"和"圆行标语"两个"影片剪辑"元件。
3. 使用"文本工具"输入相应的文字，创建"补间动画"。
4. 完成动画的制作，测试动画效果。

第 **12** 章

# 应用声音和视频

**本章重点：**

➜ 了解声音视频的格式

➜ 控制和设置声音视频的属性

➜ 将声音和视频应用到动画当中

# 12.1　声音的基础知识

在Flash中提供了多种使用声音的方式，可以使声音独立于时间轴连续播放，或使用时间轴使动画与音轨保持同步。

需要注意的是声音文件需要占用大量的磁盘空间和内存，在Flash影片完成之后，需要对其进行网络发布，在发布的过程中，对文件的大小又有严格的要求，为了确保声音的质量，应尽量减小其音量。

> **提示**
>
> 影响声音质量的因素主要包括声音的采样率、声音的位深、声道和声音的保存格式等。其中声音的采样率和声音的位深直接影响声音的质量，甚至影响声音的立体感。

## 12.1.1　声音的格式

由于声音文件本身比较大，会占用较大的磁盘空间和内存，所以在制作动画时，尽量选择效果相对较好、文件较小的声音文件。

执行"文件>导入>导入到库"命令，可以将外界各种类型的声音文件导入到当前文档的库中，并不是所有格式的声音都可以导入到Flash中，接下来就一起来了解一下在Flash中支持被导入的声音文件格式。

- ASND：该格式适用于Windows或Macintosh。
- WAV：该格式适用于Windows。
- AIFF：该格式适用于Macintosh。
- MP3：该格式适用于Windows或Macintosh。

如果系统中安装了Quick Time 4或更高版本，则可以导入以下附加的声音文件格式：

- AIFF：适用于Windows或Macintosh。
- Sound Designer II：适用于Macintosh。
- Quick Time影片：适用于Windows或Macintosh。
- Sun AU：适用于Windows或Macintosh。
- System 7声音：适用于Macintosh。
- WAV：适用于Windows或Macintosh。

> **提示**
>
> MP3声音数据是经过压缩处理的，所以比 WAV 或 AIFF 文件小，如果使用 WAV 或 AIFF 文件，应使用 16 位 22kHz 单声；如果要向 Flash 添加声音效果，最好导入 16 位声音。如果内存有限，就尽可能使用短的声音文件或用 8 位声音文件。

## 12.1.2　声音的采样率

单位时间内对音频信号采样的次数被称为采样率。采样率就是指在一秒钟的声音中采集的声音样本的数量，可用赫兹（Hz）来表示。

在一定的时间内，采集的声音样本越多，声音就与原始声音越接近，采样率越高，声音质量越好，但是占用的空间也越大。

> **提示**
>
> 在日常听到的声音中，CD 音乐的采样率是 44.1kHz（即每秒钟采样 44100 次），而广播的采样率只有 22.5kHz。

声音的采样率决定了声音品质，声音品质的高低决定了声音的用途。

- 48 kHz：演播质量，用于数字媒体上的声音或媒体。
- 44.1 kHz：CD品质，高保真声音和音乐。
- 32 kHz：接近CD品质，用于专业数字摄像机音频。

- **22.05 kHz**：FM收音品质效果，用于较短的高质量音乐片段。
- **11 kHz**：作为声效可以接受，用于演讲、按钮声音等效果。
- **5 kHz**：可接受简单的演讲、电话。

在 Flash 动画中播放的声音采样率应该是 44.1 的倍数，这是因为几乎所有的声卡内置的采样频率都是 44.1 kHz，如果使用了其他采样率的声音，Flash 会对它进行重新采样，虽然可以播放，但是最终播放出来的声音可能会比原始声音的声调偏高或偏低，从而影响 Flash 动画的效果。

## 12.1.3 声音的位深

位深就是位的数量，是指录制每一个声音样本的精确程度，位深决定了声音样本的质量，而声音品质的好坏决定了声音样本的质量。

如果以级数来表示，则级数越多，样本的精确程度就越高，声音的质量就越好。

位深的不同也决定了声音的应用范围。

- **24位**：专业录音棚效果，用于制作音频母带。
- **16位**：CD效果，高保真声音或音乐。
- **12位**：接近CD效果，用于效果好的音乐片段。
- **10位**：FM收音品质效果，用于较短的高质量音乐片段。
- **8位**：可接受简单的人声演讲、电话。

## 12.1.4 声道

声道也就是声音通道，把一个声音分解成多个声音通道，再分别进行播放，各个通道的声音在空间中进行混合，就模拟出了声音的立体效果。

通常说的立体声，就是双声道，即左声道和右声道。现如今已经出现了四声道、五声道，甚至更多声道的数字声音了。每个声道的信息量几乎是一样的，因此增加一个声音也就意味着多一倍的信息量，声音文件也相应大一倍，这对Flash动画作品的发布有很大的影响，为减小声音文件大小，在Flash动画中通常使用单声道。

## 12.2 在Flash中导入声音

前面已经对声音的基础知识进行了详细讲解，接下来将会对如何将声音导入到Flash动画中进行讲解。

### 12.2.1 声音的类型

在Flash中有事件声音和流式声音两种类型的声音。

| 声音类型 | 概念 | 适用范围 |
|---|---|---|
| 事件声音 | 事件声音就是指将声音与一个事件相关联，只有当该事件被触发时，才会播放声音 | 事件声音必须完全下载后，才能开始播放，除非明确停止，否则它将一致连续播放，该播放的类型对于体积大的声音文件来说非常不利，比较适合用于体积小的声音文件 |
| 流式声音 | 流式声音是指一边下载一边播放的声音 | 利用这种驱动方式，可以在整个电影范围内同步播放和控制声音，如果电影播放停止，声音也会停止，这种播放类型一般用于体积大，需要同步播放的声音文件，如MV电影中的MP3声音文件 |

### 12.2.2 导入声音文件

执行"文件>导入>导入到舞台"命令或执行"文件>导入>导入到库"命令，都可以弹出"导入"对话框，如图12-1所示。在该对话框中可以找到需要导入的文件，单击"打开"按钮，即可将该声音文件导入到场景中，在"库"面板中可以看到刚刚导入的声音文件，如图12-2所示。

图12-1 "导入"对话框　　　　　图12-2 "库"面板

## 12.2.3　为按钮添加声音

声音可以与按钮元件的不同状态相关联，声音文件是与按钮元件一同保存的，声音可以用于元件的所有实例，接下来通过一个实例来讲解如何为按钮添加声音。

### ▌上机练习：为按钮添加声音 ▌

● **最终文件** ▌ 源文件\第12章\12-2-3.fla
● **操作视频** ▌ 视频\第12章\12-2-3.swf

----------------------------- **操作步骤** -----------------------------

**01** 执行"文件>新建"命令，新建一个"大小"为759像素×333像素，"帧频"为的24fps，"背景颜色"为白色的Flash文档。

**02** 新建名称为"卡通1动画"的"影片剪辑"元件，将图像"素材\第12章\122303.png"导入到场景中，并转换成名称为"卡通1"的"图形"元件，如图12-3所示。在第10帧位置插入关键帧，选择第1帧上的元件，设置"亮度"为100%，元件效果如图12-4所示。

**03** 第1帧的位置上创建 "传统补间"动画，新建"图层2"，将声音"素材\第11章\sy122301.wav"导入到库中，在第1帧上单击，在"属性"面板上的设置，如图12-5所示。新建"图层3"，在第10帧位置插入关键帧，在"动作"面板中输入"stop();"脚本语言，"时间轴"面板如图12-6所示。

图12-3 导入图像　　图12-4 元件效果　　图12-5 "属性"面板　　　图12-6 "时间轴"面板

> **提示**
>
> 为了让读者看清元件的效果，需要先将背景颜色改为黑色。

**04** 新建名称为"卡通1按钮"的"按钮"元件，将图像"122302.png"导入到场景中，如图12-7所示。在"指针经过"帧插入空白关键帧，将"卡通1动画"元件从"库"面板中拖入到场景中，如图12-8所示。在"点击"帧插入帧，"时间轴"面板如图12-9所示。

图12-7　导入图像

图12-8　拖入元件

图12- 9　"时间轴"面板

**05** 利用同样的制作方法，制作出"卡通2按钮""卡通3按钮"和"卡通4按钮"，"库"面板如图12-10所示。新建名称为"挂牌动画"的"影片剪辑"元件，将图像"122310.png"导入到场景中，如图12-11所示。

图12-10　"库"面板

图12- 11　导入图像

**06** 分别将"卡通1按钮""卡通2按钮""卡通3按钮"和"卡通4按钮"元件从库面板中拖入到不同的图层中，完成后的"时间轴"面板如图12-12所示。场景效果如图12-13所示。

图12-12　"时间轴"面板

图12-13　场景效果

**07** 返回到"场景1"的编辑状态，将图像"122301.jpg"导入到场景中，如图12-14所示。新建"图层2"，将"挂牌动画"元件从库面板中拖入到场景中，如图12-15所示。

图12-14　导入图像

图12-15　拖入元件

**08** 完成音效应用的制作，执行"文件>保存"命令，将文件保存为"12-2-3.fla"，测试动画，效果如图12-16所示。

图12- 16　测试动画效果

## 12.2.4　为影片剪辑添加背景声音

为影片剪辑添加声音的方法与为按钮添加声音的方法相同，都需要在添加声音的地方添加空白关键帧，然后将导入的声音素材拖动到舞台中。

### 上机练习：为影片剪辑添加背景声音

- **最终文件|** 源文件\第12章\12-2-4.fla
- **操作视频|** 视频\第12章\12-2-4.swf

**操作步骤**

**01** 执行"文件>新建"命令，新建一个"大小"100像素×100像素，"帧频"为24fps，"背景颜色"为白色的Flash文档，如图12-17所示。

**02** 执行"插入>新建元件"命令，新建一个"名称"为"圆盘"的"图形"元件，如图12-18所示。

**03** 使用"椭圆工具"，绘制椭圆，在"属性"面板中设置"笔触颜色"为#000000、"填充颜色"为#9A3814、"笔触高度"为5.00，如图12-19所示。

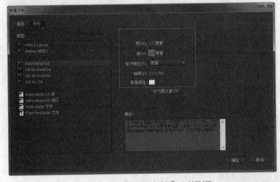

图12-17　"新建文档"对话框　　　　图12-18　"创建新元件"对话框　　　图12-19　绘制椭圆

**04** 用相同方法，完成其他内容的制作，如图12-20所示。

**05** 用相同方法，新建一个"名称"为"飞镖"的"图形"元件，效果如图12-21所示。用相同方法，完成飞镖元件的制作，如图12-22所示

图12-20　制作圆盘　　　　　　　图12-21　绘制椭圆　　　　　　　图12-22　制作圆盘

**06** 用相同方法，新建一个"名称"为"动画"的"影片剪辑"元件，如图12-23所示。将制作的"圆盘"图形元件拖入到舞台中，如图12-24所示。

图12-23 "创建新元件"对话框     图12-24 拖入元件

**07** 在第24帧处，单击右键，在弹出的快捷菜单中选择"插入帧"命令，如图12-25所示。新建"图层2"，将制作的"飞镖"图形元件拖入到舞台中并调整位置和大小，如图12-26所示。

图12-25 "时间轴"面板     图12-26 移动位置

**08** 选择第1帧，单击右键，在弹出的快捷菜单中选择"创建补件动画"命令，如图12-27所示。选择第20帧，将飞镖移动到合适的位置，如图12-28所示。

**09** 执行"文件>导入>导入到库"命令，将素材"素材\第12章\122401.mp3"导入到库中，如图12-29所示。

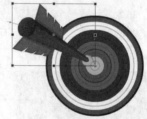

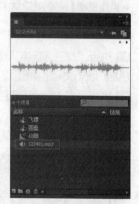

图12-27 "时间轴"面板     图12-28 移动位置     图12-29 "库"面板

**10** 新建"图层3"，将其拖入到舞台中，单击"属性"面板上的"编辑声音封套"按钮，弹出"编辑封套"对话框，如图12-30所示。"属性"面板如图12-31所示。

**11** 回到场景中，将"动画"元件拖入到场景中，并调整位置和大小，执行"文件>保存"命令，将其存储为"源文件\第12章\12-2-4.fla"，按快捷键Ctrl+Enter测试动画，效果如图12-32所示。

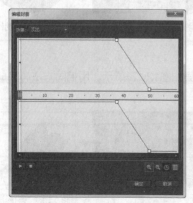

图12-30 "编辑封套"对话框     图12-31 "属性"面板     图12-32 测试动画效果

## 12.3　在Flash中编辑声音

在Flash中不仅可以定义声音的起点，也可以在播放时控制声音的音量等，还可以在"属性"面板中为声音添加效果、设置时间和播放次数，这些属于对声音的编辑，在本节中将针对这些内容进行详细讲解。

### 12.3.1　为动画重新设置背景声音

如果对动画中的背景声音不满意，可以在时间轴中需要更改的声音的任意一帧中单击，在"属性"面板中可以看到当前添加的声音文件名，如图12-33所示。单击"名称"后的下拉按钮，在其下拉列表中选择新的背景音乐，如图12-34所示。

### 12.3.2　设置声音属性

打开包含声音文件的"库"面板，在声音文件上单击右键，在弹出的快捷菜单中选择"属性"命令，也可以双击"库"面板中声音文件前的 图标，弹出"声音属性"对话框，如图12-35所示。在该对话框中可以对声音的相关属性进行设置。

图12-33　当前添加的声音　　　图12-34　新的声音文件　　　图12-35　"声音属性"对话框

- **名称**：显示当前声音文件的名称，也可以自己手动输入为声音设置新的名称。
- **压缩**：用来设置声音文件在Flash中的压缩方式，在该下拉列表中提供了默认、ADPCM、MP3、RAW、语音5种压缩方式。
- **更新**：如果声音文件已经被编辑过了，单击该按钮，可以按照新的设置更新声音文件的属性。
- **导入**：单击该按钮，可以导入新的声音文件，导入的声音文件将替换原有的声音文件，但是声音文件的名称不发生改变。
- **测试**：单击该按钮，可以按当前设置的声音属性对声音文件进行测试。
- **停止**：单击该按钮，可停止正在播放的声音。

### 12.3.3　声音的重复

选中添加声音文件的帧，在"属性"面板中"重复"后的文本框中可以指定声音播放的次数，如图12-36所示。默认情况下播放一次，文本框中输入的数值越大，声音持续播放时间就越长。

在"重复"下拉列表中可以选择"循环"选项，这样可以连续播放声音，如图12-37所示。

图12-36　"属性"面板　　　图12-37　"属性"面板

如果将声音设置为循环播放，帧就会添加到文件中，文件的大小就会根据声音循环播放的次数而倍增，所以通常情况下不设置为循环播放。

## 12.3.4 声音与动画同步

在Flash中可以通过对声音设置开始关键帧和停止关键帧，从而让声音与动画保持同步，声音的关键帧要和场景中事件的关键帧相对应，然后在"属性"面板的"同步"下拉列表中选择"事件"，如图12-38所示。

在"同步"下拉列表中还提供了其他几个选项，如图12-39所示。

图12-38 "属性"面板　　图12-39 "属性"面板

- **事件**：会将声音和一个事件的发生过程同步起来，事件声音在它的起始关键帧开始显示时播放，并独立于时间轴播放整个声音，即使影片停止也会继续播放。当播放发布的影片时，事件声音会混合在一起。
- **开始**：与"事件"选项相似，但如果声音正在播放，则新声音就不会播放。
- **停止**：使当前指定的声音停止播放。
- **数据流**：主要用于在互联网上同步播放声音，Flash会协调动画与声音流，使动画与声音同步。如果Flash显示动画帧的速度不够快，Flash会自动跳过一些帧，与事件声音不同的是，如果声音过长而动画过短，声音流将随着动画的结束而停止播放。声音流的播放长度绝不会超过它所占的帧的长度，发布影片时，声音流混合在一起播放。

## 12.3.5 声音的效果

在包含需要更改的声音效果的任意一帧中单击，在"属性"面板的"效果"下拉列表中可以设置一种效果，如图12-40所示。也可以单击"编辑声音封套"按钮，在弹出的"编辑封套"对话框中对其效果进行设置，如图12-41所示。通过相应的属性设置，能更好地发挥声音的效果。

图12-40 "效果"下拉列表　　图12-41 "编辑封套"对话框

- **无**：不对声音进行任何设置。
- **左声道**：只在左声道播放。

- **右声道**：只在右声道播放。
- **向右淡出**：控制声音在播放时从左声道切换到右声道。
- **向左淡出**：控制声音在播放时从右声道切换到左声道。
- **淡入**：随着声音的播放逐渐增加音量。
- **淡出**：随着声音的播放逐渐减小音量。
- **自定义**：允许用户自行编辑声音的效果，选择该选项后，将弹出"编辑封套"对话框，可以在该对话框中创建自定义的声音淡入和淡出点。

## 12.3.6 声音编辑器

在"编辑封套"对话框中可以对声音文件定义声音的起始点、终止点及播放时音量大小，也可以在"属性"面板中的"效果"下拉列表中选择"自定义"选项，同样可以弹出"编辑封套"对话框，如图12-42所示。

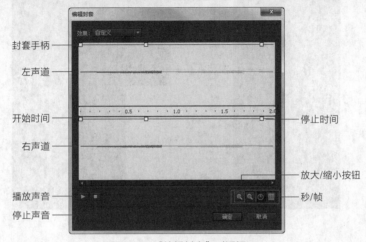

图12-42 "编辑封套"对话框

- **封套手柄**：通过拖动封套手柄可以更改声音在播放时音量高低，封套线显示了声音播放时的音量，单击封套线可以增加封套手柄，如图12-43所示。最多可达到8个手柄，如果想要将手柄删除，可以将封套线拖至窗口外面。
- **"开始时间"和"停止时间"**：拖动"开始时间"和"停止时间"控件，可以改变声音播放的开始点和终止点的时间位置，如图12-44所示。

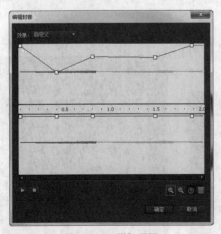

图12-43 增加手柄

图12-44 更改播放位置

- **放大/缩小**：使用缩放按钮可以使窗口中的声音波形图样以放大或缩小模式显示，通过这些按钮可以对声音进行微调。

- **秒/帧**：秒/帧按钮可以以秒数或帧数为度量单位转换窗口中的标尺，如果想要计算声音的持续时间，可以选择以秒为单位；如果要在屏幕上将可视元素与声音同步，可以选择帧为单位，这样就可以确切地显示出时间轴上声音播放的实际帧数。

### 12.3.7 分割时间轴中的声音

可以使用"分割音频"上下文菜单来分割时间轴中嵌入的流音频，分割音频允许用户在需要时暂停音频，然后在时间轴中后面的某帧处从停止点恢复音频播放。

要分割时间轴中的某个音频剪辑，需要选中要剪辑的音频，将其导入时间轴中，在"属性"面板中，设置"同步类型"为"数据流"，右键单击想要分割音频的帧，然后单击"拆分音频"，如图12-45所示。

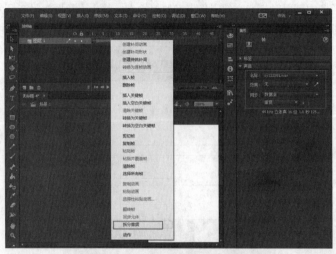

图12-45　拆分音频

## 12.4 Flash中声音的优化与输出

在Flash中可以通过对声音的编辑使得声音变得更加优美、流畅、动听，也可以将声音导出，接下来将对声音的优化与输出进行详细讲解。

### 12.4.1 压缩声音导出

在"声音属性"对话框中的压缩下拉列表中可以选择不同的压缩选项，从而控制单个声音文件的导出质量和大小，如图12-46所示。

如果没有定义声音的压缩设置，可以执行"文件>发布设置"命令，弹出"发布设置"对话框，在该对话框中按自己的需要进行设置，如图12-47所示。

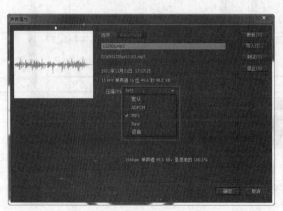 

图12-46　"声音属性"对话框　　　　图12-47　"发布设置"对话框

如果在本地播放 Flash 影片，则可以创建高保真的音频效果，反之，如果影片要在 Web 上播放，则需要适当降低保真效果、缩小声音文件。

在导出影片的时候，采样率和压缩比将大大影响声音的质量和大小，压缩比越高采样率越低，文件越小音质越差。要想取得更好的效果，必须不断地尝试才能获得最佳平衡。

### 12.4.2 ADPCM压缩方式

ADPCM压缩方式用于设置8位或16位声音数据的压缩。导出较短的事件声音时，可以使用ADPCM压缩方式。

在"声音属性"对话框中选择"ADPCM"选项，即可其下方出现与之相对应的选项，如图12-48所示。

**预处理**：勾选"将立体声转换为单声道"选项，可以将混合立体声转换为非立体声（单声），单声道声音不会受到此选项的影响。

**采样率**：该选项用来控制声音保真度和文件大小，较低的采样率对应的声音文件也就相对小一些，但是声音的品质也会降低，单击"采样率"后的下拉按钮，在下拉列表中可以选择以下几个选项：

图12-48　选择ADPCM选项

- **5kHz**：5kHz只能达到人们讲话的声音质量，对于语音来说，5kHz是最低的可接受标准。
- **11kHz**：是播放音乐短片的最低标准，是标准CD比率的1/4。
- **22kHz**：用于Web回放的常用选择，是标准CD比率的1/2。
- **44kHz**：是标准的CD音质，可以达到很好的听觉效果。

**ADPM位**：用于确定在ADPM编码中声音压缩的位数，位数越高，生成的声音品质就越高。

### 12.4.3 MP3压缩方式

当导出较长的音频流时，可以采用该压缩方式，在"声音属性"对话框中选择"压缩"下拉列表框里的MP3选项，在其下方会出现与之对应的选项，如图12-49所示。在该对话框中"使用导入的MP3品质"，默认情况下是选中的，如果取消该勾选后，可以对MP3压缩格式进行设置，如图12-50所示。

图12-49　选择MP3选项

图12-50　选择ADPCM选项

**预处理**：将混合立体声转换为非立体声，单声道声音不受此选项的影响，该选项只有在选择的比特率为20Kbps或更高时才可用。

**比特率**：可以设置导出声音文件中每秒的位数，Flash支持8Kbps至160Kbps，当导出音乐时，将比特率设为16Kbps或更高，可以获得非常好的效果。

**品质**：该选项决定了压缩速度和声音品质，在该下拉列表中包含3个选项：

- **快速**：可以加快压缩速度，但是会降低声音质量。
- **中等**：可以获得稍微慢一些的压缩速度和高一些的声音质量。
- **最佳**：可以获得最慢的压缩速度和最好的声音品质。

## 12.4.4 Raw压缩方式和语言压缩方式

Raw压缩方式导出的声音是不经过压缩的，如图12-51所示为选择Raw压缩方式。

语音压缩方式采用适合于语音的压缩方式导出声音，如图12-52所示为选择语音压缩方式。

图12-51 选择Raw选项

图12-52 选择语音压缩方式

## 12.4.5 导出Flash文档声音准则

除了采用比率和压缩外，还可以采用其他的方法在Flash文档中有效地使用声音并保持较小的文件大小，接下来就对这些方法进行讲解。

- 设置切入点和切出点，避免静音区域存储在Flash文件中，从而减少文件的声音数据的大小。
- 通过在不同的关键帧上应用不同的声音效果，如音量封套、循环播放和切入/切出点，从同一声音中获得更多的变化，这样一个声音文件就可以得到许多声音效果。
- 循环播放短声音作为背景音乐。
- 不要将音频流设置为循环播放。
- 从嵌入的视频剪辑中导出音频时，应记住音频是使用"发布设置"对话框中所选的全局流设置来导出的。
- 当在编辑器中预览动画时，使用流同步使动画和音轨保持同步。如果计算机运行速度较慢，绘制动画帧的速度跟不上音轨，那么Flash就会跳过帧。
- 当导出Quick Time文件时，可以根据需要使用任意数量的声音和声道，不用担心文件大小。将声音导出为Quick Time文件时，声音将被混合在一个单音轨中。使用的声音不会影响最终的文件大小。

## 12.4.6 使用行为控制声音

要从本地站点文件列表中删除文件，可以先选中需要删除的文件或文件夹，然后在其右键菜单中选择"编辑>删除"选项或按Delete键，弹出一个提示对话框，询问是否要真正删除文件或文件夹，单击"是"按钮即可将文件或文件夹从本地站点中删除。

## 12.5 在Flash中导入视频

视频的格式有很多种，但并不是所有格式的视频都可以导入到Flash中。导入视频的时候，如果视频不是Flash可以播放的格式，Flash会自动提醒。

### 12.5.1 可导入的视频格式

如果要将视频导入到Flash中，视频格式必须是FLV，如图12-53所示。Flash CC可将数字视频素材编入基于Web的演示中。FLV视频格式具有技术和创意优势，允许用户将视频和数据、图形、声音和交互式控件融合在一起。通过FLV视频，用户可轻松将视频以几乎任何人都可以查看的格式放到网页上。

图12-53　FLV视频格式

如果视频格式不是FLV的，那么可以使用Adobe Flash Video Encoder将其转换为需要的格式。

Adobe Flash Video Encoder是独立的编码应用程序，可以支持几乎所有的常见的格式，可以使得Flash对视频文件的引用变得更加方便快捷。

### 12.5.2 视频导入向导

执行"文件>导入>导入视频"命令，即可弹出"导入视频"对话框，如图12-54所示。用户可以根据该对话框中相应的向导，导入视频文件。

在该对话框中提供了3个视频导入选项：

**使用播放组件加载外部视频**：导入视频并通过FLVPlayback组件创建视频的外观。

**在SWF中嵌入FLV并在时间轴中播放**：将FLV或F4V格式的视频文件嵌入Flash文档中，导入的视频将直接置于时间轴中，可以看到时间轴中所表示的各个视频帧的位置。

图12-54　"导入视频"对话框

> **提示**
>
> 将视频内容直接嵌入 Flash 文档中，SWF 文件中会增加发布文件的大小，这个选项适合于小的视频文件。

**将H.264视频嵌入时间轴**：必须使用以FLV或H.264格式编码的视频，才能嵌入时间轴，而且只能设计时间，不能导出视频。

（1）导入进行渐进式下载的视频

"渐进式下载"视频方式允许用户使用脚本将外部的FLV格式文件加载到SWF文件中，并且可以在播放时控制给定文件的播放或回放。由于视频内容独立于其他Flash内容和视频回放控件，因此只更新视频内容而无须重复发布SWF文件，使视频内容的更新更加容易。

而嵌入式视频是直接将视频文件嵌入时间轴，播放视频的同时播放动画。只有等动画文件全部下载后才能播放。

与嵌入的视频相比，渐进式下载具有以下优点：

- 支持快速预览，缩短制作预览的时间。
- 播放时，下载完第一段并缓存到本地计算机的磁盘驱动器后，即可开始播放。
- 播放时，视频文件将从计算机驱动器加载到SWF文件上，并且没有文件大小和持续的时间限制。不存在音频同步的问题，也没有内存的限制。

- 视频文件的帧频可以不同于SWF文件的帧频，减少了制作的烦琐步骤。

执行"文件>导入>导入视频"命令，即可弹出"导入视频"对话框，单击"浏览"按钮，选择需要导入的视频，如图12-55所示。单击"下一步"按钮，可以对播放视频的外观进行设置，如图12-56所示。

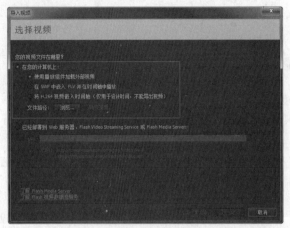

图12-55　选择视频

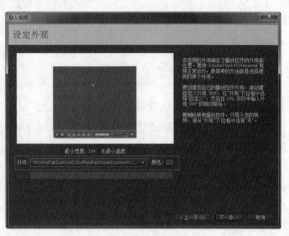

图12-56　设定外观

单击"下一步"按钮，完成视频的导入，如图12-57所示。按快捷键Ctrl+Enter测试视频文件，如图12-58所示。

图12-57　视频外观

图12-58　测试视频

（2）嵌入视频

嵌入的视频允许将视频文件嵌入SWF文件，使用这种方法导入视频时，该视频将被直接放置在时间轴上，与导入的其他文件一样，嵌入的视频成了Flash文档的一部分。

但是嵌入的视频有一定的不足：

- 嵌入的视频文件不宜过大，否则在下载播放过程中会占用系统过多的资源，从而导致动画播放失败。
- 较长的视频文件（长度超过10秒）通常会在视频和音频之间存在不同步的问题，不能达到很好的播放效果。
- 要播放嵌入的SWF文件的视频，必须先下载整个影片，所以如果嵌入的视频过大，则需要等待很长时间。
- 将视频嵌入到文档后，将无法对其进行编辑，必须重新编辑和导入其他视频文件。
- 在通过Web发布SWF文件时，必须将整个视频都下载到浏览者的计算机上，然后才能开始视频播放。
- 在运行时，整个视频必须放入计算机的本地内存中。
- 导入的视频文件的长度不能超过16 000帧。
- 视频帧速率必须与Flash时间轴帧速率相同，需要设置Flash文件的帧速率，与嵌入视频的帧速率相匹配。

执行"文件>导入>导入视频"命令，即可弹出"导入视频"对话框，单击"浏览"按钮，选择需要导入的视频，如图12-59所示。单击"下一步"按钮，如图12-60所示。

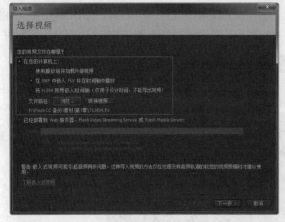

图12-59　选择视频

图12-60　"导入视频"对话框

单击"下一步"按钮后，就完成了视频的导入，如图12-61所示。单击"完成"按钮，按快捷键Ctrl+Enter即可测试导入的视频文件，如图12-62所示。

图12-61"导入视频"对话框

图12-62　测试视频

（3）使用Flash Media Server流式加载视频

Flash Media Server是基于用户的可用带宽，使用带宽检测传送视频或音频内容。在传送的过程中，每个Flash客户端都打开一个到Flash Media Server的持久连接，并且传送中的视频和客户端交互之间存在受控关系。根据用户访问和下载内容的能力，向他们提供不同的内容。

与嵌入和渐进式下载的视频相比，使用Flash Media Server传送视频流有以下优势：

- 回放视频的开始时间与其他集成视频的方法相比更早一些。
- 由于客户端无须下载整个文件，所以流传送使用的客户端内存和磁盘空间相对较少一些。
- 使用Flash Media Server传送视频时，只有用户查看的视频部分才会传送给客户端，所以网络资源的使用变得更加有效。
- 由于在传送媒体流时，媒体不会保存到客户端的缓存中，因此媒体传送更加安全。
- 相对于其他视频，具备更好的跟踪、报告和记录能力。
- 可以传送实时视频和音频演示文稿，以及通过Web摄像头或数码摄像机捕获视频。
- Flash Media Server为视频聊天、视频信息和视频会议应用程序提供多用户的流传送。
- 通过使用服务器端脚本控制视频流和音频流，可以根据客户端的连接速度，创建服务器端播放曲目、同步流和更智能的传送选项。

### 12.5.3 处理导入的视频文件

更改视频剪辑属性。根据前面的方法，将视频导入到Flash文档中，在"属性"面板中可以更改舞台上嵌入或链接视频剪辑的实例属性。在该面板中可以为实例指定名称，设置宽度、高度，以及舞台上的坐标位置，如图12-63所示。单击"交换"按钮，从弹出的"交换视频"对话框中还可以更换当前文档中新的视频，如图12-64所示。

图12-63 "属性"对话框

图12-64 "交换视频"对话框

在"库"面板中选择视频文件，单击鼠标右键，在弹出的快捷菜单中选择"属性"选项，即可打开"视频属性"对话框，如图12-65所示。或者双击"库"面板中视频文件前的任意图标，都可以弹出"视频属性"对话框。

图12-65 "视频属性"对话框

- **元件**：可以更改视频剪辑的元件名称。
- **源**：用于查看导入的视频剪辑的相关信息，包括视频剪辑的类型、名称、路径、创建日期、像素、长度和文件大小等。
- **导入**：如果想要使用FLV或F4V文件替换视频，可以单击该按钮导入新文件。
- **更新**：如果在外部编辑器中对视频剪辑进行了修改，单击该按钮可以进行更新。
- **导出**：单击该按钮，弹出"导出FLV"对话框，在该对话框中选定文件的保存位置，并为其进行命名，单击"保存"按钮，即可将当前选定的视频剪辑导出为.flv格式的文件。

**上机练习：通过时间轴控制嵌入视频的播放**

- **最终文件** | 源文件\第12章\12-5-3.fla
- **操作视频** | 视频\第12章\12-5-3.swf

操作步骤

**01** 执行"文件>新建"命令，新建一个"大小"为280像素×415像素，"帧频"为24fps，"背景颜色"为白色的Flash文档。

**02** 执行"插入>新建元件"命令，新建一个"名称"为"文字1"的"图形"元件，使用"文字工具"，在"属性"面板中进行相应的设置，如图12-66所示。输入文字，如图12-67所示。

图12-66 "属性"面板

图12-67 输入文字

**03** 用相同方法，制作其他文字元件，如图12-68所示。新建一个"名称"为"文字动画"的"影片剪辑"元件，如图12-69所示。

**04** 选择"图层1"上的第1帧，将"库"面板中的"文字1"元件拖入到舞台中，选中该元件，在"属性"面板中设置"Alpha"值为0%，如图12-70所示。

图12-68 "库"面板

图12-69 "创建新元件"对话框

图12-70 "属性"面板

**05** 选择第10帧，按F6键，插入关键帧，在"属性"面板中设置"Alpha"值为100%，如图12-71所示。

**06** 选择第1帧，单击鼠标右键，在弹出的快捷菜单中选择"创建传统补间"选项，选择第40帧，按F5键，在第40帧处插入帧。

**07** 用相同方法，完成相似内容的制作，效果如图12-72所示。此时的"时间轴"面板如图12-73所示。

图12-71 "属性"面板

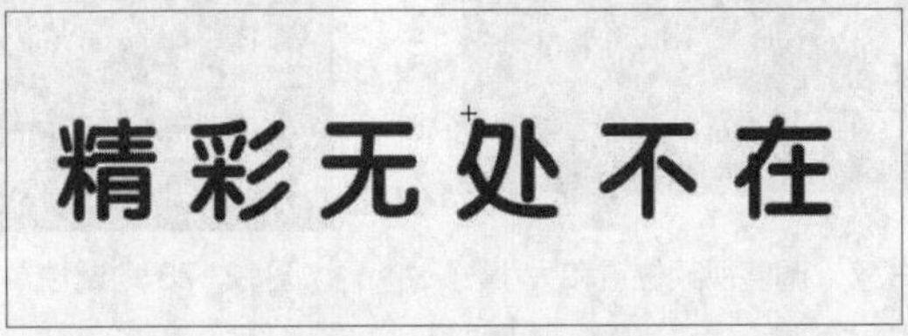

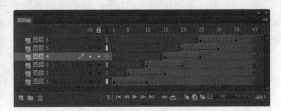

图12-72 场景效果

图12-73 "时间轴"面板

**08** 用相同方法，完成其他文字的制作，"库"面板如图12-74所示。

**09** 回到"场景1"中，执行"文件>导入>导入到舞台"命令，将"素材\第12章\125301.jpg"导入到舞台中，如图12-75所示。按F5键在第57帧的位置上插入帧。

**10** 新建"图层2"，执行"文件>导入>导入视频"命令，弹出"导入视频"对话框，如图12-76所示。

图12-74 "库"面板　　　　图12-75 导入素材　　　　图12-76 "导入视频"对话框

**11** 单击"下一步"按钮，完成视频的导入，并调整视频的位置和大小，如图12-77所示。

**12** 新建"图层3"，使用"矩形工具"，在"属性"面板中进行设置，如图12-78所示。然后绘制圆角矩形，如图12-79所示。

图12-77 调整视频位置和大小　　　　图12-78 "属性"面板　　　　图12-79 绘制矩形

**13** 选择"图层3"，单击鼠标右键，在弹出的快捷菜单中选择"遮罩层"选项，效果如图12-80所示。

**14** 新建"图层4"，将"文字动画"元件，拖入到舞台中，再新建"图层5"，在第10帧处插入空白关键帧，并将相应的元件拖入到舞台中，如图12-81所示。按F6键在第20帧处插入关键帧，并将该元件移动到相应的位置，如图12-82所示。然后在第10帧和第20帧的位置上创建"传统补间"动画。

图12-80 图像效果　　　　图12-81 拖入元件　　　　图12-82 移动元件位置

**15** 用相同方法，完成相似内容的制作，如图12-83所示。

**16** 新建"图层7"，在第57帧处插入空白关键帧，按F9键在"动作一帧"面板中添加相应的脚本语言，如图12-84所示。

**17** 执行"文件>保存"命令，将其存储为"源文件\第12章\12-5-3.fla"，按快捷键Ctrl+Enter测试动画效果，如图12-85所示。

图12-83　制作动画

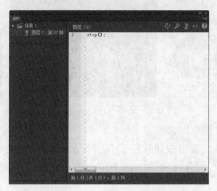

图12-84　添加脚本语言

图12- 85　测试动画

## 12.5.4　转换视频格式

Adobe Flash Video Encoder能将视频编码为Flash视频（FLV）格式，能轻松地将视频合并到网页或Flash文档中。

单击"启动Adobe Media Encoder"按钮，即可打开Adobe Media Encoder应用程序，如图12-86所示。

Adobe Premiere Pro、Adobe Soundbooth和 Flash 之类的程序都使用该应用程序输出某些媒体格式。根据程序的不同， Adobe Media Encoder提供了一个专用的"导出设置"对话框，如图12-87所示。

图12-86　程序界面

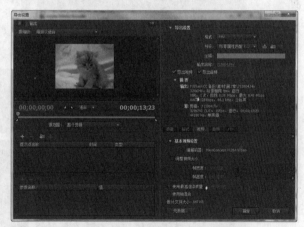

图12-87　"导出设置"对话框

该对话框包含许多与某些导出格式（如Adobe Flash Video和H.264）关联的设置。对于每种格式，"导出设置" 对话框包含许多为特定传送媒体定制的预设。同时，支持保存自定义预设，这样就可以与他人共享或根据需要重新加载它。

## ▶12.6　课后练习

### 课后练习1：为按钮添加声音

- **最终文件** | 源文件\第12章\12-6-1.fla
- **操作视频** | 视频\第12章\12-6-1.swf

声音是与按钮元件的不同
状态相关联，与按钮元件一同
保存的，它可以用于元件的所
有实例。为按钮添加声音的制
作效果如图12-88所示。

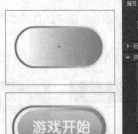

图12-88 制动按钮效果

**练习说明**

1. 新建一个元件，使用"矩形工具"绘制矩形。

2. 使用"文本工具"在页面中输入文字，新建按钮元件，在"指针经过"帧上拖入该元件。

3. 将声音导入到"库"，新建"图层2"，在"按下"帧上设置声音。

4. 完成动画制作，测试动画效果。

## 课后练习2：使用播放组件加载外部视频

● **最终文件** | 源文件\第12章\12-6-2.fla

● **操作视频** | 视频\第12章\12-6-2.swf

使用播放组件加载外部视频，制作效果如图12-89所示。

图12-89 加载外部视频效果

**练习说明**

1. 新建一个Flash空白文档，执行"文件>导入>导入视频"命令。

2. 添加需要导入的视频，在导入对话框中选中"使用播放组件加载外部视频"选项。

3. 单击"下一步"按钮，弹出"设定外观"界面，在外观下拉列表中选择合适的外观。

4. 单击"下一步"按钮，再单击"完成"按钮，即完成了外部视频的加载。

第

# 13 章

## Flash中组件的应用

**本章重点：**

→ 了解组件的功能

→ 掌握常用组件的设置方法

→ 用组件来创建简单的应用程序

## ▶13.1 组件概述

组件是包含参数的复杂的动画剪辑，本质上是一个含有很多资源的容器。Flash CC中的各种组件可以使动画具备某种特定的交互功能。用户还可以自己扩展组件，从而拥有更多的Flash 界面元素或动画资源。

### 13.1.1 组件的作用

Flash组件是带参数的影片剪辑，可以修改它们的外观和行为。组件既可以是简单的用户界面控件，如单选按钮或复选框，也可以包含内容，如滚动窗格，是不可视的。

使用组件，可以不用自己创建按钮、组合框和列表等，也可以不用深入了解ActionScript脚本语言，而是直接从"组件"面板中将组件拖到场景中，就可以设计出功能强大且具有一致外观和行为的应用程序。

每个组件都有预定义参数，还有一组独有的ActionScript方法、属性和事件，它们也称为API，即应用程序编程接口，用户可以通过该接口在运行时设置组件的参数和其他选项。

### 13.1.2 组件的类型

组件是面向对象技术的一个重要特征。在Flash CC中默认为用户提供了一些预设的组件，存放在"组件"面板中。

执行"窗口> 组件"命令，打开"组件"面板，在Flash CC的"组件"面板中默认提供了两组不同类型的组件，如图13-1所示。单击每个组前面的三角形图标，可以展开相应类型中的组件，如图13-2所示。每个组件都有预定义参数，可以在制作Flash 动画时设置这些参数。

（1）User Interface组件

通过使用User Interface组件可以实现与应用程序进行交互。在Flash组件中，最常用的是User Interface 组件，包括按钮（Button）、单选按钮（RadioButton）、复选框（CheckBox）、列表框（List）、下拉列表框（ComboBox）、滚动窗格（ScrollPane）等。这些常用组件的功能介绍如下：

- Button：一个大小可以调整的按钮，可以使用自定义图标来重新定义该组件的外观。
- CheckBox：复选框组件，允许用户进行布尔值选择（真或假）。
- ColorPicker：颜色选择组件，允许用户在弹出的拾色器窗口中选择颜色。
- ComboBox：允许用户从滚动的选择列表中选择一个选项。该组件可以在列表顶部有一个可选择的文本字段，以允许用户搜索该列表。
- DataGrid：数据网格组件，允许显示和操作多列数据。
- Label：一个Label组件就是一行文本。用户可以指定一个标签采用HTML格式。用户也可以控制标签的对齐和大小。Label组件没有边框、不能具有焦点，并且不产生任何事件。
- List：选项列表组件，允许用户从滚动列表中选择一个或多个选项。
- NumericStepper：NumericStepper组件允许用户逐个通过一组经过排序的数字。该组件由文本框和显示它旁边的上下箭头按钮组成。
- ProgressBar：进度条组件，进度条通过显示某个操作的完成百分比来传达其进度。
- RadioButton：单选按钮组件，允许用户在相互排斥的选项之间进行选择。
- ScrollPane：使用自动滚动条在有限的区域内显示影片剪辑、位图和SWF文件。
- Slider：通过该组件可以在限定的区间内通过移动滑块来选择值。
- TextArea：多行文本框组件，效果等同于将ActionScript 的TextField对象进行换行。
- TextInput：单行文本框组件，该组件是本机ActionScript TextField对象的包装。TextInput组件也可以采用HTML格式，或作为掩饰文本的密码字段。
- TileList：TileList组件由一个列表组成，其中的行和列由数据提供程序提供的数据填充。
- UILoader：UILoader组件是一个容器，可以显示SWF、JPEG、PNG和GIF文件。每当需要从远程位置检索内容并将其添加到Flash应用程序中时，都可以使用UILoader组件。

- **UIScrollBar**：UIScrollBar组件允许用户为文本字段添加滚动条。用户可以在创建时将UIScrollBar组件添加到文本字段中，或者使用ActionScript 在运行时添加。

（2）Video组件

该组件是一个媒体组件，从中可以查看FLV文件，并且包括了对该文件进行操作的控件，如图13-3所示。这些控件包括BackButton、BufferingBar、ForwardButton、MuteButton、PauseButton、PlayButton、PlayPauseButton、SeekBar、StopButton 和VolumeBar等。

图13-1　"组件"面板　　　图13-2　展开某一类型组件　　　图13-3　Video组件

## 13.2 组件的基本操作

向Flash文档添加组件一般有两种方式：一种是在创建时添加组件；另一种是使用ActionScript脚本代码在运行时添加组件。

### 13.2.1 在创建时添加组件

执行"窗口> 组件"命令，或按快捷键Ctrl+F7，打开"组件"面板，选择需要的组件，如图13-4所示。将选择的组件从"组件"面板拖动到舞台上或双击选择的组件，即可将该组件添加到舞台上，如图13-5所示。

选中刚添加的单选按钮组件，打开"属性"面板，在"属性"面板上的"组件参数"选项卡中可以看到所选中的组件的相关属性设置，如图13-6所示。通过对这些属性选项进行设置，可以改变整个组件的外观效果。

图13-4　选择需要的组件　　　图13-5　在舞台中添加组件　　　图13-6　组件参数选项

### 13.2.2 使用ActionScript在运行时添加组件

在Flash CC中，可以使用ActionScript在运行时添加组件。在ActionScript脚本中，用户可以采用createClassObject()方法（大多数组件都是从UIObject 类继承该方法）向Flash应用程序动态添加组件。

在运行时添加组件，首先需要将组件从"组件"面板拖曳到当前文档的"库"面板中，然后在"时间轴"面板中选择需要添加组件的关键帧，打开"动作"面板，添加相应的ActionScript 脚本代码。

### 13.2.3 设置组件大小

在舞台上选择需要设置大小的组件实例，使用"任意变形工具"，拖动鼠标即可改变组件的大小，如图13-7 所示。也可以直接在"属性"面板中对组件实例的宽度和高度进行设置，如图13-8 所示，从而改变组件的大小。

在ActionScript代码中，从任何组件实例中都可以调用setSize() 方法来调整组件大小。如下面代码即可将hTextArea 组件的大小调整到宽为200像素、高为300像素。

hTextArea.setSize(200,300)

图13-7　调整组件大小　　　图13-8　设置组件大小

## ▶13.3 常用组件的使用

在前面已经对Flash中组件的相关知识进行了简单介绍，读者对组件的应用也有了一定了解。在Flash CC 中，利用组件可以很方便地制作出许多具有很强交互性的动画，本节就将向读者介绍Flash中常用组件的应用方法。

### 13.3.1 使用CheckBox组件

（1）添加CheckBox组件

CheckBox 组件也就是我们常见的复选框，应用CheckBox 组件，可以很轻松地在网页中实现复选框的效果。

**┃ 上机练习：添加CheckBox组件 ┃**

● **最终文件** ┃ 源文件\第13章\13-3-1.fla

● **操作视频** ┃ 视频\第13章\13-3-1.swf

**┃操作步骤┃**

**01** 执行"文件>打开"命令，打开文件"素材\第13章\133101.fla"，效果如图13-9所示。打开"组件"面板，在User Interface 组件类型中选择CheckBox组件，如图13-10 所示。

**02** 将该组件拖曳至舞台中合适的位置，添加CheckBox 组件，如图13-11所示。打开"属性"面板，在"组件参数"选项区中设置label 属性为"柠檬红茶"，如图13-12所示。

**03** 按Enter键确认，即可更改复选框的名称，如图13-13所示。使用相同的方法，可以在舞台中添加多个复选框，并分别进行相应的设置，如图13-14所示。

图13-9　打开文件　　　　图13-10　选择CheckBox组件　　　　图13-11　添加CheckBox组件

图13-13　更改名称

图13-12　设置label属性　　　　图13-14　CheckBox组件效果

**04** 执行"文件> 另存为"命令，将该文件保存为"源文件\第13章\13-3-1.fla"，按快捷键Ctrl+Enter 测试动画，可以看到CheckBox 组件的效果，如图13-15 所示。

图13-15　预览CheckBox动画效果

（2）设置CheckBox组件属性

在舞台中选中所添加的CheckBox组件，在"属性"面板上的"组件参数"选项区中可以对CheckBox 组件的相关属性进行设置，如图13-16 所示。

- enbled：该选项用于设置复选框是否可用，其默认值是true，即选中状态。
- label：该选项用于设置复选框后显示的文本内容， 其默认值为label，可以直接在该选项后的文本框中修改该选项值。
- labelPlacement：该选项用于设置复选框中标签文本的方向，在该选项的下拉列表中有4 个选项，分别为left、right、top 和bottom，默认选项是right。
- selected：该选项用于设置复选框的初始状态， 选中该选项，则可以将复选框初始状态设置为选中， 默认为不选中该选项。

图13-16　CheckBox组件属性

- visible：该选项用于设置复选框是否可见，默认选中该选项，表示复选框可见。

## 13.3.2　使用RadioButton组件

RadioButton组件实现的是单选按钮的效果，下面通过一个小练习，了解一下RadioButton组件的应用方法。

**┃上机练习：添加RadioButton组件┃**

- **最终文件｜**源文件\第13章\13-3-2.fla
- **操作视频｜**视频\第13章\13-3-2.swf

----- **操作步骤** -----

**01** 执行"文件> 打开"命令，打开文件"素材\第13章\133201.fla"，效果如图13-17所示。打开"组件"面板，在User Interface 组件类型中将RadioButton 组件拖至舞台中合适的位置，如图13-18所示。

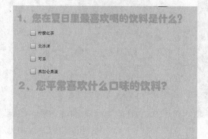

图13-17　打开文件

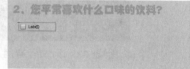

图13-18　添加RadioButton组件

**02** 选中刚添加的RadioButton 组件，打开"属性"面板，在"组件参数"选项区中设置label 属性值为"茶味"，如图13-19 所示。使用相同的方法，可以添加其他的RadioButton 组件，并分别进行相应的设置，效果如图13-20 所示。

图13-19　RadioButton组件效果

图13-20　添加其他RadioButton组件

> **提示**
>
> 在 RadioButton 组件的"属性"面板中，其组件参数值与 CheckBox 大多相似，有两个不同的属性，groupName 属性用于指定当前单选按钮所属的单选按钮组，该参数值相同的单选按钮自动被编为一组，并且在一组单选按钮中只能选择一个单选按钮。value 属性用于定义与单选按钮相关联的值，通常用于与程序交互。

**03** 执行"文件> 另存为"命令，将该文件保存为"源文件\第13章\13-3-2.fla"，按快捷键Ctrl+Enter 测试动画，可以看到RadioButton 组件的效果，如图13-21所示。

图13-21　预览RadioButton组件效果

## 13.3.3　使用List组件

（1）添加List组件

List 组件实现的是一个列表框的效果，下面通过一个小练习，向读者介绍在Flash中如何使用List组件。

**┃ 上机练习：添加List组件 ┃**

● **最终文件** | 源文件\第13章\13-3-3.fla
● **操作视频** | 视频\第13章\13-3-3.swf

┈┈┈┈┈┈┈┈┈┈┈┈┈┈ **操作步骤** ┈┈┈┈┈┈┈┈┈┈┈┈┈┈

**01** 执行"文件> 打开"命令，打开文件"素材\第13章\133301.fla"，效果如图13-22所示。打开"组件"面板，在User Interface 组件类型中选择List 组件，如图13-23所示。

图13-22　打开文件　　　　　　图13-23　选择List组件

**02** 将List组件拖入到舞台中，并调整到合适的位置，如图13-24所示。使用"任意变形工具"，将舞台中的 List 组件等比例放大，如图13-25所示。

图13-24　添加List组件

图13-25　调整List组件大小

**03** 选中舞台中的List组件，打开"属性"面板，单击"组件参数"选项区中dataProvider 属性后的"编辑"按钮，弹出"值"对话框，单击"添加"按钮，设置参数，如图13-26所示。使用相同的方法，可以添加多个参数，如图13-27所示。

图13-26　"值"对话框

图13-27　添加参数

**04** 单击"确定"按钮，完成"值"对话框的设置，可以看到舞台中List 组件的效果，如图13-28所示。执行"文件> 另存为"命令，将该文件保存为"源文件\第13章\13-3-3.fla"，按快捷键Ctrl+Enter 测试动画，可以看到List 组件的效果，如图13-29所示。

图13-28　List组件效果

图13-29　测试List组件

（2）设置List组件的属性

选中舞台中添加的List组件，在"属性"面板上的"组件参数"选项区中可以对List组件的相关属性进行设置，如图13-30 所示。

- allowMultipleSelection：该属性用于设置是否可以一次选择多个列表项目，默认不选中该复选框，如果选中该选项，则表示可以一次选择多个列表项目。
- dataProvider：该选项用于设置在List组件列表框中所显示的列表项目。
- horizontalLineScrollSize：该选项用于设置水平方向滚动条的宽度，默认值为4。
- horizontalPageScrollSize：该选项用于设置水平方向上可以滚动的大小。
- horizontalScrollPolicy：该选项用于设置是否显示水平方向滚动条，在该选项的下拉列表中包括on、off和auto 3个选项，默认情况下选择auto选项。
- verticalLineScrollSize：该选项用于设置垂直方向滚动条的宽度，默认值为4。

图13-30   List组件属性

- verticalPageScrollSize：该选项用于设置垂直方向上可以滚动的大小。
- verticalScrollPolicy：该选项用于设置是否显示垂直方向滚动条，在该选项的下拉列表中包括on、off和auto 3个选项，默认情况下选择auto选项。
- visible：该选项用于设置List组件是否可见，默认选中该选项，表示复选框可见。

## 13.3.4 使用Button组件

选中舞台中所添加的Button 组件，在"属性"面板上的"组件参数"选项区中可以对Button 组件的相关属性进行设置，如图13-31所示。

- emphasized：该选项用于设置按钮是否处于强调状态，强调状态相当于默认的普通按钮外观。
- label：该选项用于设置按钮上的文本内容。
- labelPlacement：该选项用于设置按钮上的标签文本相对于图标的方向，在该选项的下拉列表中包括left、right、top 和bottom 这4个选项，其默认值为right。
- selected：该选项用于指定按钮是否处于按下状态，默认情况下，按钮不处于按下状态，选中该复选框，可以将其设置为按下状态。
- toggle：该选项用于设置是否将按钮转变为切换开关。如果选中该选项，则按钮在单击后保持凹陷状，再次单击后才返回到弹起状态。如果不选中该选项，则按钮在单击后呈弹起状态。

图13-31   Button组件属性

## 13.3.5 使用ComboBox组件

ComboBox 组件是一个下拉列表框组件，通过该组件，可以在Flash 动画中实现下拉列表的效果，下面通过一个练习，讲解如何使用ComboBox 组件与ActionScript 实现交互效果。

**┃ 上机练习：添加ComboBox组件 ┃**

- **最终文件┃**源文件\第13章\13-3-5.fla
- **操作视频┃**视频\第13章\13-3-5.swf

**01** 执行"文件> 新建"命令，弹出"新建文档" 对话框，设置如图13-32所示。单击"确定"按钮， 新建文档。执行"文件> 导入> 导入到库"命令，弹出"导入到库"对话框，选择多个需要导入的图像， 如图13-33所示。

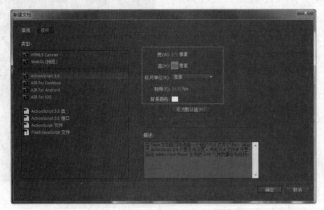

图13-32 "新建文档"对话框　　　　　　　　　　图13-33 "导入到库"对话框

**02** 单击"打开"按钮，将选中的图像导入到"库"面板中，如图13-34 所示。在"库"面板中将"133506.jpg"拖入到舞台中，并调整到合适的位置，在第5帧位置按F5 键插入帧，如图13-35所示。

图13-34 "库"面板　　　　　　　　　　图13-35 拖入素材

**03** 新建"图层2"，在"库"面板中将"33501. jpg"拖入到舞台中，如图13-36所示。选择"图层2" 第1帧，打开"动作"面板，输入脚本代码stop();，此时"时间轴"面板如图13-37所示。

图13-36 拖入素材　　　　　　　　　　图13-37 "时间轴"面板

**04** 在"图层2"的第2帧位置按F7 键插入空白关键帧，在"库"面板中将"133502.jpg"拖入到舞台中，如图13-38所示，并在第2帧位置添加脚本代码stop();。使用相同的方法，分别在第3 帧至第5 帧插入空白关键帧，并分别拖入相应的素材，添加脚本代码，"时间轴"面板如图13-39所示。

图13-38　拖入素材　　　　　　　　　　　图13-39　"时间轴"面板

**05** 新建"图层3"，打开"组件"面板，在User Interface 组件类型中选择ComboBox组件，如图13-40所示。将该组件拖入到舞台中，并调整到合适的位置，如图13-41所示。

图13-40　选择ComboBox组件　　　　　图13-41　添加ComboBox组件

**06** 选择刚添加的ComboBox 组件，打开"属性"面板，设置其"实例名称"为apartment，如图13-42所示。在"属性"面板上的"组件参数"选项区中单击dataProvider属性后的"编辑"按钮，弹出"值"对话框，如图13-43所示。

**07** 单击"添加"按钮，设置相应的参数，如图13-44所示。单击"确定"按钮，完成"值"对话框的设置，"属性"面板如图13-45所示。

图13-42　设置"实例名称"　　图13-43　"值"对话框　　图13-44　"值"对话框　　图13-45　"属性"面板

**08** 选中"图层3"的第1帧，打开"动作"面板，输入相应的ActionScript脚本代码，如图13-46所示。"时间轴"面板如图13-47所示。

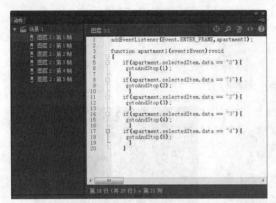
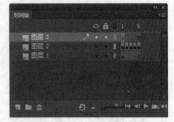

图13-46 "动作"面板　　　　　　　图13-47 "时间轴"面板

**09** 执行"文件> 另存为"命令，将该文件保存为"源文件\第13章\13-3-5.fla"，按快捷键Ctrl+Enter 测试动画，可以看到ComboBox组件的效果，如图13-48所示。

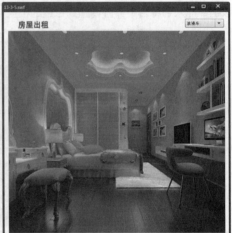

图13-48 测试ComboBox组件效果

### 13.3.6 使用ScrollPane组件

ScrollPane组件实现的是滚动窗格的效果，该组件只能接受影片剪辑、JPEG、PNG、GIF 和SWF文件，不接受文本字段，如果需要显示文本，可以使用影片剪辑和SWF文件进行嵌入文字显示，也可以使用UIScrollBar组件。

**上机练习：添加ScrollPane组件**

● **最终文件** | 源文件\第13章\13-3-6.fla
● **操作视频** | 视频\第13章\13-3-6.swf

操作步骤

**01** 执行"文件>新建"命令，弹出"新建文档"对话框，设置如图13-49所示。单击"确定"按钮，新建一个空白的Flash文档，执行"文件>导入>导入到舞台"命令，导入素材"素材\第13章\133601.jpg"，如图13-50所示。

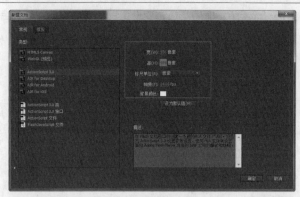

图13-49 "新建文档"对话框　　　　　　图13-50 导入素材图像

**02** 新建"图层2"，使用"文本工具"，在"属性"面板中对文字的相关选项进行设置，如图13-51所示。在舞台中绘制文本框并输入相应的文字内容，如图13-52所示。

**03** 选中整个文本框，单击鼠标右键，在弹出的菜单中选择"转换为元件"命令，弹出"转换为元件"对话框，设置如图13-53所示。单击"确定"按钮，将其转换为元件。将舞台中刚转换的元件删除，打开"库"面板，在名为"文本"的影片剪辑元件上单击鼠标右键，在弹出的菜单中选择"属性"命令，如图13-54所示。

**04** 弹出"元件属性"对话框，显示出高级选项，选中"为ActionScript 导出"复选框，并设置"类"选项，如图13-55所示，单击"确定"按钮。打开"组件"面板，在User Interface类别中选择ScrollPane组件，如图13-56所示。

图13-51 设置"属性"面板　　　图13-52 输入文字　　　图13-53 "转换为元件"对话框

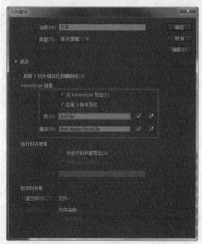

图13-54 选择"属性"命令　　　图13-55 "元件属性"对话框　　　图13-56 选择ScrollPane组件

**05** 将ScrollPane 组件拖入到舞台中，如图13-57所示。使用"任意变形工具"，调整该组件到合适的大小和位置，如图13-58所示。

图13-57　拖入ScrollPane组件　　　　图13-58　调整ScrollPane组件

**06** 选中舞台上的ScrollPane组件，打开"属性"面板，在"组件参数"选项区中设置source属性为"文本"影片剪辑的类名称textClip，如图13-59所示。执行"文件> 保存"命令，保存动画，按快捷键Ctrl+Enter 预览动画，可以看到使用ScrollPane 组件的效果，如图13-60所示。

图13-59　设置组件参数　　　　图13-60　测试ScrollPane组件效果

## 13.3.7　使用UILoader组件

　　UILoader组件可以用来加载SWF、JPEG、渐进式JPEG、PNG 和GIF 文件，如可以在显示照片的应用程序中使用UILoader 组件加载JPEG 图片。下面通过一个小练习介绍在Flash 中如何使用UILoader 组件。

**┃ 上机练习：添加UILoader组件 ┃**

● **最终文件** | 源文件\第13章\13-3-7.fla
● **操作视频** | 视频\第13章\13-3-7.swf

**操作步骤**

**01** 执行"文件>新建"命令，弹出"新建文档"对话框，设置如图13-61所示。单击"确定"按钮，新建空白的Flash 文档，将该文本保存为"源文件\第13章\13-3-7.fla"。打开"组件"面板，选择User Interface 类别下的UILoader 组件，如图13-62所示。

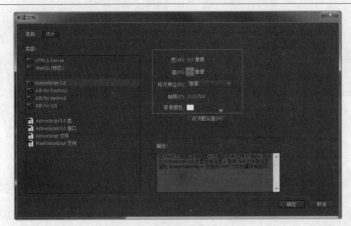

图13-61　"新建文档"对话框

图13-62　选择UILoader组件

**02** 将UILoader 组件拖至舞台中，添加该组件，效果如图13-63 所示。选中刚刚添加的UILoader组件， 在"属性"面板中设置其宽度和高度与舞台大小相同，如图13-64 所示。

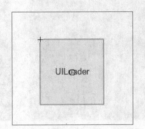

图13-63　选择UILoader组件

图13-64　设置大小和位置

**03** 选中刚添加的UILoader 组件，在"属性"面板上的"组件参数"选项区中的source 属性后的文本框中输入需要加载的图像的路径，如图13-65所示。执行"文件>保存"命令，保存动画，按快捷键Ctrl+Enter预览动画，可以看到使用UILoader 组件加载的图像效果，如图13-66所示。

图13-65　设置source属性

图13-66　预览UILoader组件加载图像效果

> **技巧**
>
> source 属性用于设置所需要加载内容的路径，可以直接在该属性后的文本框中输入需要加载内容的相对路径或绝对路径。

## 13.3.8 使用TextInput组件

　　TextInput 组件实现的是文本输入框的效果，通过TextInput 组件与Button 组件相结合，可以很方便地在Flash中制作出登录框的效果。接下来通过一个小练习，介绍如何通过TextInput 组件实现登录框效果的制作。

**| 上机练习：添加TextInput组件 |**

● **最终文件 |** 源文件\第13章\13-3-8.fla

● **操作视频 |** 视频\第13章\13-3-8.swf

**操作步骤**

**01** 执行"文件>新建"命令，弹出"新建文档"对话框，设置13-67所示。单击"确定"按钮，新建一个空白的Flash文档，执行"文件> 导入> 导入到舞台"命令，导入素材"素材\第13 章\133801.jpg"，如图13-68所示。

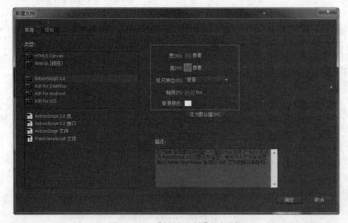

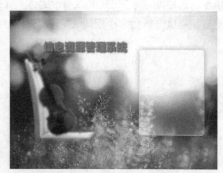

图13-67 "新建文档"对话框　　　　　　　　图13-68 导入素材图像

**02** 新建"图层2"，使用"文本工具"，在"属性"面板中对相关属性进行设置，如图13-69所示。在舞台中输入相应的文字，如图13-70所示。

图13-69 设置文本属性　　　　　　　图13-70 输入文字

**03** 打开"组件"面板，将TextInput组件拖入到舞台中，使用相同的方法，再拖入一个TextInput 组件，如图13-71所示。选择"密码："后的TextInput 组件，打开"属性"面板，在"组 件 参 数"选 项 区 中 选 中displayASPassword 选项，如图13-72所示。

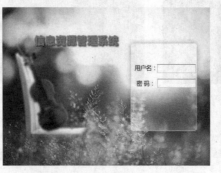

图13-71 添加TextInput组件　　　　　　图13-72 设置组件参数

**04** 在"组件"面板中将CheckBox
组件拖入舞台中，如图13-73所
示。选择刚拖入的CheckBox组
件，在"属性"面板上的"组件参
数"选项区中设置label属性为"记
住密码"，如图13-74所示。

图13-73　添加CheckBox组件　　　　　　图13-74　设置组件参数

**05** 在"组件"面板中将Button 组件拖入到舞台中，如图13-75所示。选择刚拖入的Button 组件，在"属
性"面板上的"组件参数"选项区中设置label 属性为"登录"，效果如图13-76所示。

**06** 执行"文件>保存"命令，保存动画，按快捷键Ctrl+Enter 预览动画，可以看到使用TextInput 组件的效
果，如图13-77所示。

图13-75　添加Button组件　　　　　图13-76　设置组件参数　　　　图13-77　测试TextInput组件的效果

## 13.4　课后练习

### ▌课后练习1：添加Button组件 ▌

● **最终文件** | 源文件\第13章\13-4-1.fla

● **操作视频** | 视频\第13章\13-4-1.swf

通过使用Button 组件在Flash 动画中实现按钮的效果，类似于网页中的按钮表单元素，接下来通过一个
练习来介绍如何在Flash 中添加Button 组件。操作如图13-78所示。

图13-78　添加Button组件

**练习说明**

1. 打开Flash文件，执行"窗口>组件"命令，选择User Interface 选项下的Button 组件。
2. 将Button组件拖入到舞台中合适的位置，并设置组件参数。
3. 执行"文件>另存为"命令，测试动画效果。

## 课后练习2：添加UILoader组件

● **最终文件** | 源文件\第13章\13-4-2.fla
● **操作视频** | 视频\第13章\13-4-2.swf

通过添加UILoader组件来实现加载文件的动画效果。操作如图13-79所示。

图13-79　添加UILoader组件

**练习说明**

1. 新建一个空白的文档，执行"窗口>组件"命令，选择User Interface 选项下的UILoader组件。
2. 将UILoader 组件拖至舞台中，添加该组件，在"属性"面板中设置其宽度和高度与舞台大小相同。
3. 在"属性"面板上的"组件参数"选项区中设置需要加载的文件路径。
4. 完成动画制作，测试动画效果。

第 14 章

# ActionScript编程语言

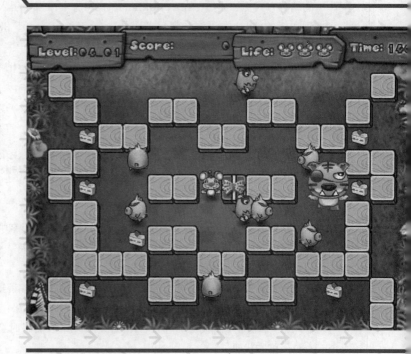

**本章重点：**

→ 了解ActionScript和ActionScript 3.0的基础知识

→ 掌握包和命名空间的含义

→ 了解变量和类的定义

→ 能够使用"代码片断"制作动画

# ▶14.1 什么是ActionScript

ActionScript（简称AS）是一种面向对象的编程语言，它基于ECMAScript 脚本语言规范，是在Flash动画中实现交互的重要组成部分，也是Flash能够优于其他动画制作软件的主要因素。

## 14.1.1 ActionScript简介

ActionScript是Flash的脚本程序语言，简称AS。近年来，ActionScript 脚本程序语言被广泛地应用于用户图形界面、Web交互制作、Flash游戏开发、Flash widget 等多个方面，这使得Flash不再拘泥于动画制作，而是发展到包括互联网、产品应用、游戏和人机交互等多个领域。通过使用它，能够实现对Flash程序的开发，它具有如下特点。

- 为Flash 用户提供了简单、便捷的开发环境和方法。
- 极大程度地丰富了Flash 动画的交互性，使得用户可以通过鼠标、键盘与Flash 动画进行交互。

在ActionScript 脚本语言版本方面，截止到目前为止共有3个版本。

- **ActionScript 1.0**：从Flash5版本开始，首次在Flash软件中引入了ActionScript 1.0 脚本语言，ActionScript 1.0脚本语言具备ECMAScript标准的语法格式和语义解释，主要应用于帧的导航和鼠标的交互。
- **ActionScript 2.0**：从Flash MX版本开始引入了ActionScript 2.0脚本语言，ActionScript 2.0脚本语言的编写方式更加成熟，在ActionScript 2.0脚本语言中引入了面向对象的编程方式，具有变量的类型检测和新的class类语法。到目前为止， ActionScript 2.0脚本语言依然在Flash动画制作中被广泛运用。
- **ActionScript 3.0**：从Flash CS3版本开始引入了全新的ActionScript 3.0，ActionScript 3.0 与ActionScript 1.0 和2.0 有着很大的差别，ActionScript 3.0 全面支持ECMA4 的语言标准， 并具有ECMAScript 中的Package、命名空间等多项ActionScript 2.0 所不具备的特点。

> **提示**
>
> 在最新版的 Flash CC 中已经不再支持 ActionScript 1.0 和 ActionScript 2.0 脚本语言，只支持 ActionScript 3.0 脚本语言。ActionScript 3.0 的脚本编写功能超越了 ActionScript 的早期版本，它旨在方便创建拥有大型数据集和面向对象的可重用代码库的高度复杂的应用程序。

在语言结构方面，简单来说，ActionScript与许多应用程序中使用的编程语相似，拥有语法、变量、函数等。它由多行语句代码组成，每行语句又是由一些命令、运算符、分号等组成。所以对于有高级编程经验的人来说，学习ActionScript 是很轻松的。

对于初学者来说，也并不需要太过于担心，相较于其他的编程语言来说，ActionScript 编程要容易得多， 在Flash CC 的编程环境中编写ActionScript 脚本代码具有以下优势：

（1） 在"动作"面板中编写ActionScript 脚本代码时会显示相应的代码提示，方便用户快速编写ActionScript 脚本代码。

（2）如果输入的ActionScript 代码，在测试Flash动画时会打开"错误输出窗口"面板显示相应的错误信息，并获得错误修改提示。

（3）完成一段ActionScript 程序编写后，可以直接在ActionScript的调试过程中，检查每一个变量的赋值过程。

（4）在Flash CC中提供了组件的功能，可以在很大程度上帮助用户实现常用的交互操作。

在ActionScript 程序代码的编译执行方面， ActionScript由Flash Player中的ActionScript虚拟机Action Virtual Machine（AVM）来解释执行。ActionScript 语句要通过Flash编译环境或Flex 服务器将其编译成二进制代码格式，然后成为SWF 文件中的一部分，被Flash Player 执行。

## 14.1.2 ActionScript的相关术语

ActionScript 作为一种功能强大的脚本编辑语言，具有很多的组件。了解这些术语及它们在ActionScript中是如何结合的非常重要。下面将对ActionScript 中的相关术语进行简单介绍。

- 动作（Action）：用于在影片运行过程中告知影片或它的组件去做某些事情。如gotoAndPlay 动作就可以将播放磁头跳转到指定的帧或帧标记进行播放。"动作"也可以称作语句。
- 参数（Parameter）：参数是存储信息的容器，并被传送给语句或函数。
- 类（Class）：这是影片中信息的类目。每个对象都属于一个类，并且是这个类的一个实例。要定义新的对象，必须根据它的类创建对象的实例，这是通过构造器函数完成的。
- 常量（Constant）：这是不发生变化的脚本元素。如整数是常量，可以用于检查表达式的值。关键字space 是一个常量，因为它通常指的是空格。
- 构造器（Constructor）：构造器用于创建基于类的对象的函数。这种函数具有的自变量可以给出对象所属的类专用的属性。
- 数据类型（Data Type）：定义变量或ActionScript元素进行通信的信息的类型。在ActionScript 中，数据类型是字符串、数字、布尔值（Ture 和Flase）、对象、影片剪辑、未定义或空。
- 事件（Event）：在影片运行时发生。它们在鼠标单击、加载影片剪辑和敲击键盘等情况下发生。用于触发函数和其他ActionScript语言。
- 表达式（Expression）：它是能够产生值的信息块。
- 函数（Function）：它是信息处理器。它们可以接收自变量形式的信息并能够返回相应的值。
- 处理器（Hnadler）：它用于执行函数以便对事件进行响应。在ActionScript中，有用于鼠标和影片剪辑事件的处理器。
- 标识符（Identifiler）：它是指派给函数、方法、对象、属性或变量的唯一的名称。标识符的第一个字符必须是字母、美元符号或下划线。完成的标识符可以使用这些字符和数字。
- 实例（Instance）：这是属于类的单独的对象。如today实例就是属于Data类。
- 实例名（Instance Name）：在影片中用于指向特定的影片剪辑实例的唯一的名称。它可以是文本栏、声音或者数组对象的一个实例。影片剪辑可以像对象一样使用，但是它们在根本上是不同的，因为影片剪辑是在Flash中创建并且被存为元件的。为了用ActionScript控制它们，影片剪辑需要一个实例名。影片中每个实例必须通过它唯一的实例名来引用。这种区分使ActionScript能够单独地控制影片剪辑元件的每个实例。
- 关键字（Keyword）：它是在ActionScript语言中具有特殊含义的单词。关键字不能作为变量、函数等使用。
- 方法（Method）：它是可以被对象执行的动作。对于自定义对象，可以创建自定义的方法。在ActionScript中，每个预定义的对象（如Sound 对象或MovieClip 对象）都拥有自己的方法。
- 对象（Object）：它是类的实例，ActionScript有几种叫作对象的内置类，它们包括Sound对象、Data对象和MovieClip对象。
- 操作符（Operator）：它是用于计算和比较数值的元素。如正斜杠（/）操作符用于使一个数除以另一个数。
- 属性（Property）：用于定义对象或对象实例的性质。如_x属性决定了舞台上影片剪辑的X 坐标轴。
- 目标路径（Target Path）：用于按照影片剪辑实例名、变量和影片中对象的形式传递信息。目标路径（Target Path）：用于按照影片剪辑实例名、变量和影片中对象的形式传递信息。
- 变量（Variable）：这是存储位置，用于保存信息和值。变量可以用于固定的存储，可以在影片播放时进行检索，以便在脚本中使用。

## 14.2 ActionScript编程环境

在Flash CC中，可以在"动作"面板中创建ActionScript脚本程序，它是Flash CC中一个功能强大的ActionScript代码编辑器。在Flash CC中，对"动作"面板进行了简化，去掉了许多不常用的功能，使得"动作"面板更加精简，使用更高效。

在Flash CC中执行"窗口>动作"命令，或者按F9键，即可打开"动作"面板，如图14-1所示。"动作"面板大致可以分为工具栏、脚本导航器和脚本编辑窗口3个部分。

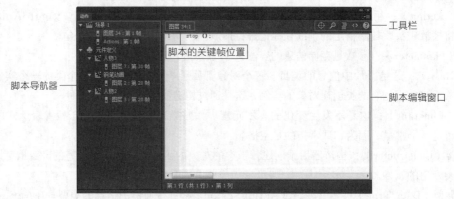

图14-1 "动作"面板

### 14.2.1 工具栏

工具栏位于"动作"面板的左上方，主要是由4个工具按钮组成，如图14-2所示。

图14-2 工具栏

- **"插入实例路径和名称"按钮**：单击该按钮，可以弹出"插入目标路径"对话框，如图14-3所示。显示当前舞台中所有实例的相对或绝对路径，选中实例，单击"确定"按钮，该实例的目标路径便会出现在ActionScrip脚本编辑窗口中。
- **"查找"按钮**：单击该按钮，可以在"动作"面板的工具栏下方显示"查找"选项栏，如图14-4所示。可以对"动作"面板中输入的ActionScript脚本代码实现查找替换操作。再次单击"查找"按钮，可以在"动作"面板中隐藏"查找"选项栏。

**搜索框**：在该文本框中输入需要查找的ActionScript脚本代码内容，完成查找内容的输入后按Enter键，则在"动作"面板中高亮显示所查找到的第一处相匹配的内容。

**"下一个"按钮**：单击该按钮，可以在ActionScript脚本代码中继续查找第二处与搜索内容相匹配的内容。

**"上一个"按钮**：单击该按钮，可以转到ActionScript脚本代码中所查找到的当前位置前一处的相匹配的内容。

**"查找"下拉列表**：在该选项的下拉列表中包含"查找"和"查找和替换"两个选项。如果选择"查找和替换"选项，则在"查找"选项栏中显示替换的相关选项，可以对ActionScript代码进行查找和替换操作，如图14-5所示。

图14-3 "插入目标路径"对话框

图14-4 "查找"选项栏

图14-5 显示查找和替换选项

"选项"按钮 ✿：单击该按钮，将在"查找"选项栏中显示"全字匹配"和"区分大小写"两个选项，如图 14-6所示。勾选"全字匹配"选项，则将指定文本字符串仅作为一个完整单词搜索，两边由空格、引号或类似标记限制；勾选"区分大小写"选项，可以在查找和替换时搜索与指定文本的大小写（大写或小写字符格式）完全匹配的文本。

"高级"按钮 ▤：单击该按钮，弹出"查找和替换"面板，在该面板中的"搜索"下拉列表中选择"代码"选项，在该面板中提供了更加详细地对ActionScript代码进行查找和替换操作的选项，如图14-7所示。

"关闭"按钮 ✕：单击该按钮，可以关闭"查找"选项栏。

- 设置代码格式 ▤：单击该按钮，可以在键入时自动设置代码格式及自动缩进代码。
- "代码片断"按钮 ⟨⟩：单击该按钮，可以打开"代码片断"面板，如图14-8所示。在该面板中提供了 Flash CC预设的多种类型的代码片断，选择需要使用的代码片断，双击该代码片断，即可将该片断插入到"动作"面板中。

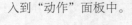

图14-6　显示两个选项　　　　图14-7　"查找和替换"面板　　　图14-8　"代码片断"面板

- "帮助"按钮 ❓：在编写ActionScript脚本代码的过程中，有任何的问题都可以单击"帮助"按钮，来查询解决方法。

## 14.2.2　脚本导航器

脚本导航器位于"动作"面板的左侧，它可以快速显示正在工作的对象及在哪些关键帧上添加了脚本。使用它可以在Flash文档中的各个脚本之间快速切换，如图14-9所示。

单击脚本导航器中的某一选项，那么与该项目关联的脚本将显示在脚本编辑窗口中，并且播放头将移到时间轴上相应的位置。

如果用户需要在"动作"面板中隐藏脚本导航器，可以将光标放置在"动作"面板中的脚本导航器与脚本编辑窗口之间的分栏上，如图14-10所示。向左拖动鼠标，即可隐藏脚本导航器，如图14-11所示。如果需要再次显示脚本导航器，可以使用相同的方法，向右拖动鼠标显示脚本导航器。

图14-9　脚本导航器　　　　　图14-10　拖动分栏　　　　　图14-11　隐藏脚本导航器

### 14.2.3 脚本编辑窗口

在FLA 文件中编辑ActionScript 脚本时，脚本编辑窗口位于"动作"面板的右下角空白处，如图14-12所示。

此外也可以在Flash CC中创建导入应用程序的外部脚本文件，如ActionScript、Flash Communication、Flash JavaScript文件，如图14-13所示。

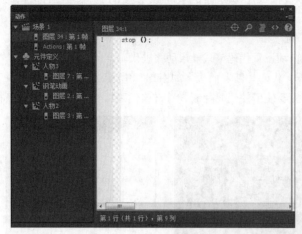

图14-12　脚本编辑窗口　　　　　　　　　　图14-13　脚本编辑窗口

如果是直接在FLA文件中添加ActionScript脚本代码，只需要打开"动作"面板，在脚本编辑窗口中直接输入ActionScript 脚本代码。

如果需要创建外部ActionScript文件，可以执行"文件>新建"命令，弹出"新建文档"对话框，在"类型"列表中选择需要创建的外部脚本文件的类型（ActionScript 3.0类、ActionScript 3.0接口、ActionScript文件、FlashJavaScript 文件），如图14-14所示。单击"确定"按钮，即可在打开的脚本编辑窗口中直接输入ActionScript脚本代码。

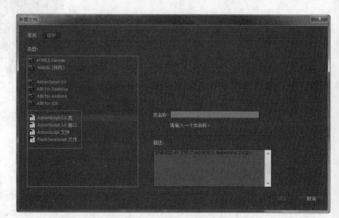

图14-14　"新建文档"对话框

## 14.3 编辑ActionScript

在Flash CC中，可以将ActionScript脚本代码编写在FLA文件中，也可以编写在外部的ActionScript脚本文件中，通过调整的方式，调用外部的ActionScript脚本文件。本节将向读者介绍如何在Flash CC中编辑ActionScript脚本代码。

### 14.3.1 添加ActionScript脚本代码

要想在Flash文件中通过ActionScript脚本代码实现一些特殊的交互效果，首先需要清楚如何为Flash文件添加ActionScript 脚本，下面向读者介绍两种添加ActionScript 脚本代码的方法。

（1）添加在FLA文件中

执行"文件>新建"命令，弹出"新建文档"对话框，在"类型"列表中选择ActionScript 3.0选项，如图14-15所示。单击"确定"按钮，即可创建一个基于ActionScript 3.0脚本的Flash文档。

选择刚创建的文档的"图层1"的第1帧位置关键帧，如图14-16所示。执行"窗口>动作"命令，打开"动作"面板，即可在该面板中编写相应的ActionScript 脚本代码。

图14-15 "新建文档"对话框

图14-16 "时间轴"面板

如果用户创建的是基于 ActionScript 3.0 的 Flash 文档，则只能够将 ActionScript 脚本代码添加到关键帧上，不可以在元件或其他对象上添加 ActionScript 脚本代码。

（2）添加到外部AS脚本文件中

执行"文件>新建"命令，弹出"新建文档"对话框，在"类型"列表中选择"ActionScript 文件"选项，如图14-17所示。单击"确定"按钮，即可创建一个外部的ActionScript脚本文件。在打开的脚本编辑窗口中即可编写ActionScript脚本代码，如图14-18所示。

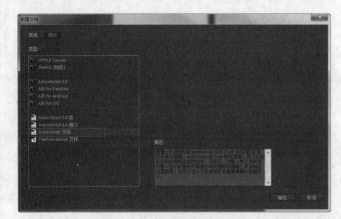

图14-17 "新建文档"对话框

图14-18 编写ActionScript脚本文件

编辑 AS 文件的脚本窗口与"动作"面板并不是完全相同，并且 ActionScript 文件是纯文本格式的文件，可以使用任何的文本编辑器进行编辑。

## 14.3.2 使用脚本辅助

默认情况下，在Flash CC的"动作"面板中输入ActionScript脚本代码时，可以获得Flash对全局函数、语句和内置类的方法和属性的提示。这时当用户输入一个关键字时，Flash会自动识别该关键字并自动弹出适用的属性或方法列表供用户选择。

例如，在"动作"面板中输入"trace("的时候，Flash会给出如图14-19所示的参数提示。当需要为变量声明数据类型时，输入":"，Flash 会给出如图14-20所示的参数提示。

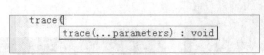

图14-19　显示代码提示　　　　　图14-20　显示代码提示

## 14.4 ActionScript 3.0概述

ActionScript 3.0是一个完全基本OOP的标准化面向对象语言，最重要的就是它不是ActionScript 2.0的简单升级，而完全是两种思想的语言。可以说，ActionScript 3.0全面采用了面向对象的思想，而ActionScript 2.0则仍然停留在面向过程阶段。

### 14.4.1 ActionScript 3.0特点

ActionScript 3.0的执行速度极快。与其他ActionScript版本相比，此版本要求开发人员对面向对象的编程概念有更深入的了解。ActionScript 3.0完全符合ECMAScript规范，提供了更出色的XML处理、一个改进的事件模型及一个用于处理屏幕元素的改进的体系结构。但是，需要注意的是使用ActionScript 3.0的FLA文件不能包含ActionScript的早期版本。

### 14.4.2 ActionScript 3.0优点

ActionScript 3.0全面支持ECMA4的语音标准，使代码维护更加轻松，方便创建拥有大型数据集和面向对象的可重用代码库的高度复杂应用程序，在设计Flash动画作品时，合理运用ActionScript 3.0相关知识，可以实现更美好、更具丰富视觉效果的动画作品。

### 14.4.3 ActionScript 3.0的新增功能

ActionScript 3.0包含许多类似于ActionScript 1.0和ActionScript 2.0的类和功能。但是ActionScript 3.0在架构和概念上与早期的ActionScript版本不同。ActionScript 3.0中的改进包括新增的核心语言功能及能够更好地控制低级对象的改进API。

（1）API的增强。在ActionScript 3.0中，新增了许多新的显示类型。除了影片剪辑、文本和按钮以外，ActionScript 3.0还可以控制包括形状、视频、位图等在内的大部分显示对象。另外显示对象的创建和移除则通过new语句以及addChild或removeChild等方法实现，类似attachMovie的旧方法已经被ActionScript 3.0舍弃。

（2）语法方面的增强和改动。引入了包（Package）和命名空间（Namespace）这两个概念。其中Package用来管理类定义，防止命名冲突，而Namespace则用来控制程序属性方法的访问。

（3）新增ECMAScript for XML（E4X）支持。E4X是ActionScript 3.0中内置的XML处理语法。在ActionScript 3.0中，XML成为内置类型，而之前的ActionScript 2.0版本中XML的处理API则转移到flash.xml.*包中，以保持向下兼容。

（4）新增*类型标识用来标识类型不确定的变量，通常在运行变量类型无法确定时使用。

（5）新增is和as两个运算符来进行类型检查。

## 14.5 ActionScript 3.0中的包和命名空间

包和命名空间是两个相关的概念。通过使用包，有利于共享代码并尽可能减少命名冲突的方式将多个类定义捆绑在一起。使用命名空间，可以控制标识符（如属性名和方法名）的可见性。无论命名空间位于包的内部还是外部，都可以应用于代码。包可用于组织类文件，命名空间可用于管理各个属性和方法的可见性。

### 14.5.1 包的概念

ActionScript 3.0是以类为基础的，因此所有使用类的代码都必须放在类的方法中，这就需要使用到包。而包存放在影片外部的ActionScript文件中。

创建包的代码如下所示：

```
Package PackageName {
//代码
}
```

其中，Package为创建包的关键字，PackageName表示包的名称。

在ActionScript 3.0 中还可以不指明包的名称，仅使用Package关键字和大括号。在这种情况下，类将创建在默认的顶层包中，其代码如下：

```
Package {
//代码
}
```

当ActionScript文件创建完成后，如果想让Flash文档中引用包中的程序，则需要将Flash文档与该AS文件进行连接。在Flash文档中，在"属性"面板上的"类"文本框中输入ActionScript文件的名称，然后单击"编辑类定义"按钮即可，如图14-21所示。

图14-21 "属性"面板

### 14.5.2 创建包

ActionScript 3.0在包、类和源文件的组织方式上具有很大的灵活性。早期的ActionScript版本只允许每个源文件有一个类，而且要求源文件的名称与类名称匹配。ActionScript 3.0允许在一个源文件中包括多个类，但是每个文件中只有一个类可供该文件外部的代码使用。换言之，每个文件中只有一个类可以在包声明中进行声明。用户必须在包定义的外部声明其他任何类，以使这些类对于该文件外部的代码不可见。在包定义内部声明的类的名称必须与源文件的名称匹配。

ActionScript 3.0在包的声明方式上也具有很大的灵活性。在早期的ActionScript版本中，包只是表示可用来存放源文件的目录，不必用Package语句来声明包，而是在类声明中将包名称包括在完全限定的类名称中。在ActionScript 3.0中，尽管包仍表示目录，但是它现在不只包含类。在ActionScript 3.0中，使用Package语句来声明包，这意味着用户还可以在包的顶级声明变量、函数和命名空间，甚至还可以在包的顶级包括可执行语句。如果在包的顶级声明变量、函数或命名空间，则在顶级只能使用public和internal属性，并且每个文件中只能有一个包级声明使用public属性（无论该声明是类声明、变量声明、函数声明还是命名空间声明）。

包的作用是组织代码并防止名称冲突。用户不应将包的概念与类继承这一不相关的概念混淆。位于同一个包中的两个类具有共同的命名空间，但是它们在其他任何方面都不相关。同样嵌套包与其父包无关。

### 14.5.3 导入包

　　如果希望使用位于某个包内部的特定类，则必须导入该包或该类。这与ActionScript 2.0不同，在ActionScript 2.0中，类的导入是可选的。

　　例如，使用package指令来创建一个包含单个类的简单包。

```
package samples

{

public class SampleCode

{

public var sampleGreeting:String;

public function sampleFunction()

{

trace(sampleGreeting + " from sampleFunction()");

}

}

}
```

　　以上的代码中，该类的名称是SampleCode。由于该类位于samples 包中，因此编译器在编译时会自动将其类名称限定为完全限定名称samples. SampleCode。

　　如果该类位于名为"samples"的包中，那么在使用SampleCode类之前，必须使用下列导入语句之一：

```
import samples.*;
```

　　或者，

```
import samples.SampleCode;
```

　　通常import语句越具体越好。如果只打算使用samples包中的SampleCode类，则应只导入SampleCode类，而不应导入该类所属的整个包。导入整个包可能会导致意外的名称冲突。

　　还必须将定义包或类的源代码放在类路径内部。类路径是用户定义的本地目录路径列表，它决定了编译器将在何处搜索导入的包和类。类路径有时被称为"生成路径"或"源路径"。

> **技巧**
>
> 在正确地导入类或包之后，可以使用类的完全限定名称（ samples.SampleCode ），也可以只使用类名称本身（ SampleCode ）。

### 14.5.4 命名空间的概念

　　通过命名空间可以控制所创建的属性和方法的可见性。将public、private、protected 和internal访问控制说明符视为内置的命名空间。如果这些预定义的访问控制说明符无法满足要求，可以创建自己的命名空间。

　　要了解命名空间的工作方式，有必要先了解属性或方法的名称总是包含标识符和命名空间两部分。标识符通常被视为名称。如以下类定义中的标识符是 sampleGreeting 和sampleFunction()。

```
class SampleCode

{

var sampleGreeting:String;

function sampleFunction () {

trace(sampleGreeting + " from sampleFunction()");

}

}
```

　　只要定义不以命名空间属性开头，就会用默认internal命名空间限定其名称，这意味着，它们仅对同一个包中的调用可见。如果编译器设置为严格模式，则编译器会发出一个警告，指明internal命名空间将应用于没有命名空间属性的任何标识符。为了确保标识符可在任何位置使用，必须在标识符名称的前面明确加上public属性。在上面的示例代码中，sampleGreeting和sampleFunction()都有一个命名空间值internal。

使用命名空间时，应遵循以下3个基本步骤。

第一，必须使用namespace关键字来定义命名空间。如下面的代码定义version1命名空间。

```
namespace version1;
```

第二，在属性或方法声明中，使用命名空间（而非访问控制说明符）来应用命名空间。下面的示例是将一个名为"myFunction()"的函数放在version1命名空间中。

```
version1 function myFunction() {}
```

第三，在应用了该命名空间后，可以使用use指令引用它，也可以使用该命名空间来限定标识符的名称。下面的示例通过use指令来引用myFunction()函数。

```
use namespace version1;
myFunction();
```

还可以使用限定名称来引用myFunction()函数，如下面的示例所示。

```
version1::myFunction();
```

## 14.5.5 定义命名空间

命名空间中包含一个名为统一资源标识符（URL）的值，该值有时称为命名空间名称。使用URL可确保命名空间定义的唯一性。

可通过使用以下两种方法之一来声明命名空间定义，以创建命名空间。第一种方法是像定义XML命名空间那样使用显式URL定义命名空间；第二种方法是省略URL。下面的示例说明如何使用URL来定义命名空间。

```
namespace flash_proxy = "http://www.adobe.com/ flash/proxy";
```

URL用作该命名空间的唯一标识字符串。如果省略URL（如下面的示例所示），则编译器将创建一个唯一的内部标识字符串来代替URL。用户对于这个内部标识字符串不具有访问权限。

```
namespace flash_proxy;
```

在定义了命名空间（具有URL或没有URL）后，就不能在同一个作用域内重新定义该命名空间。如果尝试定义的命名空间以前在同一个作用域内定义过，则将生成编译器错误。

如果在某个包或类中定义了一个命名空间，则该命名空间可能对于此包或类外部的代码不可见，除非使用了相应的访问控制说明符。如下面的代码显示了在flash.utils包中定义的flash_proxy命名空间。在下面的示例中，缺乏访问控制说明符意味着flash_ proxy命名空间将仅对于flash.utils包内部的代码可见，而对于该包外部的任何代码都不可见。

```
package flash.utils
{
namespace flash_proxy;
}
```

下面的代码使用public属性，以使flash_proxy命名空间对该包外部的代码可见。

```
Package flash.utils
{
public namespace flash_proxy;
}
```

## 14.5.6 应用命名空间

应用命名空间意味着在命名空间中放置定义，可以放在命名空间中的定义包括函数、变量和常量（不能将类放在自定义命名空间中）。

例如，考虑一个使用public访问控制命名空间声明的函数。在函数的定义中使用 public属性会将该函数放在public命名空间中，从而使该函数对于所有的代码都可用。在定义了某个命名空间之后，可以按照与使用public属性相同的方式来使用所定义的命名空间，该定义将对于可以引用用户自定义命名空间的代码可用。如果用户定义一个名为"example1"的命名空间，则可以添加一个名为"myFunction()"的方法并将example1当作属性，如下面的示例所示。

```
namespace example1;
class someClass
{
example1 myFunction() {}
}
```

如果在声明myFunction()方法时，将example1命名空间用做属性，则意味着该方法属于example1 命名空间。

在应用命名空间时，应注意以下几点。

（1）对于每个声明只能应用一个命名空间。

（2）不能一次将同一个命名空间属性应用于多个定义。换言之，如果希望将自己的命名空间应用于10个不同的函数，则必须将该命名空间作为属性分别添加到这10个函数的定义中。

（3）如果应用了命名空间，则不能同时指定访问控制说明符，因为命名空间和访问控制说明符是互斥的。换言之，如果应用了命名空间，就不能将函数或属性声明为public、private、protected或internal。

## 14.6 ActionScript 3.0中的变量

ActionScript 3.0对变量的声明有指明变量的类型要求。声明变量是写程序应该遵守的法则，这样便于掌握了一个变量的生命周期，并且能够知道某一个变量的意义，以有利于程序的调试。

### 14.6.1 变量的定义

变量必须是一个ActionScript标识符，应遵循以下标准的命名规则。

（1）第一个字符必须为字母、下划线或者美元符号。

（2）后面可以跟字母、下划线、美元符号、数字，最好不要包含其他符号。虽然可以使用其他Unicode符号作为ActionScript标识符，但是不推荐使用，以避免代码混乱。

（3）变量不能是一个关键字或逻辑常量（true、false、null 或undefined）。

（4）保留的关键字是一些英文单词，因为这些单词是保留给ActionScript使用的，所以不能在代码中将它们用作变量、实例、自定义类等。

（5）变量不能是ActionScript 语言中的任何元素，如不能是类名称。

（6）变量名在它的作用范围内必须是唯一的。

### 14.6.2 变量的作用域

在ActionScript中，包含两种变量，分别是局部变量和全局变量，全局变量在整个动画的脚本中都有效，而局部变量则只在它自己的作用域内有效。

如在下面的例子中，i 是一个局部的循环变量，它只在函数init中有效。

```
function init(){
var i: Number;
for(i=0;i<10;i++){
randomArray[i]=radom(100);
}
}
```

使用局部变量的好处在于可以减少发生程序错误的可能。如在一个函数中使用了局部变量，那么这个变量只会在函数内部被改变。而一个全局变量则可在整个程序的任何位置被改变，使用错误的变量可能会导致函数返回错误的结果，甚至使整个系统崩溃。

使用局部变量可以防止名字冲突，而名字冲突可能会导致致命的程序错误。如变量n是一个局部变量，它可以用在一个MovieClip对象中计数；而另外的一个MovieClip对象中可能也有一个变量n，它可能用作一个循环变量。因为它们有不同的作用域，所以并不会造成任何冲突。

### 14.6.3 使用变量

声明变量后，就可以在程序中使用变量了，其中包括为变量赋值、传递变量的值等，只有赋了值的变量才有真正的意义。

（1）为变量赋值

在变量名后直接使用等于号（＝）就可以为变量赋值，如下面的代码为变量userName赋值。

```
var userName:String;
userName = "Qing Tian";
```

首先声明一个变量，然后为该变量赋值，该变量类型为String（字符串），所以需要置于引号中。如果要显示变量的值，可以使用trace()语句。

```
var userName:String;
userName = "Qing Tian";
trace (useName);
//返回值为Qing Tian
```

（2）使用变量和获取变量值

变量的值可以互相传递，也可以作为函数的参数被使用，还可以被直接显示在"输出"面板中。

```
var var_a:int, var_b:int;
var var_c:String;
var_a=100;
var_b=var_a+2000;
//var_b的值现在等于2100
```

首先定义3个变量var_a、var_b、var_c。

然后为var_a赋值，变量var_b被赋值为var_a+2000，将得到的值传送给var_b。

## ▶ 14.7　ActionScript 3.0中的类

早在ActionScript 1.0中，ActionScript程序员就能使用Function对象创建类似类的构造函数。在ActionScript 2.0中，通过使用class和extends等关键字，正式添加了对类的支持。ActionScript 3.0不但继续支持ActionScript 2.0中引入的关键字，而且还添加了一些新功能，如通过protected和internal属性增强了访问控制，通过final和override关键字增强了对继承的控制。

### 14.7.1 类定义

一个类包含类名和类体，类体又包含类的类属性和方法，其结构如图14-22所示。

在ActionScript 3.0中，使用class关键字定义类，其后跟类的名称，类体需要放在大括号（{}）内，类体放在类名称的后面，如下所示。

```
public class className {
    //类体
```

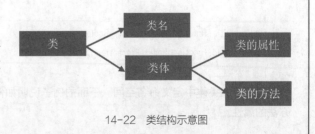

14-22　类结构示意图

```
}
```

如以下代码创建了名为"Shape"的类，其中包含名为"visible"的变量。

```
public class Shape
{
var visible:Boolean = true;
}
```

对于包中的类定义，有一项重要的语法更改。在ActionScript 2.0中，如果类在包中，则在类声明中必须包含包名称。在ActionScript 3.0中，引入了Package语句，包名称必须包含在包声明中，而不是包含在类声明中。如以下类声明说明如何在ActionScript 2.0和ActionScript 3.0中定义BitmapData 类（该类是 flash.display 包的一部分）。

```
// ActionScript 2.0
class flash.display.BitmapData {}
// ActionScript 3.0
Package flash.display
{
public class BitmapData {}
}
```

## 14.7.2 类属性

在ActionScript 3.0中，可使用以下4个属性之一来修改类定义。

- dynamic：允许在运行时向实例添加属性。
- final：不得由其他类扩展。
- internal（默认）：对当前包内的引用可见。
- 公共：对所有位置的引用可见。

使用internal 以外的每个属性时，必须明确定义的方式包含该属性才能获得相关的行为。

如果定义类时未包含dynamic 属性（attribute），则不能在运行时向类实例中添加属性（property）。通过在类定义的开始处放置属性，以明确的属性名称分配属性，如下面的代码所示。

```
dynamic class Shape {}
```

注意列表中未包含名为"abstract"的属性。这是因为ActionScript 3.0不支持抽象类。同时还需要注意，列表中未包含名为"private"和"protected"的属性。这些属性只在类定义中有意义，但不可以应用于类本身。如果不希望某个类在包以外公开可见，可以将该类放在包中，并用internal属性标记该类。或者可以省略internal和public这两个属性，编译器会自动添加internal属性。如果不希望某个类在定义该类的源文件以外可见，需要将类放在包定义右大括号下面的源文件底部。

## 14.7.3 类体

类体放在大括号内，用于定义类的变量、常量和方法。下面的例子显示Adobe Flash Player API中Accessibility类的声明。

```
public final class Accessibility
{
public static function get active():Boolean;
public static function updateProperties():void;
}
```

还可以在类体中定义命名空间。下面的例子说明如何在类体中定义命名空间及如何在该类中将命名空间用作方法的属性。

```
public class SampleClass
{
public namespace sampleNamespace;
sampleNamespace function doSomething():void;
}
```

ActionScript 3.0不但允许在类体中包括定义，而且还允许包括语句。如果语句在类体中，但在方法定义之外，这些语句只在第一次遇到类定义并且创建了相关的类对象时执行一次。下面的例子包括一个对hello()外部函数的调用和一个trace语句，在定义类时输出确认消息。

```
function hello():String
{
trace( "hola" );
}
class SampleClass
{
hello();
trace( "class created" );
}
// 创建类时输出
hola
class created
```

与以前的ActionScript版本相比，ActionScript 3.0中允许在同一类体中定义同名的静态属性和实例属性。例如，下面的代码声明一个名为"message"的静态变量和一个同名的实例变量。

```
class StaticTest
{
static var message:String = "static variable" ;
var message:String = "instance variable" ;
}
// 在脚本中
var myST:StaticTest = new StaticTest();
trace(StaticTest.message); // 输出：静态变量
trace(myST.message); // 输出：实例变量
```

## 14.8 ActionScript 3.0高级设置

在Flash CC 中，可以通过两种方式对ActionScript 3.0 进行设置，一种方式称为应用程序级别，另一种方式称为文档级。本节将向读者详细介绍如何对ActionScript 3.0 进行设置。

### 14.8.1 应用程序级别

执行"编辑>首选参数"命令，弹出"首选参数"对话框，在左侧列表中选择"编辑器"选项，如图14-23所示。

- **Flex SDK路径**：Flex是Adobe公司开发的可以输出成基于Flash Player来运行的计算机应用程序。借助Flex开发人员可以创建含丰富数据演示、强大客户端逻辑和集成多媒体的复杂应用程序。SDK是Software Development Kit的缩写，意思是"软件开发工具包"。Flex SDK包含了辅助Flex开发的相关文档、范例和工具。该选项用于指向包含Flex SDK的文件夹。

- **源路径**：当自定义外部文件作为类，Flash需要找到包含类或接口定义的外部ActionScript文件。该ActionScript文件所在的文件目录就称为源路径，该源路径目录中创建的子目录就是包，使用包可以对类进行分类整理。

单击"浏览路径"按钮，浏览到需要添加的文件夹，单击"确定"按钮。单击"添加新路径"按钮，输入相对路径或绝对路径，单击"确定"按钮。如果需要从源路径中删除文件路径，只需要选中该路径后单击"从路径删除"按钮。

- **库路径**：库路径指向的是SWC文件或包含SWC文件的文件夹。SWC文件是Flash的组件文件。

单击"浏览路径"按钮，找到需要添加的文件夹，单击"确定"按钮。单击"浏览SWC 文件"按钮，找到需要添加的SWC文件，单击"确定"按钮。单击"添加新路径"按钮，输入相对路径或绝对路径，单击"确定"按钮。如果需要从库路径中删除文件路径，只需要选中该路径后单击"从路径删除"按钮。

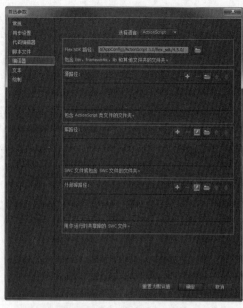

图14-23 "编译器"选项

- **外部库路径**：外部库路径通常被用来运行共享库。制作Flash项目的时候常常会重复使用一些素材，如图片、声音、影片剪辑、字体等，这时就需要用到共享库。通过使用外部库路径，可以指定库在编译时的SWC 文件或者目录的位置。编译器会在编译时根据这个选项进行链接的检查。

单击"浏览路径"按钮，找到需要添加的文件夹，单击"确定"按钮。单击"浏览SWC文件"按钮，找到需要添加的SWC文件，单击"确定"按钮。单击"添加新路径"按钮，输入相对路径或绝对路径，单击"确定"按钮。如果需要从外部库路径中删除文件路径，只需要选中该路径后单击"从路径删除"按钮。

## 14.8.2 文档类

使用文档级的设置方法，仅适用于当前的FLA文件。执行"文件>发布设置"命令，弹出"发布设置"对话框，如图14-24所示。单击"脚本"选项后的"ActionScript脚本设置"按钮，弹出"高级ActionScript 3.0设置"对话框，如图14-25所示。

图14-24 "发布设置"对话框

图14-25 "高级ActionScript3.0设置"对话框

- **文档类**：文档类继承自Sprite或MovieClip类，是SWF文件的主类。Flash在读取SWF文件的时候，文档类的构造函数会被自动调用，它是用户程序的入口，任何想要做的事都可以从这里展开。

在Flash CC中，可以直接在时间轴的关键帧上写代码，也可以创建导入到应用程序的外部脚本文件，如果选择后者，就一定要指定文档类。有两种方法可以指定文档类。

第一种，在"高级ActionScript 3.0设置"对话框的"文档类"文本框中直接添加，输入该类的AS文件的文件名。注意不要包含.as文件扩展名。

第二种，单击舞台的空白区域，在"属性"面板上的"类"文本框中输入该类的AS文件名，同样不要包含.as文件扩展名。

- **错误**：在Flash CC中的错误设置分为两种情况，分别是"严谨模式"和"警告模式"。

**严谨模式**：该模式将编译器警告报告为错误，意味着如果存在这些类型的错误，编译将会失败。

**警告模式**：该模式将报告多余警告，这些警告对将ActionScript 2.0代码更新到ActionScript 3.0时发现不兼容现象非常有用。

# 14.9 使用ActionScript 3.0

对于很多初学者来说，使用ActionScript 3.0进行动画的制作是非常困难的，Flash CC中提供了"代码片断"，帮助用户在不精通编程的前提下，可以轻松地将ActionScript 3.0代码添加到FLA文件中，以启用常用功能，使用ActionScript制作动画效果。

## 14.9.1 使用"代码片断"面板

执行"窗口>代码片断"命令，即可打开"代码片断"面板，在该面板中Flash CC预置了多种不同类型的ActionScript脚本代码，如图14-26所示。单击每个类别前面的三角形图标，可以展开该类型的代码，如图14-27所示。

图14-26 "代码片断"面板          图14-27 展开类别

根据要添加的脚本类型，选择相应的文件夹，如图14-28所示。单击"添加到当前帧"按钮 ，可以将该命令的功能添加到当前帧上，为当前所选择的对象应用该代码片断，此时会弹出提示框，如图14-29所示。

图14-28 选择脚本          图14-29 提示框

单击"确定"按钮，设置完成后，"时间轴"面板如图14-30所示。执行"窗口>动作"命令，可以看到添加的详细代码内容的"动作"面板，如图14-31所示。

图14-30 "时间轴"面板　　　　　　　　　图14-31 "动作"面板

通过使用"代码片断"面板，可以实现如下的功能。

- 添加能影响对象在舞台上行为的代码。
- 添加能在时间轴中控制播放头移动的代码。
- 将用户创建的新代码片断添加到面板中。

## 上机练习：使用ActionScript 3.0替换鼠标光标

- **最终文件** | 源文件\第14章\14-9-1.fla
- **操作视频** | 视频\第14章\14-9-1.swf

------操作步骤------

**01** 新建一个ActionScript 3.0文档，如图14-32所示。新建一个"名称"为"光标"的"影片剪辑"元件，如图14-33所示。

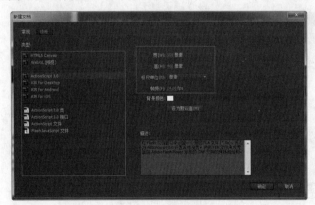

图14- 32　新建文档　　　　　　　　　图14- 33　新建元件

**02** 将"第14章\素材\149101.png"图片文件导入场景中，如图14-34所示。返回场景中，将元件"光标"从"库"面板中拖入到场景中，并调整其大小到如图14-35所示效果。

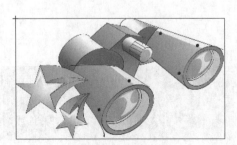

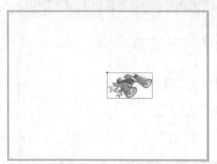

图14- 34　导入素材图片　　　　　　　　　图14- 35　拖入元件

**03** 执行"窗口>代码片断"命令，打开"代码片断"面板，如图14-36所示。选择"动作\自定义鼠标光标"命令，如图14-37所示。

**04** 双击"自定义鼠标光标"命令，为当前所选择的对象应用该代码片断，此时会弹出提示框，如图14-38所示。

图14-36　"代码片段"面板　　图14-37　选择"自定义鼠标"命令　　图14-38　提示框

> **提示**
>
> 因为此处所选择的对象不是影片剪辑元件或者 TLF 文本对象，因此在应用该代码片断时，Flash 会自动要求将该对象转换为影片剪辑元件并创建实例名称。

**05** 单击"确定"按钮，Flash自动为其设置了一个实例名称，"属性"面板如图14-39所示。同时在"时间轴"面板中会新增一个名为"Actions"的图层，在"动作"面板中会自动添加所选择的代码片断，如图14-40所示。

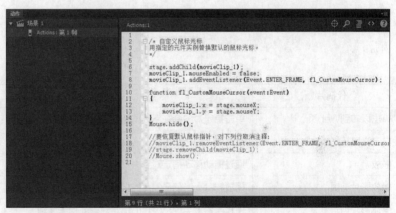

图14-39　"属性"面板　　　　　　图14-40　自动添加的代码片断

> **提示**
>
> 在应用代码片断时，此代码将添加到"时间轴"面板中的 Actions 图层的当前帧。如果用户自己尚未创建 Actions 图层，Flash 将在"时间轴"面板中的所有其他图层之上添加一个 Actions 图层。

**06** 执行"文件>保存"命令，将其保存为"14-9-1.fla"文件，按快捷键Ctrl+Enter测试动画，效果如图14-41所示。

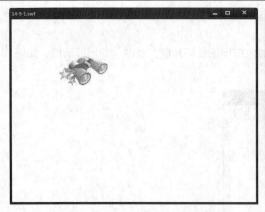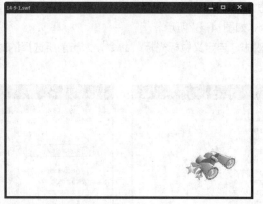

图14-41　测试动画效果

## 14.9.2 使用ActionScript 3.0控制动作

　　使用ActionScript 3.0可以轻松实现对对象的一系列控制。在"动作"列表下共有14个代码片断，如图14-42所示。使用这些代码可以完成类似拖动对象、播放对象和显示隐藏对象的操作。

　　用户只需在需要添加的代码片断上双击，然后按照提示输入标识符即可完成代码的添加。

图14-42　动作代码

| 代码片断 | 说　明 |
|---|---|
| 单击以转到Web页 | 单击指定对象会在新浏览器窗口中加载URL |
| 自定义鼠标光标 | 用舞台上的指定对象替换默认鼠标光标 |
| 拖放 | 通过拖动移动指定对象 |
| 播放影片剪辑 | 播放舞台上当前已停止的指定对象或视频剪辑 |
| 停止影片剪辑 | 停止舞台上当前已停止的指定对象或视频剪辑 |
| 单击以隐藏对象 | 单击指定对象会将其隐藏 |
| 显示对象 | 使指定对象可见 |
| 单击以定位对象 | 将指定对象移动到指定的X和Y坐标 |
| 单击以显示文本字段 | 单击指定对象可在指定位置创建并显示文本字段 |
| 生成随机数 | 生成介于0和指定的数字之间的随机数值 |
| 将对象移到顶层 | 将任何单击的对象移到顶层 |
| 实例定时器 | 在"输出"面板中显示一个定时器，该定时器从指定的时间开始倒计时 |
| 定时器 | 从指定时间开始倒计时 |

### 14.9.3 使用ActionScript 3.0控制时间轴

　　Flash动画通常是依靠时间轴制作。使用ActionScritp 3.0可以控制动画的播放停止，在某一帧停止，跳转到某一帧或者某一场景等操作。在"代码片断"面板中包含了时间轴导航代码，使用这些代码可以轻松实现时间轴导航动画。

　　时间轴导航代码片断，共有8个命令，如图14-43所示。

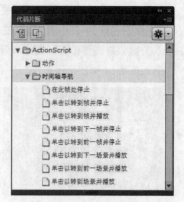

图14-43　时间轴代码

| 代码片断 | 说　明 |
|---------|--------|
| 在此帧处停止 | 停止播放头，使其不前进到时间轴下一帧 |
| 单击以转到帧并停止 | 单击此对象会将播放头移动到指定帧并停止播放 |
| 单击以转到帧并播放 | 单击此对象会将播放头移动到指定帧并继续播放 |
| 单击以转到下一帧并停止 | 单击此对象会将播放头移动到下一帧并停止播放 |
| 单击以转到前一帧并停止 | 单击此对象会将播放头移动到前一帧并停止播放 |
| 单击以转到下一场景并播放 | 单击此对象会将播放头移动到下一场景并继续播放 |
| 单击以转到前一场景并播放 | 单击此对象会将播放头移动到前一场景并继续播放 |
| 单击以转到场景并播放 | 单击此对象会从指定的场景或帧播放动画 |

### ▋ 上机练习：使用ActionScript 3.0转到某帧停止播放 ▋

● **最终文件 |** 源文件\第14章\14-9-3.fla

● **操作视频 |** 视频\第14章\14-9-3.swf

**操作步骤**

**01** 执行"文件>新建"命令，新建一个类型为ActionScript 3.0，"大小"为550像素×360像素，"帧频"为12fps，"背景颜色"为白色的Flash文档。

**02** 单击"矩形工具"按钮，打开"颜色"面板，设置"填充颜色"从＃0066FF到＃6699FF的"线性渐变"，如图14-44所示。绘制矩形，使用"渐变变形工具"调整渐变角度，如图14-45所示。

图14-44　"颜色"面板

图14-45　绘制矩形

**03** 新建 "图层2" ，将图像 "素材\第14章\149301.png" 导入舞台，如图14-46所示。新建名称为 "人物" 的 "影片剪辑" 元件，将图像 "素材\第14章\149302.png" 导入舞台，如图14-47所示。

**04** 新建名称为 "人物动画" 的 "影片剪辑" 元件，将 "人物" 从 "库" 面板拖入场景中，在第10帧位置插入关键帧并调整位置，在第1帧位置创建传统补间动画，使用相同的方法完成其他帧动画的制作， "时间轴" 面板如图14-48所示。

图14-46 导入素材1

图14-47 导入素材2

图14-48 "时间轴" 面板

**05** 返回 "场景1" ，新建 "图层3" ，将 "人物动画" 从 "库" 面板拖入场景中，调整 "图层3" 至 "图层2" 下方，如图14-49所示。选中 "影片剪辑" 元件，如图14-50所示。

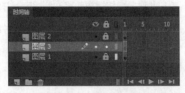

图14-49 调整图层

图14-50 选中元件

**06** 打开 "属性" 面板，设置 "实例名称" 为 "mc" ，如图14-51所示。打开 "代码片断" 面板，选择 "时间轴导航>单击以转到帧并停止" 命令，如图14-52所示。

图14-51 设置实例名称

图14-52 "单击以转到帧并停止" 命令

**07** "动作" 面板如图14-53所示，完成动画制作，执行 "文件>保存" 命令，保存动画，按快捷键Ctrl+Enter测试动画，效果如图14-54所示。

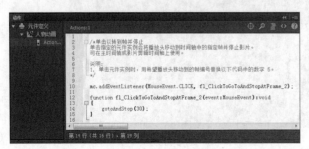

图14-53 "动作" 面板

图14-54 测试动画效果

## 14.9.4　使用ActionScript 3.0制作动画

"代码片断"面板中的"动画"文件夹下包含了9个代码片断。使用这些代码可以完成一些常见的动画制作。如使用方向键控制元件、水平移动、垂直移动、不断旋转等。如图14-55所示。

| 代码片断 | 说　明 |
| --- | --- |
| 用键盘箭头移动 | 允许用键盘箭头移动对象 |
| 水平移动 | 按指定的像素数向左或向右移动指定对象 |
| 垂直移动 | 按指定的像素数向上或向下移动指定对象 |
| 旋转一次 | 通过更新旋转属性，将指定对象一次性移动到指定方向 |
| 不断旋转 | 通过更新ENTER-FRAME事件中对象的旋转属性来连续旋转对象 |
| 水平动画移动 | 通过更新ENTER-FRAME事件中X属性，使指定对象在舞台上水平动画移动 |
| 垂直动画移动 | 通过更新ENTER-FRAME事件中Y属性，使指定对象在舞台上垂直动画移动 |
| 淡入影片剪辑 | 通过更新ENTER-FRAME事件中Alpha属性，淡入指定对象 |
| 淡出影片剪辑 | 通过更新ENTER-FRAME事件中Alpha属性，淡出指定对象 |

## 14.9.5　使用ActionScript 3.0加载和卸载对象

通过使用加载和卸载对象功能，可以轻松的实现将外部图像、实例、SWF文件或文本内容加载到正在播放的Flash动画中。同样方式还可以使用卸载命令将其卸载掉。"代码片断"面板如图14-56所示。

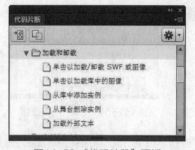

图14-55　"代码片段"面板　　图14-56　"代码片段"面板

| 代码片断 | 说　明 |
| --- | --- |
| 单击以加载/卸载SWF或图像 | 单击指定对象会加载SWF或图像URL，再次单击将卸载SWF或图像URL |
| 单击以加载库中的图像 | 单击指定对象会加载并显示库中的图像 |
| 从库中添加实例 | 将指定库元件的实例添加到舞台 |
| 从舞台删除实例 | 从舞台删除指定元件实例 |
| 加载外部文本 | 在"输出"面板中加载并显示文本文件 |

### 上机练习：调用外部动画

● **最终文件** | 源文件\第14章\14-9-5.fla

● **操作视频** | 视频\第14章\14-9-5.swf

操作步骤

**01** 新建一个272像素×510像素的ActionScript 3.0的Flash文档，如图14-57所示。将素材图像"素材\第14章\149501.jpg"导入到舞台，如图14-58所示。

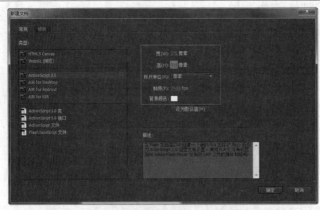

图14-57 "新建文档"对话框　　　　　　图14-58 导入素材

**02** 新建 "图层2"，导入素材图形"素材\第14章\149502.jpg"导入到舞台，如图14-59所示。打开"代码片断"面板，展开"加载和卸载"选项，如图14-60所示。

**03** 选中刚导入的素材图形，双击"代码片断"面板中的"单击以加载\卸载SWF或图像"选项，为当前所选择的对象应用该代码片断，此时会弹出提示对话框，如图14-61所示。

图14-59 导入图像　　图14-60 "代码片断"面板　　　　　图14-61 提示对话框

**04** 单击"确定"按钮，Flash自动将该对象转换为影片剪辑元件，并且为其设置了一个实例名称，"属性"面板如图14-62所示。同时"时间轴"面板中会新增一个名为"Actions"的图层，在"动作"面板中会自动添加所选择的代码片断，如图14-63所示。

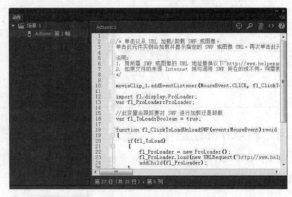

图14-62 "属性"面板　　　　　　图14-63 自动添加的代码片断

**05** 在"动作"面板中的ActionScript代码中，根据提示找到需要修改的地方，将需要加载的内容进行替换，如图14-64所示，完成代码的修改，"时间轴"面板如图14-65所示。

图14-64　替换需要加载的内容　　　　　图14-65　"时间轴"面板

提示

在修改加载文件时需要注意，加载的文件路径可以是绝对路径的文件，也可以是相对路径的文件，此处所加载的文件与 SWF 文件位于同一文件夹中，所以直接填充需要加载的文件名称即可。如果文件的来源与调用 SWF 所在的域不同，则需要进行特殊配置才可以加载这些文件。

**06** 执行"文件>保存"命令，将其保存为"源文件\第14章\14-9-5.fla"，按快捷键Ctrl+Enter测试动画，效果如图14-66所示。单击"播放动画"按钮，将会在原SWF动画窗口中加载所设置的SWF文件，如图14-67所示。

图14-66　测试动画效果　　图14-67　加载外部的SWF文件

## 14.10 课后练习

### 课后练习1：使用ActionScript 3.0实现键盘控制对象

- **最终文件**┃源文件\第14章\14-10-1.fla
- **操作视频**┃视频第14章\14-10-1.swf

使用"代码片断"添加脚本，实现键盘控制元件的动画制作。操作如图14-68所示。

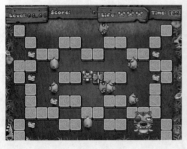

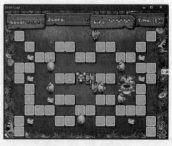

图14-68　制作动画

**练习说明**

1. 新建文档，将图像素材导入到场景中，新建元件并导入素材。

2. 返回场景，新建图层，拖入元件，为元件添加"代码片断"。

3. 完成动画的制作，测试动画效果。

## 课后练习2：使用ActionScript 3.0隐藏场景对象

● **最终文件** | 源文件\第14章\14-10-2.fla

● **操作视频** | 视频\第14章\14-10-2.swf

使用"代码片断"添加脚本，实现键盘控制元件的动画制作。操作如图14-69所示。

图14-69　制作动画

**练习说明**

1. 打开文件，将元件拖入到场景中。

2. 更改实例名称，为元件添加"代码片断"。

3. 完成动画的制作，测试动画效果。

第

# 15 章

Flash动画测试环境

**本章重点：**

→ 掌握测试动画的方法

→ 了解发布影片的格式和设置方法

→ 掌握导出图像的方法

# 15.1 Flash动画测试环境

在Flash动画制作完成后，需要对动画效果进行测试，以便于及时发现制作中的不足并尽快改正。

执行"控制>测试影片"命令和"控制>测试场景"命令，可以分别对动画的整体效果和不同的场景进行测试。如图15-1、图15-2所示分别为"控制"主菜单和"测试影片"子菜单。

图15-1 "控制"主菜单　　　　　　　图15-2 "测试影片"子菜单

## 15.1.1 测试影片

在动画制作完成后，如果需要对动画整体效果进行测试，则可以执行"控制>测试影片>测试"命令，或直接按快捷键Ctrl+Enter，动画就会自动在保存Flash文件夹下生成为一个SWF文件，并在Flash Player中播放，如图15-3所示。

图15-3 打开Flash动画并测试影片

## 15.1.2 测试场景

在很多情况下，为了实现效果炫目、复杂的动画效果，往往需要在一个文件中创建多个场景，或在场景中插入多个元件，此时可以使用"测试场景"命令对单个场景进行测试。

Flash也可以对单个元件进行测试，以便清楚的观察单个元件的效果。双击需要测试的元件，进入该元件的编辑模式，如图15-4所示。执行"控制>测试场景"命令，或直接按快捷键Ctrl+Alt+Enter，即可对指定的元件效果进行测试，如图15-5所示。

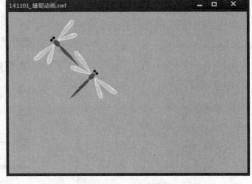

图15-4 进行元件编辑模式　　　　　　　图15-5 测试场景

## 15.2 优化影片

如果要将制作的动画应用于互联网，文件的大小会直接影响下载和播放的速度。品质较高的文件通常体积较大，因而下载和播放的时间较长；品质较低的文件体积相对较小，在互联网中下载和显示的速度相对较快。

一个Flash文件中往往包含很多元素，如关键帧、渐变色、字体、声音甚至视频等，如图15-6所示。所以根据使用途径的不同，对Flash影片进行相应的优化很有必要。

图15-6　Flash文件中的各种元素

- **元件的优化**：如果一个对象需要在制作中重复使用，应该将其转换为元件，这样可以减小文件的体积。因为文件只需要存储一次元件的图形数据，所以重复使用并不会明显增大文件体积。
- **动画的优化**：关键帧使用得越多，动画文件就会越大，所以制作时应该尽量使用补间动画，少使用逐帧动画。
- **线条的优化**：实线占用的资源比特殊样式的线条占用的资源少，所以制作时应该尽量使用普通的实线，少用诸如短划线、虚线、波浪线等特殊的线条样式。使用"刷子工具"绘制的线条比使用"铅笔工具"绘制的线条占用更多的资源。
- **图形的优化**：多用构图简单的矢量图形，少用复杂的矢量图形。少用位图图像，位图图像一般只作为静态元素或背景图，Flash不擅长处理位图图像的动作，应避免位图图像元素的动画。
- **位图的优化**：导入的位图图像文件体积应尽可能小，并尽可能采用JPEG或PNG等压缩较好的文件。
- **音频的优化**：音频文件最好以MP3方式压缩，MP3是使声音最小化的格式。
- **文字的优化**：尽量不要使用太多的字体，并尽可能使用Flash内定的字体。另外字体被分离成图形后会使文件体积增大，所以应该尽量避免将文字打散。
- **填充颜色的优化**：尽量减少使用渐变色和Alpha透明度，使用渐变颜色填充一个区域比使用纯色填充相同的区域要多使用50字节左右。
- **帧的优化**：限制每个关键帧中发生变化的区域，一般应使动作发生在尽可能小的空间内。
- **图层的优化**：尽量避免安排多个对象同时产生动作。有动作的对象也不要与其他静态对象安排在同一图层中，应该将有动作的对象安排在独立的图层内，以加速动画的处理过程。
- **文件尺寸的优化**：动画的尺寸越小，动画文件就越小，用户可以通过菜单命令修改文件长宽尺寸。

## 15.3 发布Flash动画

通过发布Flash动画，可以将制作好的动画发布为不同的格式，预览发布的效果，并应用在不领域同的中，以实现动画制作的目的。在Flash中，可以输出的Flash影片类型有很多种，因此为了避免输出多种格式的文件时一个一个进行设置，可以执行"文件>发布设置"命令，如图15-7所示。在弹出的"发布设置"对话框中对需要的发布格式并进行设置，便可以一次性输出所有指定的文件格式，这些输出的文件将会存放在影片文件所在的目录中。

- **配置文件**：在此处显示当前要使用的配置文件，单击后面的"配置文件选项"按钮█，会弹出如图15-8所示的下拉菜单。
- **创建配置文件**：可以创建新的发布配置文件。
- **直接复制配置文件**：可以复制当前的配置文件。

- **重命名配置文件**：可以修改当前配置文件的名称。
- **导入配置文件**：可以导入其他用户创建和导出发布的配置文件。
- **导出配置文件**：选择要导出的发布设置配置文件，在弹出的对话框中接受默认位置或浏览到新的位置来保存发布配置文件，单击"保存"按钮即可。
- **发布格式**：用以选择文件发布的格式，可以通过勾选的方式选择需要发布的格式。
- **脚本**：用于显示当前文件所使用的脚本。
- **输出文件**：在该选项的文本框中可以对文件的名称、格式进行修改。单击文本框后的"选择发布目标"按钮■，即可在弹出的"选择发布目标"对话框中选择需要发布的目标文件。
- **发布设置选项**：此处的选项会随着所选择发布格式的不同而变动，用于对相应的发布格式进行设置。

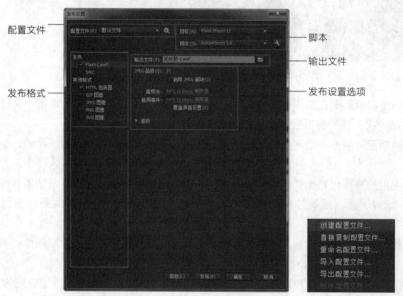

图15-7 "发布设置"对话框    图15-8 配置文件选项

## 15.3.1 发布 Flash影片

在"发布设置"对话框中选择"Flash"选项，打开Flash发布格式的相关选项，如图15-9所示，用户可以根据需要对各项参数进行调整。

**输出文件**：用于设置文件保存的路径。

**图像和声音**：用于对发布文件的图像和音频进行相应的设置。

- **JPEG品质**：可以控制文件中所包含的位图的压缩比率，数值越小，位图的品质越低，生成的文件体积相对就小；反之数值越大，位图的品质就越高，文件体积也越大。
- **启用JPEG解块**：勾选该选项，可以使高比率压缩的JPEG图像颜色过渡更为平滑，减少由于 JPEG压缩而导致的图像失真，但也可能会造成JPEG图像丢失少量细节。
- **音频流/音频事件**：分别单击后面的文本块，弹出如图15-10所示的"声音设置"对话

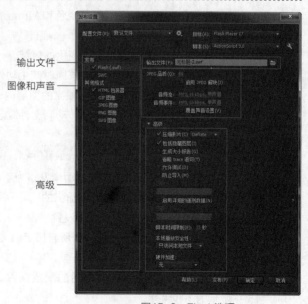

图15-9 Flash选项

框，可以为SWF文件中的所有声音流或事件声音设置采样率和音频品质。

- **覆盖声音设置**：在发布文件时，如果要创建一个较大的高保真音频文件以供本地使用，并创建一个较小的低保真音频在 Web上使用，可以勾选该选项。如果取消选择"覆盖声音设置"选项，则Flash会扫描文档中的所有音频流（包括导入视频中的声音），然后按照各个设置中最高的设置发布所有音频流。如果一个或多个音频流具有较高的导出设置，则可能增加文件大小。

**高级**：设置Flash的高级属性。

- **压缩影片（默认）**：可以减小文件大小和缩短下载时间。当文件中包含大量文本或 ActionScript脚本时，使用此选项十分有益。经过压缩的文件只能在 Flash Player 6或更高版本中播放。
- **包括隐藏图层（默认）**：勾选该选项将导出 Flash文档中所有隐藏的图层。取消选择该选项将阻止把生成的SWF文件中标记为隐藏的所有图层导出。这样，用户就可以通过使图层不可见来轻松测试不同版本的Flash文档。
- **生成大小报告**：生成一个报告，按文件列出最终SWF内容中的数据量。
- **省略Trace动作**：使Flash忽略当前SWF文件中的 ActionScript trace语句。如果选择此选项，trace语句的信息将不会显示在"输出"面板中。
- **允许调试**：激活调试器并允许远程调试Flash SWF文件。
- **防止导入**：防止其他人导入SWF文件并将其转换回FLA文档。可使用密码来保护Flash SWF文件。
- **密码**：在文本框中输入密码，防止他人调试或导入SWF文件，如果想执行调试或导入操作，则必须输入密码。只有使用ActionScript 2.0或ActionScript 3.0，并且选择了"允许调试"或"防止导入"选项，才能激活"密码"选项。
- **脚本时间限制**：可以设置脚本在SWF文件中执行时可占用的最大时间量，在此文本框中输入一个数值，Flash Player将取消执行超出此限制的任何脚本。
- **本地播放安全性**：可以选择要使用的Flash安全模型，是授予已发布的SWF文件本地安全性访问权，还是网络安全性访问权。只访问本地文件可使已发布的 SWF 文件与本地系统上的文件和资源交互，但不能与网络上的文件和资源交互。只访问网络可使已发布的 SWF 文件与网络上的文件和资源交互，但不能与本地系统上的文件和资源交互，如图15-11所示。
- **硬件加速**：可以设置SWF文件使用硬件加速，第1级——直接是通过允许Flash Player在屏幕上直接绘制，而不是让浏览器进行绘制，从而改善播放性能。第2级——GPU是Flash Player利用图形卡的可用计算能力执行视频播放并对图层化图形进行复合。根据用户的图形硬件的不同，这将提供更高一级的性能优势。如果用户拥有高端图形卡，则可以使用此选项，如图15-12所示。

 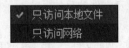 

图15-10 "声音设置"对话框　　图15-11 本地播放安全性　　图15-12 硬件加速

## 15.3.2 发布HTML

在"发布设置"对话框中选择"HTML包装器"选型后，对话框右侧会显示相应的设置参数，如图15-13所示。如图15-14所示为发布后的图像效果。

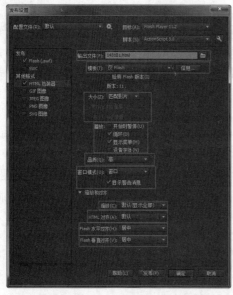

图15-13 "HTML"选项　　　　　　　　　　图15-14 发布效果

　　**输出文件**：用于设置文件名和文件保存的路径，单击后面的"选择发布目标"按钮■可以在弹出的"选择发布目标"对话框中设置发布文件保存的路径。

　　**模板**：用于显示HTML设置并选择要使用的已安装模板，默认选项是"仅 Flash"，单击后边的小三角按钮会弹出如图15-15所示的下拉菜单。

- **信息**：单击"信息"按钮，可以显示所选模板的说明，如图15-16所示。
- **检测Flash版本**：如果用户选择的不是"图像映射"模板，只有"模板"选项设置为前2个时，"检测Flash 版本"命令才可用。勾选该选项，SWF文件将嵌入包含 Flash Player 检测代码的网页中。如果检测代码发现在用户的计算机上安装了可接受的 Flash Player版本，则SWF文件便会按设计要求播放。

　　**大小**：用于设置发布文件的尺寸，默认值为"匹配影片"。在尺寸下拉列表中有3个选项，如图15-17所示。

图15-15 "模板"菜单　　　图15-16 信息　　　图15-17 "大小"选项

- **匹配影片**：使用SWF文件的尺寸大小。
- **像素**：以"像素"为单位进行显示。选择该项后可以直接在下面的"宽"和"高"文本框内输入具体数值。
- **百分比**：以百分比的方式显示文件的尺寸。

　　**播放**：用于控制播放方式。

- **开始时暂停**：一直暂停播放SWF文件，直到用户单击按钮或从快捷菜单中选择"播放"命令后才开始播放，默认不勾选此项。
- **循环**：内容到达最后一帧后再重复播放。取消选择此项会使内容在到达最后一帧后停止播放。
- **显示菜单**：用户右击SWF文件时，会显示一个快捷菜单。若要在快捷菜单中只显示"关于Flash"，则需要取消选择此选项。
- **设备字体**：会用消除锯齿（边缘平滑）的系统字体替换用户系统上未安装的字体。使用设备字体可使小号字体清晰易辨，并能减小SWF文件的大小。 此选项只影响那些包含静态文本且文本设置为用设备字体显示的SWF文件。

**品质**：用于设置所发布文件的品质，单击后面的小三角可以在弹出的下拉菜单中选择相应的选项。

- **低**：使回放速度优先于外观，并且不使用消除锯齿功能。
- **自动降低**：优先考虑速度，但是也会尽可能改善外观。回放开始时，消除锯齿功能处于关闭状态。如果 Flash Player检测到处理器可以处理消除锯齿功能，就会自动开启该功能。
- **自动升高**：在开始时回放速度和外观两者并重，必要时会牺牲外观来保证回放速度。回放开始时，消除锯齿功能处于打开状态。如果实际帧频降到指定帧频之下，就会关闭消除锯齿功能以提高回放速度。
- **中**：会应用一些消除锯齿功能，但并不会平滑位图。"中"选项生成的图像品质要高于"低"选项生成的图像品质。
- **高**：使外观优先于回放速度，并始终使用消除锯齿功能。如果SWF文件不包含动画，则会对位图进行平滑处理；如果SWF文件包含动画，则不会对位图进行平滑处理。
- **最佳**：提供最佳的显示品质，而不考虑回放速度。所有的输出都已消除锯齿，而且始终对位图进行平滑处理。

**窗口模式**：可以修改内容边框或虚拟窗口与HTML页面中内容的关系，在此下拉列表中包括3个选项，如图15-18所示。

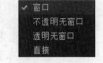

图15-18　窗口模式

- **窗口**：内容的背景不透明并使用HTML背景颜色。HTML代码无法呈现在Flash内容的上方或下方。
- **不透明窗口**：将Flash内容的背景设置为不透明，并遮盖该内容下面的所有内容。使HTML内容显示在该内容的上方或上面。
- **透明无窗口**：将Flash内容的背景设置为透明，并使HTML内容显示在该内容的上方和下方。如果在"发布设置"对话框的"Flash"选项卡中勾选"硬件加速"选项，则会忽略所选的窗口模式，并默认为"窗口"。在某些情况下，当HTML图像过于复杂时，透明无窗口模式的复杂呈现方式可能会导致动画速度变慢。
- **直接**：选择该选项，则Flash动画在网页中的显示方式将是默认的方式，不做任何的设置。

**缩放**：可以在更改了文档的原始宽度和高度的情况下将内容放到指定的边界内，在此下拉列表中包括4个选项，如图15-19所示。

图15-19　缩放

- **默认（显示全部）**：在指定的区域显示整个文档，并且保持SWF文件的原始高宽比，而不发生扭曲。应用程序的两侧可能会显示边框。
- **无边框**：对文件进行缩放以填充指定的区域，并保持SWF文件的原始高宽比，同时不会发生扭曲，并根据需要裁剪SWF文件边缘。
- **精确匹配**：在指定区域显示整个文档，但不保持原始高宽比，因此可能会发生扭曲。
- **无缩放**：禁止文档在调整Flash Player窗口大小时进行缩放。

**HTML对齐**：用于设置如何在应用程序窗口内放置内容及如何裁剪内容，其下拉列表如图15-20所示。

**Flash水平对齐**：用于在浏览器窗口中的水平方向定位SWF文件窗口，其下拉列表如图15-21所示。

**Flash垂直对齐**：用于在浏览器窗口中的垂直方向定位SWF文件窗口，其下拉列表如图15-22所示。

图15-20　HTML对齐　　图15-21　Flash　　图15-22　Flash
垂直对齐

## 15.3.3　GIF图像

在"发布设置"对话框中选择"GIF图像"选项，打开GIF图像发布格式的相关选项，如图15-23所示。如图15-24所示为发布后的GIF图像效果。

图15-23 "发布设置"对话框　　　　　　　　　图15-24 Flash垂直对齐

**大小**：可以指定导出图像的宽度和高度值。勾选"匹配影片"选项后，则表示GIF图像和SWF文件大小相同并保持原始图像的高宽比。

**播放**：用于设置创建的GIF文件是静态图像还是GIF动画。它有"静态"和"动画"两个选项。 如果选择"动画"，可以激活"不断循环"和"重复"选项，然后选择"不断循环"选项或输入重复次数。

**平滑**：该项是默认的选项，勾选该项会消除导出位图的锯齿，从而生成较高品质的位图图像，并改善文本的显示品质。 但是，平滑可能导致彩色背景上已消除锯齿的图像周围出现灰色像素的光晕，并且会增加GIF文件的大小。如果出现光晕，或者如果要将透明的GIF放置在彩色背景上，则在导出图像时不要勾选该项。

## ▶15.4 导出Flash动画

执行"文件>导出"命令，在子菜单下有3个导出文件的命令，如图15-25所示。通过这些命令，用户可以根据需求将文件导出为其他格式的文件。

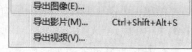

通过导出动画操作，可以创建能在其他应用程序中进行编辑的内容，并将影片直接导出为特定的格式。

图15-25 "导出"子菜单

### 15.4.1 导出图像文件

在Flash中，导入图像文件即是将当前帧上的内容或当前所选的图像以一种静止的图像格式或者单帧动画进行导出。

执行"文件>导出>导出图像"命令，即可弹出"导出图像"对话框，如图15-26所示，在该对话框中的"保存类型"下拉列表中包含了多种图像文件的格式，如图15-27所示。

图15-26 "导出图像"对话框　　　　　　　　　图15-27 "图像"格式

（1）JPEG图像

JPEG格式的文件具有文件小的特征，是所有格式中压缩率最高的格式，通常应用于图像预览和一些超文本文档，如HTML文档等。在"导出图像"对话框中的"保存类型"下拉列表中选择"JPEG图像（\*.jpg,\*jpeg）"选项，即可弹出"导出JPEG"对话框，如图15-28所示。

宽\高：可以通过在该选项后的文本框中直接输入数值来设置导出的位图图像的大小。

分辨率：该选项用来设置导出的位图图像的分辨率，并且根据绘画的大小自动计算宽度和高度。

匹配屏幕：单击该按钮，即可将图像的分辨率设置为与显示器的分辨率相匹配的大小。

包含：在该选项的列表中包含了两个选项，分别为"最小图像区域"和"完整文档大小"，如图15-29所示。

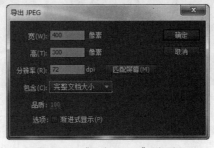

图15-28　"导出JPEG"对话框　　　　　图15-29　"包含"对话框

品质：拖动滑块或输入一个值，可控制JPEG文件的压缩量，图像品质越低则文件越小，不宜将"品质"设置的过低，否则会导致导出的图像颜色过渡不自然，图像品质差。

选项：选中该选项后的"渐进式显示"复选框，在Web浏览器中增量显示渐进式JPEG图像，从而可在低速网络连接上以较快的速度显示加载的图像。

## 上机练习：导出JPEG图像

- **最终文件** | 源文件\第15章\15-4-1.jpg
- **操作视频** | 视频\第15章\15-4-1.swf

### 操作步骤

**01** 执行"文件>打开"命令，打开素材图像"素材\第15章\154101.fla"，并将播放头置于最后一帧，如图15-30所示。

**02** 执行"文件>导出>导出图像"命令，在弹出的"导出图像"对话框中进行相应设置，如图15-31所示。

图15-30　打开图像

图15-31　"导出图像"对话框

**03** 设置完成后单击"保存"按钮，在弹出的"导出JPEG"对话框中进行相应设置，如图15-32所示。

**04** 设置完成后单击"确定"按钮，导出完成。打开文件所在的文件夹，双击打开图像，如图15-33所示。

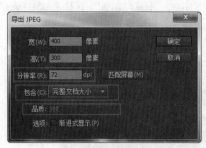

图15-32 "导出JPEG"对话框　　　　　图15-33 导出图像

（2）GIF图像

GIF格式图像能够以最小的体积展现最佳的图像色彩，是最为常用的位图图像格式之一，在"导出图像"对话框中的"保存类型"下拉列表中选择"GIF图像（*.gif）"选项，即可弹出"导出GIF"对话框，如图15-34所示。

颜色：用于创建导出图像的颜色数量，在该选项的列表中包括4色、8色、16色、32色、64色、128色、256色以及标准颜色（标准Web安全216色调色板）。

图15-34 "导出GIF"对话框

## 上机练习：导出GIF图像

- **最终文件**｜源文件\第15章\15-4-2.gif
- **操作视频**｜视频\第15章\15-4-2.swf

------------------------------ 操作步骤 ------------------------------

**01** 执行"文件>打开"命令，打开素材"素材\第15章\154201.fla"，如图15-35所示。

**02** 执行"文件>导出>导出图像"命令，在弹出的"导出图像"对话框中进行相应设置，如图15-36所示。

图15-35 打开文件　　　　　图15-36 "导出图像"对话框

**03** 设置完成后单击"保存"按钮，在弹出的"导出GIF"对话框中进行相应设置，如图15-37所示。

**04** 单击"确定"按钮，完成导出。打开文件所在文件夹，双击打开文件，如图15-38所示。

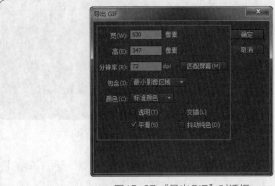 

<table>
</table>

图15-37 "导出GIF"对话框　　　　图15-38　图像效果

（3）PNG图像

PNG格式的图像具有保真性、透明性、文件小等特性，所以在网页设计、平面设计中被广泛应用。在"导出图像"对话框中的"保存类型"下拉列表中选择"PNG（\*.Png）"选项，即可弹出"导出PNG"对话框，如图15-39所示。

（4）SVG图像

SVG 导出可以无缝处理多个元件而不会有任何内容损失，由于导出的图稿是矢量，因此即便缩放为不同的大小，图像分辨率也是相当高的，在"导出图像"对话框中的"保存类型"下拉列表中选择"SVG图像（\*.svg）"选项，即可弹出"导出SVG"对话框，如图15-40所示。

图15-39 "导出PNG"对话框　　　图15-40 "导出SVG"对话框

- **包括隐藏图层**：导出Flash文档中的所有隐藏图层。取消选择"导出隐藏的图层"将不会把任何标记为隐藏的图层（包括嵌套在影片剪辑内的图层）导出到生成的SVG文档中。这样，通过使图层不可见，就可以方便地测试不同版本的Flash文档。
- **嵌入**：在SVG文件中嵌入位图。如果想在SVG文件中直接嵌入位图，则可以使用此选项。
- **链接**：提供位图文件的路径链接。如果不想嵌入位图，而是在SVG文件中提供位图链接，则可以使用此选项。如果选择将图像复制到文件夹选项，位图将保存在images文件夹中，该文件夹是在导出SVG文件的位置创建的。如果未选中将图像复制到文件夹选项，将在SVG文件中引用位图的初始源位置。如果找不到位图源位置，便会将它们嵌入SVG文件中。
- **将图像复制到 /Images 文件夹**：允许将位图复制到/Images下。如果/Images文件夹不存在，系统会在SVG的导出位置下创建。

## 15.4.2 导出动画文件

在Flash CC中，导出动画文件即是将Flash动画作为Flash动画或者静止图像，并且可以为动画中的第一帧创建一个带有编辑的图像文件，另外还可以将动画中的声音作为WAV格式的文件进行导出。

执行"文件>导出>导出视频"命令，弹出"导出视频"对话框，如图15-41所示。

呈现宽度\呈现高度：静态值，分别等于舞台的宽度和高度。

- **忽略舞台颜色（生成Alpha通道）**：使用舞台颜色创建一个Alpha通道。Alpha通道是作为透明轨道进行编码的，这样用户可以将导出的QuickTime影片叠加在其他内容上面，从而改变背景色或场景。

图15-41 "导出视频"对话框

- **在Adobe Media Encoder中转换视频**：如果用户希望使用AME将导出的MOV文件转换为一种不同的格式，则需要选择此选项。如果选中，则在Flash完成视频导出后，启动AME。

停止导出：该选项用来设置停止导出影片的方式。

- **到达最后一帧时**：如果用户希望在最后一帧处终止，请选择此选项。
- **经过此时间后**：如果选择此选项，则需要用户指定希望在经过多长一段时间后终止导出。此选项允许分别导出视频的各个片段。

所导出视频的路径：输入或浏览至要将视频导出到的路径。

## ▶15.5 课后练习

### 课后练习1：导出JPEG序列

- **最终文件** ┃ 源文件\第15章\15-5-1.fla
- **操作视频** ┃ 视频\第15章\15-5-1.swf

将Flash文件导出JPEG序列图。制作如图15-42所示。

图15-42 导出影片

**练习说明**

1. 打开Flash文件，执行"文件>导出>导出影片"命令。
2. 单击保存按钮，在"导出JPEG"对话框中进行相应设置。
3. 单击"确定"按钮，完成导出。

## 课后练习2：制作清新贺卡

● **最终文件** | 源文件\第15章\15-5-2.fla
● **操作视频** | 视频\第15章\15-5-2.swf

使用传统补间动画制作淡入淡出效果，并配合使用外部库文件和优美的声音效果来制作清新贺卡的动画效果。操作如图15-43所示。

图15-43　制作动画

**练习说明**

1. 导入相应的场景素材，并分别转换为元件。
2. 返回到场景1中，拖入元件，新建"图层2"，使用"矩形工具"绘制图形，设置图形效果，并创建"补间形状"。
3. 新建图层，执行"文件>导入>打开外部库"命令，将外部文件导入到场景中，并进行相应的设置。
4. 新建图层，将声音文件导入到库中，使用相同的方法完成其他图层的制作。
5. 完成动画的制作，测试动画效果。

第 **16** 章

# 按钮动画和导航菜单动画

**本章重点:**

→ 掌握Flash按钮的制作

→ 了解导航动画的制作

→ 使用脚本与元件结合制作动画

## ▶16.1 制作游戏按钮动画

随着近几年网页游戏的快速发展，Flash动画也在网络游戏中占有越来越重要的地位。动画效果的好坏直接影响了一个游戏的质量，因此制作一个好的动画非常重要。本节将讲解游戏页面旋转按钮效果的制作方法。

### 16.1.1 设计分析

本节将制作一个旋转运动的按钮效果，首先导入素材图片创建新的元件，利用创建的元件制作不同的影片剪辑动画，再返回主场景中，为实例命名，运用脚本语言控制动画效果，最终效果如图16-1所示。

图16-1　动画效果

### 16.1.2 制作元件

`01` 新建一个"大小"为292像素×292像素，"帧频"为30fps，"背景颜色"为#333333的Flash文档，如图16-2所示。

`02` 新建一个"名称"为"动画1背景"的"图形"元件，如图16-3所示。

图16-2　"新建文档"对话框

图16-3　"创建新元件"对话框

`03` 将图片"素材\第16章\16101.png"导入到舞台，如图16-4所示。新建一个"名称"为"新手指南"的"按钮"元件，如图16-5所示。

`04` 将图片"素材\第16章\16102.png"导入到舞台，如图16-6所示。在"指针滑过"状态下按F7键插入空白关键帧，将图片"素材\第16章\16103.png"导入到舞台，如图16-7所示，在"点击"状态下按F5键插入帧。

图16-4　导入图片

图16-5　"创建新元件"对话框

图16-6　导入图片

图16-7　导入图片

**05** 使用相同方法创建其他按钮元件，"库"面板如图16-8所示。新建一个"名称"为"账号激活"的"图形"元件，如图16-9所示。

图16-8 "库"面板　　　　　　　　图16-9 "创建新元件"对话框

**06** 将图片"素材\第16章\16108.png"导入到舞台，如图16-10所示。新建一个"名称"为"动画1"的"影片剪辑"元件，从"库"面板中将多个元件拖入到舞台并放置在不同的图层中，效果如图16-11所示。"时间轴"面板如图16-12所示。

图16-10 导入图片　　　　　　图16-11 图形效果　　　　　　图16-12 "时间轴"面板

**07** 单击"账号激活"图形元件实例，在"属性"面板中设置其"色彩效果"，如图16-13所示。

**08** 新建一个"名称"为"动画1动画"的"影片剪辑"元件，从"库"面板中将"动画1"影片剪辑元件拖入到舞台中。

**09** 在第600帧位置按F6键插入关键帧，并为第1帧创建传统补间动画，"时间轴"面板如图16-14所示。单击第1帧在"属性"面板中设置"补间"选项，如图16-15所示。

图16-13 "属性"面板　　　　　　图16-14 "时间轴"面板　　　　　　图16-15 "属性"面板

**10** 使用相同方法，制作出"动画2动画"影片剪辑元件，如图16-16所示。新建一个"名称"为"感应区"的"按钮"元件，在"点击"状态下按F7键插入空白关键帧，在舞台绘制图形创建空按钮，如图16-17所示。

**11** 新建一个"名称"为"动画3动画"的"影片剪辑"元件，将图片"素材\第16章\16116.png"导入到舞台，如图16-18所示。

**12** 新建"图层2"，从"库"面板中将"感应区"按钮元件拖入到舞台中并调整其大小，覆盖"图层1"中的内容，如图16-19所示。

图16-16 动画2动画　　　图16-17 创建空按钮　　　图16-18 导入图片　　　图16-19 创建元件实例

### 16.1.3 合成动画

**01** 返回到主场景中，从"库"面板中将多个元件拖入到舞台，并放置在不同的图层中，效果如图16-20所示。"时间轴"面板如图16-21所示。

**02** 单击舞台中"动画1动画"影片剪辑实例，在"属性"面板中设置"实例名称"为"circle1"，如图16-22所示。同样的方法，设置"动画2动画"影片剪辑的"实例名称"为"circle2"，如图16-23所示。

图16-20 图形效果　　　图16-21 "时间轴"面板　　　图16-22 为实例命名　　　图16-23 为实例命名

### 16.1.4 输出动画

执行"文件>保存"命令，将其保存为"16-1.fla"。按快捷键Ctrl+Enter测试动画，效果如图16-24所示。

图16-24 动画效果

## 16.2 制作按下按钮动画

随着网络和Flash的不断发展，通过网络传播信息显得尤为重要，而Flash也成为网络传播的重要组成部分，只有一个好的Flash效果，才能够吸引大众的眼球，达到很好的推广效果。

## 16.2.1 设计分析

本实例将讲解一个按下按钮动画，首先要新建元件并导入相应的素材，然后将制作好的元件拖入到舞台中，利用创建好的元件制作动画，最终效果如图16-25所示。

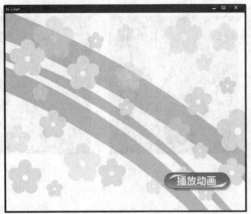

图16-25　动画效果

## 16.2.2 制作元件

01 新建一个"大小"为720像素×576像素，"帧频"为12fps，"背景颜色"为#FFFFFF的Flash文档。

02 将图像"素材\第16章\16201.png"导入场景中，如图16-26所示。新建"图层2"，在第2帧位置插入关键帧，将"素材\第16章\16202.png"导入场景中，如图16-27所示。

图16-26　导入图像　　　　　　　　　图16-27　导入素材

03 选中图像，将其转换成一个名称为"背景动画"的"图形"元件，如图16-28所示。在第15帧位置插入关键帧，在第2帧位置添加传统补间动画，设置"属性"面板中补间"旋转"为"顺时针"旋转3次，"属性"面板如图16-29所示。

图16-28　"转换为元件"对话框　　　　　图16-29　"属性"面板

04 新建"图层3"，在第2帧位置插入关键帧，将"素材\第16章\16203.png"导入场景中，如图16-30所示。新建"图层4"，在第2帧位置插入关键帧，将"素材\第16章\16204.png"导入场景中，如图16-31所示。

图16-30　导入图像　　　　　　　　图16-31　导入图像

**05** 选中图像，按F8键，将图像转换成"名称"为"卡通"的"图形"元件，如图16-32所示。按住Shift键使用"任意变形工具"将元件等比例扩大，并设置其"Alpha"值为10%，场景效果如图16-33所示。

图16-32　"转换为元件"对话框　　　　　图16-33　场景效果

**06** 在第10帧位置插入关键帧，按住Shift键使用"任意变形工具"将元件等比例缩小，如图16-34所示。在第2帧位置设置传统补间动画。新建"图层5"，在第2帧位置插入关键帧，将"卡通"元件从"库"面板中拖入场景中，按住Shift键使用"任意变形工具"将元件等比例扩大，并设置其"属性"面板中的"色彩效果"区域内"样式"为亮度，"亮度值"为100%，如图16-35所示。

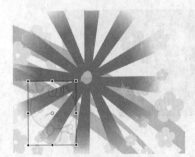

图16-34　调整元件　　　　　　　　图16-35　调整元件

**07** 在第10帧位置插入关键帧，按住Shift键使用"任意变形工具"将元件等比例缩小，并设置"色彩效果"区域内"样式"为无，场景效果如图16-36所示。在第2帧位置设置传统补间动画，"时间轴"面板如图16-37所示。

图16-36　调整元件　　　　　　　　图16-37　"时间轴"面板

**08** 新建一个名称为"播放按钮"的"按钮"元件，将"素材\第16章\16205.png"导入场景中，如图16-38所示。在"指针经过"位置插入空白关键帧，将"素材\第16章\16206.png"导入场景中，如图16-39所示。

**09** 在"按下"位置插入关键帧，使用"任意变形工具"将图像等比例缩小，如图16-40所示。在"点击"位置插入空白关键帧，使用"矩形工具"在场景中绘制一个矩形，如图16-41所示。

图16-38　导入图像

图16-39　导入图像

图16-40　调整图像

图16-41　绘制矩形

## 16.2.3　合成动画

**01** 返回"场景1"编辑状态，新建"图层6"，将"播放按钮"元件从"库"面板中拖入场景中，如图16-42所示。在"动作"面板中输入如图16-43所示的脚本代码，在第2帧位置插入空白关键帧。

图16-42　拖入元件

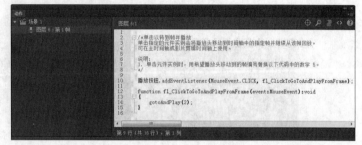
图16-43　"动作"面板

**02** 新建"图层7"，打开"动作"面板，输入"stop();"脚本代码，如图16-44所示。"时间轴"面板如图16-45所示。

图16-44　"动作"面板

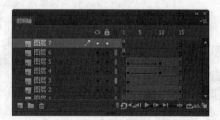
图16-45　"时间轴"面板

## 16.2.4　输出动画

执行"文件>保存"命令，保存动画。按快捷键Ctrl+Enter测试影片，动画效果如图16-46所示。

图16-46　动画效果

## 16.3　制作卡通按钮动画

Flash就是配合脚本将音乐、声效、动画、按钮及漂亮而个性的图片拼合在一起，制作出酷炫、高品质的交互动画。按钮元件结合不同的动画类型可以制作出各式各样的按钮动画效果。

### 16.3.1　设计分析

本实例将讲解一个鼠标滑过按钮动画，首先要新建元件并导入相应的素材，然后将制作好的元件拖入到舞台中，利用创建好的元件制作动画，最终效果如图16-47所示。

图16-47　最终动画效果

### 16.3.2　制作元件

**01** 执行"文件>新建"命令，新建一个"大小"为400像素×300像素，"帧频"为40fps，"背景颜色"为白色的Flash文档。

**02** 将图像"素材\第16章\16301.jpg"导入到场景中，如图16-48所示。新建"名称"为"元件1"的"图形"元件，将图像"素材\第16章\16302.jpg"导入到场景中，如图16-49所示。

图16-48　导入素材　　　图16-49　导入素材

**03** 使用相同的方法导入"素材\第16章\16303.jpg"，如图16-50所示。新建名称为"红球"的"图形"元件。打开"颜色"面板，设置参数，如图16-51所示。

**04** 使用"椭圆工具"绘制如图16-52所示的图形。使用相同的方法绘制"绿球"和"黄球"，如图16-53所示。

图16-50　导入素材　　图16-51　"颜色"面板　　图16-52　绘制图形　　图16-53　绘制图形

**05** 新建名称为"彩球动画"的"影片剪辑"元件。分别将"红球""黄球"和"绿球"从"库"面板拖入场景中，调整大小并设置不同的不透明度，效果如图16-54所示。在第2帧位置插入关键帧，向上移动彩球的位置，如图16-55所示。

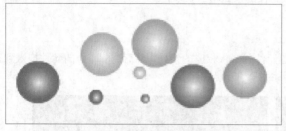

图16-54 拖入彩球

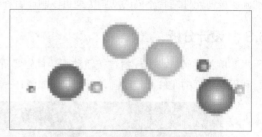

图16-55 向上移动彩球

**06** 使用相同的方法完成其他帧的彩球移动动画，"时间轴"面板如图16-56所示。新建名称为"按钮"的"按钮"元件，将"元件1"从"库"面板拖入场景中，在"指针经过"位置按F7键插入空白关键帧，在"指针经过"位置插入帧，"时间轴"面板如图16-57所示。

图16-56 "时间轴"面板

图16-57 "时间轴"面板

**07** 新建"图层2"，在"指针经过"位置插入关键帧，将"元件"从"库"面板中拖入场景中。新建"图层3"，在"指针经过"位置插入关键帧，将"彩球动画"从"库"面板拖入场景中，场景效果如图16-58所示。"时间轴"面板如图16-59所示。

图16-58 场景效果

图16-59 "时间轴"面板

## 16.3.3 合成动画

返回"场景1"，新建"图层2"，将"按钮"元件从"库"面板拖入场景中，如图16-60所示。

## 16.3.4 输出动画

执行"文件>保存"命令，将其保存为"16-3.fla"。按快捷键Ctrl+Enter测试动画，效果如图16-61所示。

图16-60　场景效果 　　　　　　　　　　　图16-61　测试动画

## 16.4 制作网站导航动画

在网站导航中占有举足轻重的地位，一般情况下，网站的导航包含网站中所有的内容。导航起引导作用，通过点击不同的标题，可以使用户清楚的知道要查看的内容在网站中的具体位置。本节将讲解Flash网站导航动画的制作方法。

### 16.4.1 设计分析

本节将制作一个网站导航动画，首先要创建新元件，利用创建的元件制作影片剪辑动画，返回主场景中，导入相应的素材并拖入相应的元件，通过脚本语言控制动画，完成动画的制作，最终效果如图16-62所示。

图16-62　最终效果

### 16.4.2 制作元件

**01** 新建一个"大小"为440像素 × 305像素，"帧频"为36fps，"背景颜色"为#CCCCCC的Flash文档。

**02** 新建一个名称为"花旋转"的"影片剪辑"元件，如图16-63所示。将"素材\第16章\16401.png"导入场景中，如图16-64所示。

图16-63　"创建新元件"对话框 　　　　　图16-64　导入图像

**03** 选择导入图像，按F8键，将图像转换成名称为"花"的"图形"元件，如图16-65所示。在第100帧位置单插入关键帧，在第1帧位置创建传统补间动画，设置"属性"面板中"旋转"为顺时针，保持其他默认设置，如图16-66所示。

图16-65 "转换为元件"对话框 　　图16-66 "属性"面板

**04** 新建一个名称为"返回首页动画"的"影片剪辑"元件，如图16-67所示。将"素材\第16章\16402.png"导入场景中，如图16-68所示。

图16-67 "创建新元件"对话框 　　图16-68 导入图像

**05** 选择导入的图像，按F8键，将图像转换成名称为"返回首页"的"图形"元件，如图16-69所示。分别在第5帧、第10帧、第16帧、第20帧和第25帧位置插入关键帧，"时间轴"面板如图16-70所示。

图16-69 "转换为元件"对话框 　　图16-70 "时间轴"面板

**06** 按住Shift键使用"任意变形工具"将场景中的元件等比例扩大，设置其"属性"面板中的"色彩效果"为色调，"颜色"为#FFFF00，"色调"为50%，"属性"面板如图16-71所示。完成后的元件效果如图16-72所示。

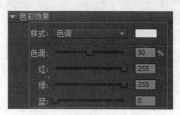
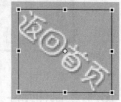

图16-71 "属性"面板 　　图16-72 元件效果

**07** 使用"任意变形工具"将第5帧场景中的元件等比例扩大并旋转，完成后的元件效果如图16-73所示。将第10帧场景中的元件等比例扩大并旋转，完成后的元件效果如图16-74所示。采用第5帧和第10帧元件的制作方法，制作出第15帧和第20帧的元件，在第40帧位置单击，按F5键插入帧。分别在第1帧、第5帧、第10帧、第15帧和第20帧位置创建传统补间动画，完成后的"时间轴"面板如图16-75所示。

图16-73 扩大并旋转元件 图16-74 扩大并旋转元件 　　图16-75 "时间轴"面板

**08** 新建"图层2",在第25帧位置插入关键帧,将"花旋转"元件从"库"面板中拖入场景中,如图16-76所示。在第30帧位置插入关键帧,按住Shift键使用"任意变形工具"将第25帧上场景中的元件等比例缩小,如图16-77所示,在第25帧位置设置补间类型为传统补间。

**09** 新建"图层3",在第30帧位置插入关键帧,将"花旋转"元件从"库"面板中拖入场景中,按住Shift键使用"任意变形工具"将元件等比例缩小,如图16-78所示。在第35帧位置插入关键帧,使用"任意变形工具"将第30帧场景中的元件等比例缩小,元件效果如图16-79所示。

图16-76 拖入元件　　　图16-77 将元件等比　　　图16-78 拖入并调整元件　　　图16-79 元件效果
例缩小

**10** 新建"图层4",在第40帧位置插入关键帧,在"动作"面板中输入"stop();"脚本语言,如图16-80所示。完成后的"时间轴"面板如图16-81所示。将"图层2"拖到"图层1"的下边,完成后的"时间轴"面板如图16-82所示。

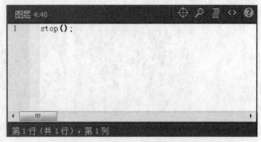

图16-80 输入脚本语言

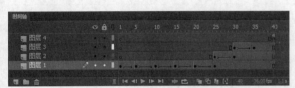 

图16-81 "时间轴"面板　　　　　　　　　图16-82 完成后的"时间轴"面板

**11** 采用"返回首页动画"元件的制作方法,制作出"我要报名动画""活动规则动画""最新讯息动画"和"好友搜索动画"元件,完成后的元件效果如图16-83所示。

图16-83 完成后的元件效果

**12** 新建一个名称为"首页按钮"的"按钮"元件,如图16-84所示。将"返回首页"元件从"库"面板中拖入场景中,如图16-85所示。

**13** 在"指针经过"位置插入空白关键,"时间轴"面板如图16-86所示。将"返回首页动画"元件从"库"面板中拖入场景中,如图16-87所示。

图16-84 "创建新元件"对话框　　图16-85 拖入元件　　图16-86 "时间轴"面板　　图16-87 拖入元件

**14** 在"按下"位置插入空白关键帧，再次将"返回首页"元件从"库"面板中拖入场景中，在"点击"位置插入空白关键帧，单击"矩形工具"按钮，在场景中绘制一个如图16-88所示的矩形。使用"任意变形工具"将矩形旋转，完成后的图形效果如图16-89所示。

图16-88 绘制矩形　　图16-89 图形效果

**15** 采用"首页按钮"元件的制作方法，制作出"报名按钮""规则按钮""讯息按钮"和"搜索按钮"元件，完成后的元件效果如图16-90所示。

图16-90 完成后的元件效果

## 16.4.3 合成动画

**01** 返回"场景1"编辑状态，将"素材\第16章\16407.jpg"导入到场景中，如图16-91所示。新建"图层2"，将"首页按钮"元件从"库"面板中拖入场景中，如图16-92所示。

图16-91 导入图像　　图16-92 拖入元件

**02** 采用"图层2"的制作方法，新建其他图层，分别将相应的按钮元件拖入相应的图层中，完成后的"时间轴"面板如图16-93所示。场景效果如图16-94所示。

图16-93 "时间轴"面板　　图16-94 场景效果

## 16.4.4　输出动画

执行"文件>保存"命令，将其保存为"16-4.fla"。按快捷键Ctrl+Enter测试动画，效果如图16-95所示。

图16-95　测试动画效果

# 16.5　制作网站快速导航动画

网站中的快速导航对主导航起辅助作用，制作比较醒目的快速导航，可以使用户一眼看到要查看的具体内容，点击即可快速查看。本节将讲解网站中快速导航的制作方法。

## 16.5.1　设计分析

本节将制作一个网站中的快速导航动画，首先要创建元件，导入相应的素材图片，利用创建的元件制作影片剪辑动画，回到主场景中并拖入相应的元件，通过脚本语言完成动画的制作，最终效果如图16-96所示。

图16-96　动画效果

## 16.5.2　制作元件

01 执行"文件>新建"命令，新建一个"类型"为ActionScript 3.0，"大小"为280像素×360像素，"帧频"为24fps，"背景颜色"为白色的Flash文档。

02 新建一个"名称"为"矩形"的"图形"元件，如图16-97所示。在舞台中绘制矩形，"填充颜色"为#FFCCCC，如图16-98所示。

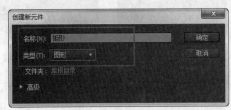

图16-97　"创建新元件"对话框　　　　图16-98　绘制矩形

**03** 新建一个"名称"为"书"的"图形"元件,将图片"素材\第16章\16501.png"导入舞台,如图16-99所示。使用相同方法,创建其他图形元件,"库"面板如图16-100所示。

**04** 新建一个"名称"为"按钮动画1"的"影片剪辑"元件,如图16-101所示。

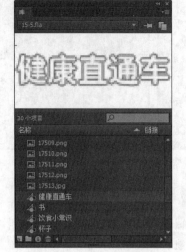

图16-99　导入图片　　　　图16-100　"库"面板　　　　图16-101　"创建新元件"对话框

**05** 从"库"面板中将"书"图形元件拖入到舞台,在第10帧和第20帧位置按F6键插入关键帧,分别为第1帧和第20帧创建传统补间动画,"时间轴"面板如图16-102所示。

**06** 缩小第10帧中的元件实例,并在"属性"面板中设置其色彩效果,如图16-103所示。

图16-102　"时间轴"面板　　　　图16-103　"属性"面板

**07** 新建"图层2",从"库"面板中将"健康小常识"图形元件拖入到舞台中,如图16-104所示。在第10帧位置按F6键插入关键帧,为第1帧创建传统补间动画,"时间轴"面板如图16-105所示。

**08** 将第10帧中元件实例的位置向下移动11像素,并在"属性"面板中设置其色彩效果,如图16-106所示。

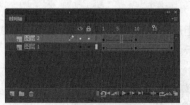

图16-104　创建实例　　　　图16-105　"时间轴"面板　　　　图16-106　"属性"面板

**09** 在第11帧位置按F6键插入关键帧,并将第11帧中元件实例的位置向上移动24像素,如图16-107所示。

**10** 单击第1帧中的元件实例并按快捷键Ctrl+C复制,在第20帧位置按F7键插入空白关键帧,按快捷键Ctrl+Shift+V原位粘贴,并为第11帧创建传统补间动画,"时间轴"面板如图16-108所示。

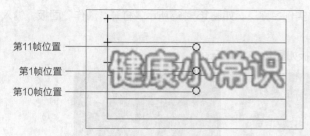

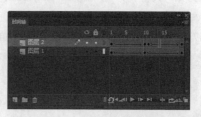

第11帧位置

第1帧位置

第10帧位置

图16-107　元件实例相对位置　　　　　　图16-108　"时间轴"面板

**11** 新建"图层3"，从"库"面板中将"1"图形元件拖入到舞台中，如图16-109所示。在第10帧位置按F6键插入关键帧，并在"属性"面板中设置第10帧中元件实例的色彩效果，如图16-110所示。

图16-109　拖入元件　　　　　　　　图16-110　"属性"面板

**12** 为第1帧创建传统补间动画，并在所有图层的第25帧位置按F5键插入帧，"时间轴"面板如图16-111所示。新建"图层4"，从"库"面板中将"矩形"图形元件拖入舞台，并设置其"色彩效果"，如图16-112所示。

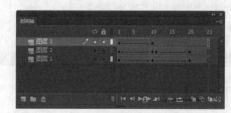

图16-111　"时间轴"面板　　　　　　图16-112　"属性"面板

**13** 新建"图层5"，在第25帧位置按F7键插入空白关键帧，"时间轴"面板如图16-113所示。按F9键打开"库"面板为第25帧添加脚本语言，如图16-114所示。使用相同方法制作出同类影片剪辑元件。

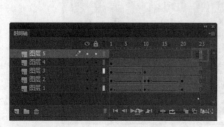

图16-113　"时间轴"面板　　　　　　图16-114　"动作"面板

## 16.5.3　合成动画

**01** 返回到主场景中，将图片"素材\第16章\16513.jpg"导入舞台，如图16-115所示。

**02** 从"库"面板中将多个影片剪辑元件拖入到舞台，效果如图16-116所示。

**03** 选中"影片剪辑"元件，打开"属性"面板设置"实例名称"，如图16-117所示。打开"动作"面板，输入"单击以转到web页"脚本，如图16-118所示。

**04** 使用相同的方法完成其他元件的制作，"动作"面板如图16-119所示。

图16-115　导入图片

图16-116　拖入其他元件

图16-117　"属性"面板

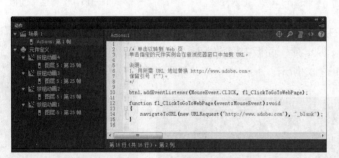
图16-118　单击以转到web

图16-119　"动作"面板

### 16.5.4 输出动画

执行"文件>保存"命令，将其保存为"16-5.fla"。按快捷键Ctrl+Enter测试动画，效果如图16-120所示。

图16-120　动画效果

## ▶16.6 本章小结

本章主要讲解了Flash按钮和导航动画的制作方法，将元件实例与脚本相结合制作出形态各异的动画效果。通过本章的学习，可加深对各类元件的了解，也可熟悉脚本语言的运用。